国家出版基金资助项目／"十三五"国家重点出版物

绿色再制造工程著作

总主编　徐滨士

纳米颗粒复合电刷镀技术及应用

NANOPARTICLE COMPOSITE
BRUSH ELECTROPLATING
TECHNOLOGY AND
APPLICATIONS

徐滨士　董世运　胡振峰　等著

哈爾濱工業大學出版社
HARBIN INSTITUTE OF TECHNOLOGY PRESS

内 容 简 介

本书介绍了纳米颗粒复合电刷镀技术的发展及其在绿色再制造产业中的重要作用；基于作者多项科研成果，系统总结了纳米颗粒复合电刷镀技术的原理和特点、纳米颗粒复合电刷镀镀液性能及制备、纳米颗粒复合电刷镀镀层制备工艺、纳米颗粒复合电刷镀镀层的组织与性能特征等；阐述了纳米颗粒复合电刷镀技术理论方面的创新性成果，如纳米颗粒在复合电刷镀镀液和镀层中的存在行为，以及纳米颗粒对镀层成形过程的影响规律和机制、对镀层的强化作用及强化机制等；结合再制造产业发展需求，介绍了自动化纳米颗粒复合电刷镀技术最新成果，并列举了纳米颗粒复合电刷镀技术的大量应用实例。

本书可供纳米材料制备、装备制造与再制造、装备保障、再制造工程管理等领域从事科学研究、技术研发、工业生产等工作的科研人员、工程技术人员和管理人员阅读参考，也可作为高等院校材料科学与工程、机械工程等专业研究生和高年级本科生的教材。

图书在版编目(CIP)数据

纳米颗粒复合电刷镀技术及应用/徐滨士等著. —哈尔滨：
哈尔滨工业大学出版社,2019.6
绿色再制造工程著作
ISBN 978-7-5603-8151-0

Ⅰ.①纳… Ⅱ.①徐… Ⅲ.①纳米材料－复合材料－
刷镀－研究 Ⅳ.①TB383②TQ153

中国版本图书馆 CIP 数据核字(2019)第 073352 号

材料科学与工程
图书工作室

策划编辑　杨　桦　许雅莹　张秀华
责任编辑　王　玲　李长波　许雅莹　马　媛
封面设计　卞秉利
出版发行　哈尔滨工业大学出版社
社　　址　哈尔滨市南岗区复华四道街 10 号　邮编 150006
传　　真　0451-86414749
网　　址　http://hitpress.hit.edu.cn
印　　刷　黑龙江艺德印刷有限责任公司
开　　本　660mm×980mm　1/16　印张 16.5　字数 300 千字
版　　次　2019 年 6 月第 1 版　2019 年 6 月第 1 次印刷
书　　号　ISBN 978-7-5603-8151-0
定　　价　98.00 元

《绿色再制造工程著作》

编　委　会

《绿色再制造工程著作》

丛 书 书 目

序　言

推进绿色发展,保护生态环境,事关经济社会的可持续发展,事关国家的长治久安。习近平总书记提出"创新、协调、绿色、开放、共享"五大发展理念,党的十八大报告也明确了中国特色社会主义事业的"五位一体"的总体布局,强调"把生态文明建设放在突出地位,融入经济建设、政治建设、文化建设、社会建设各方面和全过程,努力建设美丽中国,实现中华民族永续发展",并将绿色发展阐述为关系我国发展全局的重要理念。党的十九大报告继续强调推进绿色发展、牢固树立社会主义生态文明观。建设生态文明是关系人民福祉、关乎民族未来的大计,生态环境保护是功在当代、利在千秋的事业。推进生态文明建设是解决新时代我国社会主要矛盾的重要战略突破,是把我国建设成社会主义现代化强国的需要。发展再制造产业正是促进制造业绿色发展、建设生态文明的有效途径,而《绿色再制造工程著作》丛书正是树立和践行绿色发展理念、切实推进绿色发展的思想自觉和行动自觉。

再制造是制造产业链的延伸,也是先进制造和绿色制造的重要组成部分。国家标准《再制造　术语》(GB/T 28619—2012)对"再制造"的定义为:"对再制造毛坯进行专业化修复或升级改造,使其质量特性(包括产品功能、技术性能、绿色性、经济性等)不低于原型新品水平的过程。"并且再制造产品的成本仅是新品的 50% 左右,可实现节能 60%、节材 70%、污染物排放量降低 80%,经济效益、社会效益和生态效益显著。

我国的再制造工程是在维修工程、表面工程基础上发展起来的,采取了不同于欧美的以"尺寸恢复和性能提升"为主要特征的再制造模式,大量应用了零件寿命评估、表面工程、增材制造等先进技术,使旧件尺寸精度恢复到原设计要求,并提升其质量和性能,同时还可以大幅度提高旧件的再制造率。

我国的再制造产业经过将近 20 年的发展,历经了产业萌生、科学论证和政府推进三个阶段,取得了一系列成绩。其持续稳定的发展,离不开国家政策的支撑与法律法规的有效规范。我国再制造政策、法律法规经历了一个从无到有、不断完善、不断优化的过程。《循环经济促进法》《中共中央关于制定国民经济和社会发展第十三个五年规划的建议》《战略性新兴产业重点产品和服务指导目录(2016 版)》《关于加快推进生态文明建设的意见》和《高端智能再制造行动计划(2018—2020 年)》等明确提出支持再制造产业的发展,再制造被列入国家"十三五"战略性新兴产业,《中国制造2025》也提出:"大力发展再制造产业,实施高端再制造、智能再制造、在役再制造,推进产品认定,促进再制造产业持续健康发展。"

再制造作为战略性新兴产业,已成为国家发展循环经济、建设生态文明社会的最有活力的技术途径,从事再制造工程与理论研究的科技人员队伍不断壮大,再制造企业数量不断增多,再制造理念和技术成果已推广应用到国民经济和国防建设各个领域。同时,再制造工程已成为重要的学科方向,国内一些高校已开始招收再制造工程专业的本科生和研究生,培养的年轻人才和从业人员数量增长迅速。但是,再制造工程作为新兴学科和产业领域,国内外均缺乏系统的关于再制造工程的著作丛书。

我们清楚编撰再制造工程著作丛书的重大意义,也感到应为国家再制造产业发展和人才培养承担一份责任,适逢哈尔滨工业大学出版社的邀请,我们组织科研团队成员及国内一些年轻学者共同撰写了《绿色再制造工程著作》丛书。丛书的撰写,一方面可以系统梳理和总结团队多年来在绿色再制造工程领域的研究成果,同时进一步深入学习和吸纳相关领域的知识与新成果,为我们的进一步发展夯实基础;另一方面,希望能够吸引更多的人更系统地了解再制造,为学科人才培养和领域从业人员业务水平的提高做出贡献。

本丛书由 12 部著作组成,综合考虑了再制造工程学科体系构成、再制造生产流程和再制造产业发展的需要。各著作内容主要是基于作者及其团队多年来取得的科研与教学成果。在丛书构架等方面,力求体现丛书内容的系统性、基础性、创新性、前沿性和实用性,涵盖了绿色再制造生产流程中的绿色清洗、无损检测评价、再制造工程设计、再制造成形技术、再制造零件与产品的寿命评估、再制造工程管理以及再制造经济效益分析等方面。

在丛书撰写过程中,我们注意突出以下几方面的特色:

1. 紧密结合国家循环经济、生态文明和制造强国等国家战略和发展规划,系统归纳、总结和提炼绿色再制造工程的理论、技术、工程实践等方面的研究成果,同时突出重点,体现丛书整体内容的体系完整性及各著作的相对独立性。

2.注重内容的先进性和新颖性。丛书内容主要基于作者完成的国家、部委、企业等的科研项目,且其成果已获得多项国家级科技成果奖和部委级科技成果奖,所以著作内容先进,其中多部著作填补领域空白,例如《纳米颗粒复合电刷镀技术及应用》《再制造零件与产品的疲劳寿命评估技术》和《再制造工程管理与实践》等。同时,各著作兼顾了再制造工程领域国内外的最新研究进展和成果。

3.体现以下几方面的"融合":(1)再制造与环境保护、生态文明建设相融合,力求突出再制造工艺流程和关键技术的"绿色"特性;(2)再制造与先进制造相融合,力求从再制造基础理论、关键技术和应用实现等多方面系统阐述再制造技术及其产品性能和效益的优越性;(3)再制造与现代服务相融合,力求体现再制造物流、再制造标准、再制造效益等现代装备服务业及装备后市场特色。

在此,感谢国家发展改革委、科技部、工信部等国家部委和中国工程院、国家自然科学基金委员会及国内多家企业在科研项目方面的大力支持,这些科研项目的成果构成了丛书的主体内容,也正是基于这些项目成果,我们才能够撰写本丛书。同时,感谢国家出版基金管理委员会对本丛书出版的大力支持。

本丛书适于再制造领域的科研人员、技术人员、企业管理人员参考,也可供政府相关部门领导参阅;同时,本丛书可以作为材料科学与工程、机械工程、装备维修等相关专业的研究生和高年级本科生的教材。

中国工程院院士

徐滨士

2019 年 5 月 18 日

前　言

　　本书是基于作者多年的科学研究和工程实践,在国家技术发明二等奖、国家自然科学二等奖和多项省部级科技奖等成果的基础上撰写而成的,是国内外第一部纳米颗粒复合电刷镀技术方面的著作。

　　纳米材料作为 21 世纪的先进材料,在 20 世纪末和 21 世纪初,曾在国内引起一股纳米研究热潮,不同专业领域的科研人员、不同工业领域的工程技术人员等都十分重视纳米材料的应用技术研发。

　　纳米颗粒复合电刷镀技术是在电刷镀镀液中加入一种或几种纳米颗粒,通过它们在刷镀过程中与金属发生共沉积,获得具有特定优异性能的复合镀层的技术。纳米颗粒复合电刷镀技术根据材料的电结晶理论和复合材料的弥散强化理论,利用纳米颗粒的特定性能,获得具有良好综合机械性能的复合涂层,对装备零部件表面进行修复、强化或功能化。纳米颗粒复合电刷镀技术获得的纳米颗粒复合镀层组织更致密、晶粒更细小,并且该复合镀层具有更优异的性能,如硬度更高、耐磨性更好、镀层结合强度更高;根据加入的纳米颗粒材料体系的不同,可以获得具有耐蚀、润滑减摩、耐磨等不同性能的复合镀层。纳米颗粒复合电刷镀镀层的优异性能使得用普通电刷镀技术无法修复的零部件的维修和表面强化处理成为可能。手工操作纳米颗粒复合电刷镀技术使用的是便携式设备,工艺简单、操作方便,可以对表面损伤机械零部件进行抢修,对大型部件进行现场不解体修理。

　　纳米颗粒复合电刷镀技术是一种通用的装备机械零部件表面损伤修复、强化和绿色再制造技术,可以广泛应用于机械零部件修复和再制造。近年来,随着我国再制造产业的迅速发展,纳米颗粒复合电刷镀技术应用领域越来越广。为适应批量化零部件再制造生产的需要,自动化纳米颗粒复合电刷镀技术及其专用设备系统被研发出来,进一步提高了纳米颗粒复合电刷镀的生产效率,提升了镀层质量的稳定性,有力地推动了再制造产业的发展,为我国循环经济发展和生态文明社会建设做出了贡献。

本书介绍了纳米颗粒复合电刷镀技术的发展及其在绿色再制造产业中的重要作用;基于作者多项科研成果,系统总结了纳米颗粒复合电刷镀技术的原理和特点、纳米颗粒复合电刷镀镀液性能及制备、纳米颗粒复合电刷镀镀层制备工艺、纳米颗粒复合电刷镀镀层的组织与性能特征等;阐述了纳米颗粒复合电刷镀技术理论方面的创新性成果,如纳米颗粒在复合电刷镀镀液和镀层中的存在行为,以及纳米颗粒对镀层成形过程的影响规律和机制、对镀层的强化作用及强化机制等;结合再制造产业发展需求,介绍了自动化纳米颗粒复合电刷镀技术最新成果,并列举了纳米颗粒复合电刷镀技术的大量应用实例。

本书由徐滨士、董世运、胡振峰等著,参与本书撰写的人员还有闫世兴、刘玉欣、夏丹、吕耀辉、刘晓亭、汪笑鹤等。涂伟毅、蒋斌、杜令忠、王红美、杨华、荆学东、吴斌、张斌、吕镖等在博士后或研究生阶段参与完成了相关理论和技术研究工作,为本书提供了大量素材。在此,对参与纳米颗粒复合电刷镀技术研究和应用推广及参与本书撰写的博士后、研究生和同事表示感谢。

限于作者水平有限,书中疏漏之处在所难免,恳请广大读者批评指正。

作　者

2018 年 12 月

目　　录

第1章 绪 论

1.1 电刷镀技术的发展历史

电刷镀技术是表面工程的重要组成部分,是电镀技术的发展方向之一,已在机械、电子、交通、矿山、纺织、化工等民用领域及军事装备维修(尤其是野外抢修)中得到了广泛应用,创造了巨大的经济效益和军事效益。

电刷镀的雏形出现于1899年,人们为弥补槽镀零部件表面缺陷,用吸满镀液的棉花包上阳极,在作为阴极的工件上擦拭,以修补未镀好的部分,当时的技术只是槽镀的一种补充。约40年后,法国出现了用镀笔进行刷镀的技术。欧洲、北美分别从1947年和1954年开始应用这一技术。随后10年里,一些电刷镀专用工具和专用镀液在法国、美国相继取得专利。到1960年,英国、瑞士、意大利、苏联、日本等国也先后发展了这门技术,但应用均不普遍,未能成为主力镀种,鉴于此,该技术的理论研究也远远落后于槽镀。

电刷镀技术在我国最早出现于20世纪50年代。1979年,中国铁道学会与美国Selectron公司进行了技术交流,这是我国电刷镀技术飞速发展的转折点。国家相关部门的大力支持,为电刷镀技术的发展提供了坚实的基础;高等学校、科研院所的加盟,是电刷镀技术发展的技术保障。1983年,国家经济贸易委员会将电刷镀技术列为我国"六五"计划期间国家重点推广的新技术项目,随后又被国家经济贸易委员会、国家发展计划委员会在"七五"计划期间继续重点推广。1983年共召开了4次全国性的技术交流与协调会议,成立了以装甲兵工程学院为主要组织者的全国电刷镀技术协作组,将分散的力量集中起来,全方位、系统地发展了电刷镀技术,为其在全国范围推广提供了物质基础和技术力量。

1979年,装甲兵工程学院、中国科学院上海有机化学研究所、铁道部戚墅堰机车车辆厂、中国民航北京维修基地等单位联合攻关,对电刷镀电源、镀液、镀笔及电刷镀工艺进行了全面研究。1982年,以徐滨士院士为学科带头人的装甲兵工程学院电刷镀技术研究组,应用电刷镀技术成功修复了天津石油化纤总厂从日本进口的连续缩聚反应搅拌釜主轴,避免了国家 2 700 万元的损失,开创了电刷镀技术修复大型进口设备之先河,其巨大的应用价值与新闻效应引起了国家领导机关、新闻界的关注,奠定了装甲兵工程学院的学术地位,也为日后的发展打下了良好的基础;1995 年用电刷镀技术在汕头大桥和西陵大桥悬索鞍座与鞍座底板制备了复合减摩表面涂层,有效减小了摩擦副的摩擦系数,降低了对大型悬索鞍座及其底板的制造工艺要求,降低了建桥施工难度,节省了大笔经费,这在国内外尚属首次;应用电刷镀技术还成功处理了三峡电站发电机组转子表面,有效增强了其防腐、抗疲劳性能;在机床再制造工程中,电刷镀是其关键技术之一。

在重点进行履带装甲车辆零部件电刷镀工艺试验研究的同时,以徐滨士院士为代表的研究者还对电刷镀技术的基础理论进行了探索,1983 年出版了国内第一本电刷镀技术专著,创立了《中国表面工程》期刊;对刷镀机理,镀层机械性能,金相组织,不同材料、不同镀液下的最佳工艺规范,工艺参数对镀层质量影响,刷镀废液处理等课题进行了研究。同时,徐滨士等人积极开展国际交流与合作,与英国伯明翰大学、波兰华沙理工大学等成功地进行了技术合作与学术交流,扩大了国际影响,奠定了国际上的学术地位。

20 世纪 90 年代以来,电刷镀技术新工艺、新体系的探索,与其他技术的融合及其应用推广是主要发展趋势。90 年代后期发展了集先进微纳米技术与传统电刷镀技术于一体的纳米颗粒复合电刷镀技术,取得了国际领先地位。

由于电刷镀技术在国民经济中获得推广应用,装甲兵工程学院及其合作单位的"电刷镀技术及其推广应用"获 1985 年度国家科技进步一等奖,"66 种系列刷镀镀液研制"获 1989 年度国家科技进步二等奖。在随后的研究工作中,以徐滨士院士为首的研究人员将该技术进一步发展,从应用层面提到了应用与理论并重的高度,在理论研究、应用开发领域推广等方面做了大量工作,将机械维修提高到了学科建设的高度,相继数次获得国家、军队级科技进步一、二等奖等高级别奖项。

电刷镀技术发展到今天,已经从传统的维修技术向表面强化、表面防护、表面装饰的方向发展,在镀液、工艺、复合刷镀、强化机理等方面做了大量工作。

合金镀层具有许多单一金属镀层难以达到的性能,比单一金属更能满足对金属表面的各种要求。常用的二元合金刷镀有 Ni－W、Ni－P、Ni－Co 合金体系,还有如 Co－Mo、Co－W 合金体系等。其中,Co－Mo 和 Co－W 镀层组成为 Co－12Mo 和 Co－12W,镀层厚度为 0.5 μm 时,用作热模具的使用寿命可提高 1 倍以上。文献[37]报道了一种低磷镍合金电刷镀体系，以镍或镍、钴硫酸盐为主盐，金属离子的质量浓度控制在 60～72 g/L，所制备的镀层硬度为 HV600～850，电刷镀镀层性能优良，适用于耐磨环境。三元合金刷镀体系有 $Ni-W-Co$、$Ni-W-P$、$Ni-Fe-W$、$Ni-Fe-Co$ 等，文献[33]还研究了 $Ni-Fe-W-S$ 多元合金刷镀技术。

1.1.1 金属镀层电刷镀技术

电刷镀是一种电镀过程，其原理如图 1.1 所示。镀笔与电源正极相连，工件与电源负极相连，阳极上裹有棉花包套，用于浸蘸金属镀液，当包套和工件接触并保持一定的相对运动时形成闭合回路，金属离子在工件表面还原并沉积，从而形成镀层。电刷镀技术主要用于零部件的修复和表面性能强化等方面。

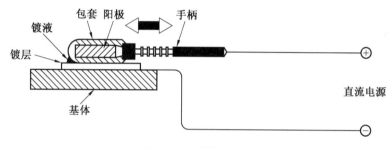

图 1.1　电刷镀原理

近几十年来，电刷镀技术得到快速发展。电刷镀镀液由刚开始的几个单一品种发展到现在的上百个，由单一的金属镀液发展到二元合金镀液、多元合金镀液，以及可以使镀层具有良好耐磨性和耐蚀性的非晶态镀液。具有独特理化性能的稀土材料也在电刷镀技术中得到了发展和应用。电刷镀技术所采用的镀液种类多，镀层种类多，且设备轻便、工艺灵活、镀覆速度快、镀层质量好、应用广泛，已得到越来越多的重视。电刷镀技术应用也已经从传统的维修领域扩展到表面强化、表面防护和表面装饰等功能性领域。人们在电刷镀镀液、施镀工艺、镀层强化机理、镀层性能和实际应用等方面展开了大量的工作。

1. 电刷镀镀层的组织与性能

电刷镀镀层制备方便，工艺灵活简单，组织致密，硬度较高。镍镀层的组织随镀笔与工件的接触面积变化而呈柱状、柱状和带状混合、完全带状的特征变化，显微硬度可达 HV570。镍磷镀层的硬度更高，可达 HV840，热处理后 Ni_3P 的析出使镀层发生二次强化，显微硬度可达到 HV1 220。

将具有优良耐磨性和耐蚀性的镍磷电刷镀镀层用于进口缸体上,其使用性能优于原缸体。沉积了 Ni、Cr 和 Ni—Co 电刷镀镀层的 SAE1045 钢,其耐磨性也优于基体钢。由于在磨损过程中保持混合润滑机制,因此沉积 Cr 的电刷镀镀层的 SAE1045 钢呈现出很高的耐磨性。

一些多元的电刷镀镀层由于各成分之间形成具有弥散强化作用的化合物相,表现出比较特异的摩擦磨损性能。在 1045 氮化钢上沉积 Ni—Cu—P 电刷镀镀层,镀层中 Ni_3P 和 Cu_3P 相的析出使镀层硬度较低,改善了摩擦学特性;镀层与对偶件之间转化膜的形成,有效隔离了镀层与对偶件,从而减小了摩擦系数,降低了磨损率。Ni—Fe—W—P 电刷镀镀层组织结构细小致密,呈非晶态,且有弥散分布的极细的 Ni_3Fe 颗粒,加上在腐蚀过程中 W 原子会优先迁移到镀层表面而形成氧化物薄膜,因此该镀层具有优良的耐蚀性,可作为铬镀层的替代品。

Ni—Fe—W—S 电刷镀镀层在高速重载条件下显示出比 Cr 电镀层更优良的耐磨性,是 Cr 电镀层理想的替代品。一些较软的电刷镀镀层如 Pb—Sn 和 Pb—Sn—Ni,虽然具有较好的耐磨性和减摩性,但当 Sn 的质量浓度偏低时,镀层在较高载荷下发生黏着现象而起皮,影响其使用性能。将电刷镀技术与电弧喷涂技术相结合,可以降低喷涂层表面的孔隙率,从而改善涂层的摩擦学特性,耐磨性也明显提高。

2. 稀土对电刷镀镀层组织和性能的影响

稀土在电刷镀技术中的应用,改善了镀层的组织和结构,从而提高了镀层的性能。稀土与电刷镀镀层中的 N、H、O 等元素结合而形成稀土氧化物和稀土氮化物,可强化和稳定晶界,细化晶粒,增加镀层的硬度、强度、耐磨性和耐蚀性。

镍电刷镀镀液中含有大量的金属盐和配位剂,在镀液中加入适量的稀土元素不会影响镀液的稳定性,且可提高镀层的沉积速度,改善电刷镀镀层的表面质量,增加硬度。但稀土的强烈吸附作用可导致镀液中某些离子的偏聚而影响电刷镀镀层的组织,从而影响电刷镀镀层的性能。

3. 电刷镀镀层的应用

电刷镀镀层的良好性能使其在科学研究和工、农业中得到广泛应用。由于电刷镀镍层和铜层与基体发生一定程度的扩散,因此可在一定程度上改善脆性材料 Fe_3Al 的环境脆性。将镍钨合金电刷镀镀层用作离子镀 TiN 镀层与基体间的中间层,获得了弥散分布的 NiTi 相和 NiW_4 相;由于电刷镀镀层与 TiN 镀层之间的扩散层,以及 NiTi 相和 NiW_4 相的弥散强化作用,因此整个镀层的结合强度和硬度比没有中间层的单一离子镀层高,耐磨性也得到改善。

机械设备在运行过程中,零部件受各种载荷和介质的作用,不可避免地产生磨损、腐蚀和疲劳。而电刷镀镀层与基体结合好,耐磨性好,可用于某些旧件的修复,提高零部件的使用效率,从而产生良好的经济效益和社会效益。电刷镀镀层厚度均匀,致密光滑,采用电刷镀技术成功地对橡胶层压机头板的大尺寸阶梯形孔的尺寸进行了修复。沈阳某公司利用电刷镀技术仅用 3 天时间就修复了一大型离心机机座,使轴承孔恢复了原来的几何形状和尺寸精度,保证了生产的正常运行。

装甲兵工程学院利用电刷镀技术对机床导轨、印刷机滚筒、汽车发动机曲轴、进口发动机曲轴箱、电动机定子零部件、某电力修造厂的吸风机主轴和天津石油化纤厂从日本进口的聚缩反应搅拌釜主轴等重要机械零部件,以及以前难以修复的关键零部件进行了修复,为生产的正常运行提供了重要保证,产生了巨大的经济效益;该单位还将电刷镀技术应用于军事装备关键零部件的维修和强化上,对履带装甲车 6 种工作条件的 18 项零部件及某航天装置上的零部件和飞机起落架等重要装备关键零部件进行了修复,且成本很低,取得了显著的军事效益和经济效益。

综上所述,电刷镀技术制备的单一镀层具有一定的显微硬度和耐磨耐蚀性,特别是多元合金镀层具有更加优良的使用性能。电刷镀技术已在电力、交通、煤矿等民用工业领域及重要军事装备关键零部件的修复中得到广泛应用。但在比较恶劣的工况条件下,特别是在由于受较大的交变应力和热应力作用而易产生黏着磨损、接触疲劳磨损和热疲劳磨损的工况下,单一镀层对零部件的强化作用是有限的。

1.1.2　复合电刷镀技术

科技水平的提高和工业的发展,对零部件的表面性能提出了更高的要求。单一镀层已不能更好地满足现实的需要,人们通过叠加具有不同性能的多层镀层来获得具有更理想性能的复合电刷镀镀层,即层状复合电刷镀镀层;或者是在金属镀液中加入某些不溶性的固体颗粒,使它们与金属离子共沉积,并均匀地弥散在镀层中,形成弥散复合电刷镀镀层,即复合电刷镀镀层,从而提高原有金属镀层的性能。复合电刷镀技术的基本原理和普通电刷镀技术的基本原理相同,都是利用金属离子的阴极还原反应来沉积镀层。二者的主要区别在于:在复合电刷镀技术中,不溶性固体微粒被加入镀液中,形成均匀悬浮的复合电刷镀镀液;这些不溶性微粒通过电化学的、力学的原理与金属离子一起沉积在工件上,获得具有弥散强化效果的复合电刷镀镀层。

复合电刷镀技术的研究在电刷镀研究中占有相当比重。复合体系中，基质金属主要有 Ni、Cu、Co、Fe、Cr、Au、Ag、Zn、Cd、Pb、Ni－Mn、Ni－Fe、Ni－B、Ni－P、Ni－Co、Ni－WC、Co－B 及其他多元合金等。为了得到具有不同特性的复合电刷镀镀层，电刷镀镀液中需加入增强颗粒，增强颗粒按使用目的可分为以耐磨为目的的硬质颗粒（如陶瓷颗粒）和以减摩为目的的软颗粒（如 MoS_2、PTFE 等，其他常用的还有金刚石、Cr_2O_3、BN、TiC、WC、Cr_3B_2、SiC、ZrB_2、TiB_2、BC、Fe_2O_3、BeO_2、B_4C 等）。在基质金属中加入不同性质固体颗粒所形成的具有较高硬度、耐磨、耐蚀、自润滑等优异性能的复合电刷镀镀层的种类，见表 1.1。

1. 复合电刷镀镀层的研究进展

纳米颗粒复合电刷镀镀层主要由基质金属和所添加的纳米颗粒材料构成。依据镀层性能要求或服役工况及价格成本不同，所选用的基质金属和纳米材料不尽相同。近年来，国内外已研发出了各种纳米颗粒复合电刷镀镀层。

（1）镍基复合电刷镀镀层的研究。

用于耐磨领域的镍基复合电刷镀镀层中，加入的硬质颗粒主要有 Cr_2O_3、金刚石、Al_2O_3、SiC 和 ZrO_2 等。复合电刷镀镀层中的固体颗粒对于镀层晶粒尺寸具有明显的细化作用，同时镀层中的多层结构有利于晶体生长时的多次形核，并阻断了晶粒的合并长大。虽然复合电刷镀镀层与镍镀层的共同特征是表面结晶晶粒都呈蘑菇状（或菜花头状），但复合电刷镀镀层表面结晶晶粒较镍镀层要细小均匀，镀层的硬度有一定程度的提高。在一定工艺条件下，复合电刷镀镀层组织致密，硬质微粒呈弥散分布，与基质金属结合紧密，硬度较高。复合电刷镀镀层在热处理过程中出现再强化，硬度明显高于普通镍镀层。因此，含有硬质颗粒的复合电刷镀镀层具有优良的耐磨性。在磨损过程中，复合电刷镀镀层中的固体颗粒可起到支承载荷、抵抗塑性变形、阻碍磨料运动、终止磨痕扩展等作用，从而提高复合电刷镀镀层的抗黏着磨损和磨料磨损的能力，其耐磨性比普通镍电刷镀镀层高好几倍。复合电刷镀镀层磨痕较浅，磨屑呈小片状剥落，而单一镍镀层表面磨痕较粗且有严重的黏附现象，因而单一镀层摩擦系数较大，耐磨性较差。

表 1.1　在基质金属中加入不同性质固体颗粒所形成的复合电刷镀镀层的种类

基质金属	固体颗粒	基质金属	固体颗粒
Ni	Al_2O_3、Cr_2O_3、Fe_2O_3、TiO_2、ZrO_2、ThO_2、SiO_2、CeO_2、BeO_2、MgO、CdO、金刚石、SiC、TiC、WC、VC、ZrC、TaC、Cr_3C_2、B_4C、$BN(\alpha,\beta)$、ZrB_2、TiN、Si_3N_4、WSi_2、PTFE、$(CF)_n$、石墨、MoS_2、WS_2、CaF_2、$BaSO_4$、$SrSO_4$、ZnS、CdS、TiH_2、Cr、Mo、Ti、Ni、Fe、W、V、Ta、玻璃、高岭土	Ag	Al_2O_3、TiO_2、BeO_2、SiC、BN、石墨、MoS_2、刚玉、La_2O_3
		Zn	ZrO_2、SiO_2、TiO_2、Cr_2O_3、SiC、TiC、Cr_3C_2、Al
		Cd	Al_2O_3、Fe_2O_3、B_4C、刚玉
		Pb	Al_2O_3、TiO_2、TiC、BC、Si、Sb、刚玉
		Sn	刚玉
Cu	Al_2O_3、TiO_2、ZrO_2、SiO_2、CeO_2、SiC、TiC、WC、ZrC、NbC、B_4C、BN、Cr_3B_2、PTFE、$(CF)_n$、石墨、MoS_2、WS_2、$BaSO_4$、$SrSO_4$	Ni—Co	Al_2O_3、SiC、BN、Cr_3C_2
		Ni—Fe	Al_2O_3、Eu_2O_3、SiC、BN、Cr_3C_2
Co	Al_2O_3、Cr_2O_3、Cr_3C_2、WC、TaC、ZrB_2、BN、Cr_3B_2、金刚石	Ni—Mn	Al_2O_3、SiC、BN、Cr_3C_2
Fe	Al_2O_3、Fe_2O_3、SiC、WC、BN、PTFE、MoS_2	Pb—Sn	TiO_2
Cr	Al_2O_3、CeO_2、ZrO_2、TiO_2、SiO_2、UO_2、SiC、WC、ZrB_2、TiB_2	Ni—P	Al_2O_3、Cr_2O_3、TiO_2、ZrO_2、SiC、BN、Cr_3C_2、B_4C、PTFE、CaF_2、金刚石
Au	Al_2O_3、Y_2O_3、TiO_2、SiO_2、ThO_2、CeO_2、TiC、WC、Cr_3B_2、BN、$(CF)_n$、石墨	Ni—B	Al_2O_3、Cr_2O_3、SiC、金刚石、Cr_3C_2
		Co—B	Al_2O_3、Cr_2O_3、BN

　　用于减摩的镍基复合电刷镀镀层中,加入的软颗粒主要有 PTFE 和 MoS_2 等。当 PTFE 微粒粒径为 $0.3\sim1~\mu m$,在镀液中的加入量为 $60\sim80~g/L$ 时,所得复合电刷镀镀层的摩擦系数较低,仅为镍镀层的 $50\%\sim70\%$,具有良好的减摩性能。在镍电刷镀镀液中加入 MoS_2 颗粒,复合电刷镀镀层中的 MoS_2 颗粒呈取向分布,因此所得复合电刷镀镀层具有很好的减摩性能。在镍电刷镀镀液中同时加入适量高硬度、高温耐磨性良好的 SiC、WC 微粒和粒度为 $10\sim20~\mu m$,具有抗黏着、自润滑、低摩擦系数的 MoS_2 微粒(质量浓度均为 $30~g/L$),采用所得复合电刷镀镀液刷镀纺纱机

械钢领的内表面,使钢领表面具有良好的使用性能,从而其纺纱性能得到改善。

(2)二元合金复合电刷镀镀层的研究。

在以二元合金为基质金属的复合电刷镀镀层中,用得较多的基质合金为 Ni—Co 和 Ni—P,而加入的第二相多为耐磨的硬质相。

在 Ni—P 镀液中加入 B_4C 颗粒(质量浓度为 0～150 g/L),电刷镀工艺参数:电压为 9～15 V,镀笔相对运动速度为 0.2～0.25 m/s,制得了含 B_4C 的复合电刷镀镀层。该镀层与基体的结合界面致密,无明显缺陷。镀层硬度较高,特别是经 400 ℃ 热处理后,由于硬化相的析出强化,镀层硬度达到最大值,耐磨性得到很大提高。

Ni—P 合金镀层具有优异的耐蚀性能,而硬质颗粒的加入可提高其耐磨性,因而 Ni—P 复合电刷镀镀层有可能具有优异的抗腐蚀耐磨损性能。对 Ni—P—SiC 复合电刷镀镀层腐蚀磨损行为的研究表明,P 的耐腐蚀和 SiC 颗粒的耐磨性,使该复合电刷镀镀层具有良好的抗腐蚀和耐磨损性能。当镀液中的 SiC 颗粒质量分数超过一定量后,复合电刷镀镀层的抗腐蚀和耐磨损性反而会因为 SiC 颗粒与基体结合不牢而下降。

为了制备具有良好耐磨性的复合电刷镀镀层,华希俊等用具有抗高温氧化、耐磨耐蚀、易形成固溶强化合金镀层的镍钴合金作为基质金属,并在合金镀液中加入氧化锆微粒,加入量为 66 g/L。镀层在 300 ℃ 下的磨损试验研究表明,复合电刷镀镀层的耐磨性是未加 ZrO_2 微粒的镍钴镀层的 1.3 倍,是基体材料 3Cr2W8V 钢的 1.5 倍。在生产条播机旋切刀(材料为 65Mn 和 60Si2Mn)用的辊锻模上刷镀该镀层后,其使用寿命可提高 1.5 倍以上,且制品表面粗糙度和外观质量明显改善,抗腐蚀和耐磨损性能大大提高。

陈靖芯等采用电刷镀技术,以镍钴为基质金属,在镀液中加入粒径为 1～4 μm 的氧化锆颗粒,制得了 Ni—Co—ZrO_2 复合电刷镀镀层。镀液的 pH 为 5～8,刷镀工艺参数:电压为 6～9 V,镀笔运动速度为 5.5 m/s。镀层显微硬度较高,达到 HV770,镀层表面细腻均匀。在 MM—200 磨损试验机上的磨损试验表明,在干摩擦状态下,复合电刷镀镀层的相对耐磨性为 Ni—Co 镀层的 2.72 倍,为 45 钢的 6.15 倍。应用表明,该复合电刷镀镀层具有良好的耐磨、耐腐蚀、抗黏着、抗高温氧化等性能,用于模具表面强化和机械零部件的修复,取得了良好效果。

(3)多元合金复合电刷镀镀层的研究。

多元合金复合电刷镀镀层的基质金属主要有 Ni—Co—W、Ni—Co—P 及

Ni—Cu—P等,主要用于耐磨和减摩两个方面。

董允等在 Ni—W—Co 合金电刷镀镀液中添加分析纯、粒度小于 300 目的 SiC 颗粒,采用电刷镀技术制得了 Ni—W—Co 基复合电刷镀镀层。SiC 颗粒均匀弥散分布在 Ni—W—Co 基质合金中,沉积量随其在基础镀液中添加量的增多而提高,但超过 20 g/L 后,SiC 颗粒沉积量不会因其在基础镀液中添加量增多而明显提高。适当提高沉积电压可促进颗粒沉积。复合电刷镀镀层的硬度和耐磨性随 SiC 颗粒质量分数的增加而显著提高,硬度最大增幅达 70% 以上,耐磨性较 Ni—W—Co 合金提高 3 倍。

将复合电刷镀技术作为一种强化手段应用于模具的表面处理,结果表明:在 Ni—Co—P 基合金镀液中加入粒度为 10 μm 的 ZrO₂ 颗粒后,所得复合电刷镀镀层的显微硬度达到 HV750,进行中温回火后,复合电刷镀镀层的硬度可达到 HV1 000,均高于热锻模的要求硬度(HV478~543)。复合电刷镀镀层结合强度好,耐磨性也得到很大改善,模具的使用寿命提高了 1~3 倍。

稀土元素因具有特异的性能也在复合电刷镀镀层中得到应用,董允等将少量的稀土元素 Ce 和 La 加入到 Ni—W—Co 合金镀液中,同时加入 300 目的 SiC 颗粒或 Al₂O₃ 颗粒。研究结果表明,加入稀土元素可提高合金镀液的电流效率,使电流密度增大,促进合金的沉积,但存在最佳加入量。加入稀土元素也可缩短合金基体捕获颗粒的时间,促进颗粒的沉积,使复合电刷镀镀层中颗粒含量增多。镀层的硬度和耐磨性均有一定程度的提高。

聚四氟乙烯(PTFE)有很好的耐热性和耐寒性,以及极低的静摩擦系数和动摩擦系数,当把它引入到金属表面上时,能提供自润滑性、非黏着性、耐水性、耐温性和耐腐蚀性。但其硬度低,单一的 PTFE 材料耐黏附、耐磨损性能很差,在运动的条件下会很快被磨损掉。张玉峰等把 PTFE 微粒分散到 Ni—W—P 电刷镀镀液中得到了多元复合电刷镀镀层。在复合电刷镀镀层中,PTFE 微粒起干润滑剂的作用,镍磷镀层起固定和储存 PTFE 微粒及提高耐磨性的作用。研究结果表明,镀态时复合电刷镀镀层的硬度较低且磨损率高,但在较高温度下,合金相的析出使硬度上升,磨损率下降。

为了获得具有良好自润滑性能的减摩复合电刷镀镀层,李屏等以 Ni—Co—P 为基体,分别制得了含 MoS₂ 和 PTFE 的复合电刷镀镀层,其摩擦系数比 Ni—Co—P 镀层低很多,分别为 Ni—Co—P 镀层的 77% 和 63%。复合电刷镀镀层具有较好的减摩性能。经 400 ℃ 保温 1 h 后,由于 Ni₃P

的析出,复合电刷镀镀层硬度提高,耐磨性得到改善。

石油工业中油田钻井的螺纹经常发生黏着,黄锦滨等最初采用电刷镀 $Ni-P/MoS_2$ 复合电刷镀镀层来处理螺纹表面,之后在此基础上,又研制出一种新型的 $Ni-Cu-P/MoS_2$ 固体润滑复合电刷镀镀层。该复合电刷镀镀层由于其结构中含有一定量的 Ni_7P_3、$Ni_{12}P_5$ 等间隙相存在,且磨损过程中有铜在磨损表面上的转移,因此比原有复合电刷镀镀层具有更高的耐磨性。

总之,在多元合金镀液中加入固体颗粒,可显著提高镀层的耐磨耐蚀性和减摩性,使所得复合电刷镀镀层具有较高的结合强度和优良的使用性能。

2. 复合电刷镀镀层的沉积机理

复合电刷镀镀层的沉积过程直接影响复合电刷镀镀层的组织和性能,对沉积机理和过程的研究可为复合电刷镀镀层的设计及组织性能控制奠定重要的理论基础。虽然复合电刷镀镀层具有优良的耐磨性及减摩性,并在工农业中得到广泛的应用,但是对复合电刷镀镀层沉积过程中固体颗粒与基质金属的共沉积机理研究尚少,复合电刷镀镀层的共沉积过程尚不明确,将影响复合电刷镀镀层的深入研究和进一步应用。

一般认为,复合电沉积过程中固体颗粒与电极的作用过程有 3 种机理:吸附机理、力学机理和电化学机理。作者及其团队经过调研、资料收集和整理后发现,复合电沉积机理模型主要有以下几个,但都有一定的局限性。

(1)Guglielmi 模型。

Guglielmi 模型的基本方程式为

$$\frac{1-\alpha_v}{\alpha_v}C_v = \frac{Wi_0}{nF\rho_m V_0}e^{(A-B)\eta}\left(\frac{1}{K}+C_v\right) \tag{1.1}$$

式中,η 为阴极过电位;F 为法拉第常数;i_0 为交换电流密度;α_v、C_v 分别为颗粒在复合电刷镀镀层中的共析量和溶液中的分散量;W、ρ_m 和 n 分别为基质金属原子量、密度和金属离子的阴极反应电子数;K、A、B 和 V_0 为由试验确定的常数。

Guglielmi 模型认为共沉积过程可用两步吸附理论解释:第一步,带有表面吸附层的颗粒在阴极表面弱吸附,该步骤是可逆的物理吸附,可用 Lamguir 等温吸附描述;第二步,随着颗粒表面吸附层部分被还原,吸附层逐渐从颗粒表面脱去,同时颗粒与阴极强吸附并进入正在生长的金属镀层。其中,强吸附步骤是总反应的速度控制步骤。

该模型的最大缺陷是没有考虑流体力学、颗粒尺寸及类型、反应温度、溶液组成等因素对电沉积的影响,而这些因素是电沉积过程不能回避的问题。

(2)MTM 模型。

在 Guglielmi 模型的基础上,Celis 与 Buelens 考虑溶液中流体动力学效应,提出了 MTM 模型。其基本前提是只有吸附在颗粒表面的金属离子被还原到一定程度时才能发生共沉积。整个复合沉积分为以下几个步骤:首先,颗粒在溶液本体中与金属离子形成吸附层;其次,颗粒在流体力学作用下到达扩散层边界;再次,通过扩散作用穿越扩散层到达阴极表面并在此弱吸附;最后,吸附在颗粒表面的金属离子还原,当还原到一定程度时,颗粒被永久嵌入复合电刷镀镀层中。

复合电刷镀镀层中,颗粒共析量的质量分数 w 为

$$w = \frac{W_{p}N_{p}P}{\dfrac{M_{m}i}{nF} + W_{p}N_{p}P} \times 100\%$$ (1.2)

式中,n 是电子反应数;F 是法拉第常数;W_{p} 是单个颗粒的质量;N_{p} 是单位时间内通过扩散层到达阴极表面单位面积的颗粒数;P 是颗粒发生共沉积的概率;M_{m} 是金属离子的摩尔质量;i 是电流密度。式(1.2)中分母第一项没有时间因素,其量纲与其他项不同。

该模型的最大优点是考虑了流体力学因素和界面电场强度对复合电沉积的影响。其理论能很好地解释硫酸盐镀 Cu/Al_2O_3 和氰化镀 Au/Al_2O_3 体系的试验结果。但在导出基本方程式时的一些假定却与实际情况相差甚远,如认为吸附在颗粒表面的金属离子与溶液中游离的离子等价,两种离子能量状态与运动状态相同;模型中有些参数需从试验结果中导出。因而,该模型有较大的局限性。

(3)运动轨迹模型。

在 MTM 模型的基础上,Fransaer 和 Clies 提出了运动轨迹模型。该模型综合考虑作用在颗粒上的各种作用力,诸如流体场作用力、重力、浮力、电泳力、分散力及双电层力等,不考虑颗粒的布朗运动,由此建立起颗粒的运动方程,并以此确定其轨迹方程。

为计算被电极实际捕获的颗粒量,该模型提出了滞留系数的概念。滞留系数 p 取决于颗粒与电极作用的黏附力与切向力之比:

$$p = \frac{\int_{F_{shear}}^{\infty}(f_{adh}(F) + F_{stagn})\,dF}{\int_{0}^{\infty}(f_{adh}(F) + F_{stagn})\,dF}$$ (1.3)

式中，$f_{adh}(F)$ 是颗粒在电极表面黏附力的分布函数；F_{stagn} 是作用在颗粒上并指向电极表面的滞留力；F_{shear} 是切向力。滞留系数 p 与流量 J 的乘积即是滞留在电极表面的颗粒数量，并认为是颗粒的沉积速度。

该模型可以定量描述溶液中流体力学规律。基于该模型的试验体系有别于不规则的搅拌和气流扰动，可以使试验结果重现，同一试验的数据彼此具有可比性。该模型与难以定量描述液流规律的其他试验体系的数据没有可比性。

(4)其他模型。

其他的共沉积模型有 Valdes 模型、Hwang 模型和 Yeh 模型等，但这些模型都只能解释某些共沉积过程的特定现象，因此都有很大的局限性。

3. 复合电刷镀镀层研究中存在的问题

综上所述，在电刷镀镀液中加入适量的、合适的固体颗粒，可以得到具有优良使用性能的复合电刷镀镀层，使单一电刷镀镀层的性能得到大幅度提高。但所加入的颗粒粒度大多为 $1\sim 5~\mu m$，有些竟达 $8\sim 10~\mu m$，而复合电刷镀镀层的厚度一般为几十个微米，在有限的厚度内只能复合几层颗粒，因此镀层中颗粒的质量分数难以提高，一定程度上制约了复合电刷镀镀层的发展。

虽然有些研究者借用复合电沉积的机理解释了某些现象，但并未提出一个具有广泛适应性的模型。这几种机理和模型各有其适用范围，针对某些试验体系或试验现象，某些理论只能在一定条件下给出一些合理的解释。复合电沉积过程十分复杂，影响因素太多，反应界面总是处于动态变化之中，试验数据的重现性与稳定性不好，各种影响因素的结果交织在一起，导致数据分析难度非常大，能得出的信息很有限。因此，并未深入开展这方面的工作，导致在复合电刷镀镀层的沉积过程中，固体颗粒与基质金属离子的共沉积机理并不十分清楚。

虽然复合电刷镀镀层的耐磨性能优良，但对复合电刷镀镀层内部组织和微观结构、组织与使用性能关系的研究尚少，导致复合电刷镀镀层的强化机理尚不明确，有待于进一步研究。

1.1.3 非晶态电刷镀技术

非晶态合金电刷镀镀层有优良的物理性能、机械性能和化学性能，因此非晶态电刷镀技术是研究的热点，最常见的是 Ni－P 非晶态电刷镀体系。文献[67]研究了 Ni－P 电刷镀镀液组成及工艺参数对镀层中磷的质量分数、沉积速度、镀层性能的影响，合金镀液适宜配方为：$200\sim 250~g/L$

的 $NiSO_4 \cdot 7H_2O$、$25 \sim 30$ g/L 的 $NiCl_2 \cdot 6H_2O$、30 mL/L 的 H_3PO_3、60 mL/L 的 H_3PO_4、40 g/L 的络合剂、40 g/L 的 Na_2SO_4、pH 为 1.5,在最佳工艺条件下获得的镍磷合金电刷镀镀层呈非晶态结构,磷的质量分数为 6%～13%。文献[72]研究了温度与 Ni－P 镀层结构的关系,结果表明该电刷镀镀层为非晶态组织,完全晶化温度在 400 ℃左右,随热处理温度升高,电刷镀镀层析出弥散相 Ni_3P,产生弥散强化,使耐磨性增强。Co－(3～5)W－(6～10)P 电刷镀镀层、Ni－P 电刷镀镀层均具有优良的高温耐磨性,其原因是镀层在高温下产生晶化作用,有弥散相析出而造成二次硬化。文献[70]研究了稀土元素对 Ni－P－Ce、Ni－Cu－P－Ce 电刷镀镀层冲击磨损行为的影响,结果表明,合金电刷镀镀层冲击磨损机制主要是塑性变形、片状剥落和黏着磨损,稀土元素没有改变镀层冲击磨损机制,Ce 元素增加了镀层硬度,细化了镀层结晶形态,影响了镀层晶界、亚晶界等细微结构,减缓了镀层加工硬化程度,因而减弱了镀层磨损,明显提高了镀层耐冲击次数。稀土元素改变了镀层结构,从而优化了镀层性能,因此在表面涂层中的应用越来越普遍。

1.2 纳米颗粒材料的特性及其在复合镀中的应用

1.2.1 纳米颗粒材料的特性

纳米颗粒材料是指尺寸为 1～100 nm 的颗粒材料,它是介于原子、分子与块体材料之间的尚未被人们充分认识的新领域。纳米材料是纳米科技的重要组成部分,由于其性能优越而引起了广泛的关注,世界各国积极探索其工业应用技术。20 世纪 80 年代以来,许多国家均投入大量人力物力进行纳米颗粒和纳米科技的开发研究。1981～1986 年,日本将纳米颗粒列入全国四大基础研究项目之一,全面开展了纳米颗粒制备与特性研究。美国把纳米颗粒材料用于飞机、战舰等军用装备上,大大提高了其战斗力。我国也把纳米材料列入国家重大基础研究和应用研究项目,投入大量精力展开纳米材料的开发应用研究。

纳米颗粒所具有的表面效应和小尺寸效应等特殊性能,使其表现出奇特的理化性能和力学性能。同一材料,当尺寸减小到纳米量级时,其强度和硬度可提高 4～5 倍。纳米颗粒材料比表面积大,界面原子排列混乱,表面原子活性高,对材料的表面改性具有特殊意义。纳米颗粒材料由于其特异的性能而在表面工程中得到越来越广泛的应用。

1.2.2　纳米材料在复合镀技术中应用的研究进展

复合镀技术的研究和应用已经有几十年,美国国家标准局规定电镀或化学镀复合材料可以在 8 个领域应用。将具有特异理化性能的纳米颗粒材料用于复合电刷镀镀层的制备,理论上可大幅度提高镀层中颗粒的数量,更重要的是纳米颗粒的引入将有可能给镀层性能带来跃变。这一性能跃变可能更多地体现在功能特性上。复合电刷镀技术是在复合镀技术的基础上发展起来的,且它们的基本原理相同。因此,纳米颗粒在复合电镀和复合化学镀中的研究与应用对纳米颗粒复合电刷镀技术具有重要的借鉴意义。

1. 纳米颗粒在化学镀中的研究与应用

要获得性能优良的纳米颗粒复合电刷镀镀层,纳米颗粒在镀液中的均匀分散是一个非常关键的问题。吴玉程等研究了机械搅拌、空气搅拌、超声波分散和表面活性剂等几种分散方法对化学镀复合电刷镀镀层组织和性能的影响。结果表明,用超声波分散方法处理后的团聚粒径最小,纳米颗粒在镀层中的分布也最均匀,镀层具有较高的抗高温氧化性能;表面活性剂处理后的团聚粒径最大。因此,不同的分散方法具有不同的分散效果。

向化学镀液中加入一定量的金刚石纳米颗粒,经搅拌后形成含金刚石纳米颗粒的悬浊液,用这样的悬浊液制得的复合电刷镀镀层具有较高的显微硬度和良好的耐磨减摩特性。将含金刚石纳米颗粒的复合化学镀层用于磁盘基板表面,摩擦力下降了 50%,在 Co－P 化学镀液中加入金刚石纳米颗粒后形成复合电刷镀镀层,其耐磨性提高了 2～3 倍。汽车和摩托车缸体(套)的镍－金刚石纳米晶复合镀,可使缸体寿命提高数倍。

2. 纳米颗粒在电镀中的研究与应用

用电镀法将 Al_2O_3 纳米颗粒与镍离子共沉积,得到纳米 Al_2O_3－Ni 复合电刷镀镀层。镀层中的纳米颗粒尺寸约为 14 nm,且均匀分布在镀层中,因此复合电刷镀镀层具有较高的显微硬度和流变抗力。经热处理后,复合电刷镀镀层的晶粒比纯镍镀层更细,显微硬度更高。将 Al_2O_3 纳米颗粒加入到化学镀液中,制得的纳米颗粒复合电刷镀镀层由于镀层组织的细化,而具有较高的硬度和耐磨性。

将纳米 ZrO_2 颗粒按 10～40 g/L 的质量浓度加入到 Ni－W 非晶态镀

液中,随着电流密度的增加,镀层中颗粒的质量分数减小;搅拌速度增快,镀层中颗粒的质量分数增大;镀液中颗粒的质量分数增大,镀层中颗粒的质量分数也增大,复合电刷镀镀层的抗高温氧化性能和硬度也随着逐渐提高。将纳米 ZrO_2 颗粒用于与 Ni 电镀液和 N－P 化学镀液的共沉积中,复合电刷镀镀层的硬度得到较大提高。

将纳米 SiO_2 颗粒加在电镀液中,与金属离子共沉积可得到具有高硬度、高耐磨、自润滑、耐热的复合电刷镀镀层。李丽华等将粒径为 11.3 nm 的 SiO_2 颗粒加入电镀液中制得了含 SiO_2 纳米颗粒的复合电刷镀镀层,研究了镀液中颗粒含量、镀液 pH 对镀层中颗粒质量分数的影响,以及电镀工艺参数对镀层表面形貌的影响。最后得到了施镀的最佳工艺参数:颗粒质量浓度为 50 g/L,pH 为 2.0,电流密度为 6 A/dm^2,流速为 0.04 m/s。日本已将纳米 SiO_2/Ni 复合电刷镀镀层用于制作燃气轮机的叶片和高温发动机喷嘴等,纳米 SiO_2/Zn 复合电刷镀镀层还可用于白铁皮的生产。

碳纳米管具有与金刚石相同的热导率和独特的力学性质,其抗张强度比钢高 100 倍;杨氏模量高达 1 TPa 左右;延伸率达百分之几,具有良好的可弯曲性,因此可作为复合材料的增强剂。李文铸将其用于复合电镀中,制得了含碳纳米管的高耐磨复合电刷镀镀层。与普通电镀层比较,该复合电刷镀镀层具有高耐磨、低摩擦系数、高热稳定性、耐腐蚀和自润滑等优异的综合性能。其耐磨性比无镀层的 GCr15 钢高 1 000 倍,比 Ni－P－SiC 复合电刷镀镀层高 10 倍以上,可广泛用于航空航天、机械、化工、冶金、汽车等行业。

L. Benea 等将纳米 SiC 颗粒加在镍电镀液中,得到纳米颗粒强化的复合电镀层,测试了该镀层的滑动磨损腐蚀行为,并与纯镍镀层进行了对比。结果表明,纳米颗粒的加入细化了镀层晶粒,提高了镀层的抗极化能力,降低了腐蚀电流密度,从而提高了镀层耐磨损性和抗腐蚀性。

I. Manna 等将 $NbAl_3$ 和 Cu_9Al_4 金属间化合物纳米颗粒分别加入铜电镀液中,制得了铜基纳米颗粒复合电刷镀镀层。镀层的显微硬度比铜提高了 2.5～4 倍,且镀层与铜基体结合较好,结合强度较高。

综上所述,将硬质纳米颗粒添加到电镀液或化学镀液中,可以获得组织细化、硬度较高、具有优良摩擦磨损性能和使用性能的纳米颗粒复合电刷镀镀层。但颗粒在这些复合电刷镀镀层中的质量分数较高,加之一些团聚颗粒容易进入镀层内,使复合电刷镀镀层中纳米颗粒与基质金属结合不牢,呈现一定程度的脆性,造成镀层性能不稳定,在一定程度上影响了它们的推广应用。

1.3　纳米颗粒复合电刷镀技术的原理和特点

1.3.1　纳米颗粒复合电刷镀技术原理

纳米颗粒复合电刷镀技术涉及电化学、材料学、纳米技术、机电一体化等多领域的理论和技术。它利用电刷镀技术在装备维修中的技术优势,把具有特定性能的纳米颗粒加入电刷镀镀液中获得纳米颗粒弥散分布的复合电刷镀镀层,提高了装备零部件的表面性能。

纳米颗粒复合电刷镀技术的基本原理与普通电刷镀技术相似。该技术采用一种专用的直流电源设备,电源的正极接镀笔,作为电刷镀时的阳极,电源的负极接工件,作为电刷镀时的阴极。镀笔通常采用高纯细石墨块,石墨块外面包裹有棉花和耐磨的涤棉套。电刷镀时使浸满复合电刷镀镀液的镀笔以一定的相对速度在工件表面上移动,并保持适当的压力。在镀笔与工件接触的部位,复合电刷镀镀液中的金属离子在电场力的作用下扩散到工件表面,并在工件表面被还原成金属原子,这些金属原子在工件表面沉积结晶,形成复合电刷镀镀层的金属基质相;复合电刷镀镀液中的纳米颗粒在电场力作用下或在络合离子挟持作用下等,沉积到工件表面,成为复合电刷镀镀层的颗粒增强相。纳米颗粒与金属发生共沉积,形成复合电刷镀镀层。随着电刷镀时间的增加,电刷镀镀层逐渐增厚。

纳米颗粒复合电刷镀技术即在镀液中添加不溶性纳米材料,采用电刷镀技术制备纳米材料增强复合电刷镀镀层的方法,所得到的纳米颗粒复合电刷镀镀层是一种以基质金属为基体,以纳米材料为增强相的金属基复合材料。纳米材料对电刷镀镀层的强化作用,使得纳米颗粒复合电刷镀镀层比单质镀层具有更好的综合性能。纳米材料对电刷镀镀层强化作用的强弱,取决于镀层中纳米材料的特性、质量分数及分布等。由于纳米材料具有很高的表面活性,无论在空气中还是在溶液中都极易团聚,而电刷镀工艺过程对镀液中的固体材料具有粒径选择作用,大粒径颗粒很难进入复合电刷镀镀层,因此,在复合电刷镀镀液中发生团聚的纳米材料很难共沉积进入复合电刷镀镀层,造成复合电刷镀镀层中的纳米材料共沉积量偏低(质量分数一般小于 3%),这是影响纳米材料对复合电刷镀镀层强化作用的重要原因之一。因此较好地解决纳米材料在复合电刷镀镀液中的团聚问题,提高纳米材料在复合电刷镀镀层中的质量分数,是进一步增强复合电刷镀镀层综合性能的有效途径之一。

目前对于纳米复合电刷镀技术的研究主要集中在对单一纳米材料与电刷镀技术进行复合的研究方面,而对于含两种或多种纳米材料复合电刷镀技术的研究还很少。实际上,由于纳米材料具有表面效应及小尺寸效应,其表面存在大量的不饱和键,因此复合电刷镀镀液中纳米材料彼此间及其与镀液之间必定会发生相互作用(主要是吸附作用),从而造成纳米材料表面性能(主要是表面电位)的改变。这将对纳米复合电刷镀镀层的沉积过程产生影响,从而影响纳米材料在复合电刷镀镀层中的共沉积量(使其降低或者升高),因此,若能通过不同纳米材料匹配方案的优化,获得具有较高纳米颗粒质量分数的复合电刷镀镀层,将会进一步强化复合电刷镀镀层的综合性能。同时,不同性能的纳米材料在复合电刷镀镀层中的协同效应也会起到进一步强化复合电刷镀镀层综合性能的作用,比如将高硬度的纳米材料和具有自润滑性能的纳米材料同时加入复合电刷镀镀层,将获得既具有较高的硬度,又具有较好的自润滑性能的复合电刷镀镀层。

1.3.2 纳米颗粒复合电刷镀技术特点

纳米颗粒复合电刷镀技术是一种新兴的复合电刷镀技术,它同时具有普通电刷镀技术的一般特点,如:①采用便携式设备,便于到现场使用或进行野外抢修;②镀笔可以根据需要制成各种形状,以适应工件的表面形状;③设备用电量、用水量较少;④镀液中金属离子浓度高,且储存方便,操作安全;⑤刷镀时镀笔与工件保持一定的相对运动速度,可以采用大电流密度进行镀覆,其镀层的形成是一个断续结晶过程。

纳米颗粒复合电刷镀技术又具有不同于普通电刷镀技术的独特特点,这主要表现在电刷镀镀液、镀层组织和性能等方面。

(1)纳米颗粒复合电刷镀镀液中含有大量纳米尺度的特定颗粒,试验证明特定纳米颗粒的存在并不显著影响镀液的性质(酸碱性、导电性、耗电性等)和刷镀性能(镀层沉积速度、镀覆面积等)。

(2)纳米颗粒复合电刷镀技术获得的复合电刷镀镀层组织更致密、晶粒更细小,镀层的显微组织特点为纳米颗粒弥散分布在金属基相中,基相组织主要由微晶构成,并且含有大量纳米晶和非晶组织。

(3)纳米颗粒复合电刷镀镀层的耐磨性能、高温性能等综合性能远远优于同种金属镀层,其工作温度更高。

(4)根据加入的纳米颗粒材料体系的不同,可以采用普通镀液体系获得具有耐蚀、润滑减摩、耐磨等多种性能的复合镀层。

（5）通过加入具有吸波（电磁波和红外波）、杀菌等特殊功能的纳米颗粒材料，可以获得功能涂层。

（6）纳米颗粒复合电刷镀技术比普通电刷镀技术的应用范围更加宽广。

1.4　纳米颗粒复合电刷镀镀层的分类及其性能特征

1.4.1　纳米颗粒复合电刷镀镀层的分类

纳米颗粒复合电刷镀镀层的分类有多种方法，可以依据施镀方法、添加纳米颗粒材料种类、复合电刷镀镀层基质金属种类及复合电刷镀镀层功能特性等分类。

（1）依据刷镀过程操作方法分类，纳米颗粒复合电刷镀技术可以分为手工操作和自动化操作等施镀方法。相应地，其镀层分为手工纳米复合电刷镀镀层和自动化纳米复合电刷镀镀层。

（2）依据所添加纳米颗粒材料种类的不同，可以分为纳米氧化铝复合电刷镀镀层、纳米碳化硅复合电刷镀镀层、纳米氧化硅复合电刷镀镀层和纳米金刚石复合电刷镀镀层等；依据纳米颗粒复合电刷镀镀层基质金属种类的不同，可以分为镍基纳米复合电刷镀镀层、铜基纳米复合电刷镀镀层、钴基纳米复合电刷镀镀层和镍钴基纳米复合电刷镀镀层等。例如：采用添加纳米氧化铝的镍基电刷镀镀液所制备的复合电刷镀镀层，可称为镍基纳米氧化铝复合电刷镀镀层（可记为 $n-Al_2O_3/Ni$ 镀层）；采用添加纳米碳化硅的铜基电刷镀镀液所制备的复合电刷镀镀层，可称为铜基纳米碳化硅复合电刷镀镀层（可记为 $n-SiC/Cu$ 镀层）。

（3）依据镀层的应用目的或主要性能特征的不同，纳米颗粒复合电刷镀镀层可以分为耐磨纳米复合电刷镀镀层、减摩纳米复合电刷镀镀层、耐高温纳米复合电刷镀镀层、抗腐蚀纳米复合电刷镀镀层和功能性纳米复合电刷镀镀层等。

下面主要介绍几种不同性能特征的纳米复合电刷镀镀层。

1. 耐磨纳米复合电刷镀镀层

用作耐磨的复合电刷镀镀层一般选择硬质颗粒材料作为增强相。目前用得最多的是以镍基镀层为基体，以 Al_2O_3、SiC、金刚石等颗粒为增强相的复合电刷镀镀层。这类镀层由于增强相颗粒具有比基体材料高得多的屈服强度,在镀层中均匀分散能起到弥散强化的作用,因此具有良好的耐磨损性能,使用该镀层可以在某些方面替代零部件镀硬铬、渗氮、渗碳、相变硬化等工艺。有研究表明,采用含 n－WC 的复合电刷镀镀层作为修复层对已经受磨损的气缸进行修复时,当 WC 纳米微粒体积分数为 10%左右时,缸套内表面强化层的耐磨性和耐蚀性能达到最佳配合,其综合性能高于未经电刷镀处理或单一镍基电刷镀镀层的缸套,采用该工艺强化的缸套使用期限超过其他强化措施 1～2 年。将含纳米金刚石的 Ni－P 复合化学镀层用于磁盘基板表面,摩擦力下降了 50%,在 Co－P 化学镀液中加入纳米金刚石后形成复合电刷镀镀层,其耐磨性提高了 2～3 倍。把纳米金刚石颗粒应用于模具表面镀铬层,制备含纳米金刚石颗粒的纳米复合电刷镀镀层,模具寿命提高,精密度持久不变,长时间使用镀层光滑无裂纹。汽车和摩托车缸体(套)的镍－金刚石纳米晶复合镀,可使气缸体寿命提高数倍。刘晓红等采用 Ni－Co－SiC 复合电刷镀镀层对货船柴油机的活塞环表面进行强化处理,结果表明,与同船试验的磷化处理的活塞环相比,其寿命平均提高 60%～100%,这与同船试验的镀铬环寿命相当,且缸套的磨损量也减少了 38%～44%。

2. 减摩纳米复合电刷镀镀层

研究表明,当在基质镀层中引入 MoS_2、石墨、聚四氟乙烯(PTFE)、BN 等一些具有自润滑性能的软质材料时,由于这些材料在磨损过程中发生脱落会覆盖在摩擦副表面,防止摩擦副之间直接接触,从而能够减小或防止黏着磨损,同时由于这些材料在大气环境中的摩擦系数非常小,因此这类镀层具有一定的减摩作用,能够使材料的耐磨损性能得到一定程度的提高。注塑模具推管由于结构上的限制,无法做成带锥度的内外配合,因此金属表面间的摩擦较为严重;同时,为防止污染塑件,这些部位一般不用或少用润滑油,因而金属表面间属于干摩擦状态,常有表面划伤、咬死等现象。当推管孔径较小且壁厚较薄时,淬火后变形且无法磨孔,以及氮化后易脆裂,因此采用常规的热处理方法(如淬火和氮化等)对其进行处理并不适合,而采用含石墨和 SiO_2 的纳米自润滑复合电刷镀镀层处理注塑模具推管可达到较好的效果。宋来洲在制药设备的 ABS 塑料隔板上制备了 Ni－P－PTFE复合电刷镀镀层,不仅减小了药粒与 ABS 板的摩擦,同时还能有效消除前期工序中 ABS 板上积累的电荷,减少由于静电吸附作用造成的药粒在 ABS 板上的吸附。

3. 耐高温纳米复合电刷镀镀层

由于 Al_2O_3、ZrO_2、SiO_2 等陶瓷材料具有较好的高温稳定性,因此其本身就是优异的耐高温材料。将这些材料,特别是尺寸为纳米级的粉体材料弥散分布在基质镀层中,能够细化镀层的晶粒尺寸和组织。在高温环境中,这些弥散分布的纳米颗粒能阻碍镀层的再结晶生长和氧元素在镀层中的扩散,从而增强镀层抗高温蠕变性能和抗高温氧化性能。如 Ni－W－B－纳米 ZrO_2 复合电刷镀镀层的高温耐磨性是 Ni－W－B 镀层的 4～5 倍,此类纳米复合电刷镀镀层可以广泛应用于某些航空航天和燃气轮机的工作部件,如航天发动机间的密封圈、高速柴油机缸体和汽车燃气涡轮发动机主轴等。日本已将纳米 SiO_2/Ni 复合电刷镀镀层用于制作燃气轮机的叶片和高温发动机喷嘴等。

4. 功能性纳米复合电刷镀镀层

将一些具有较好的光催化性能、高导电导磁性能及生物活性等性能的材料加入基质镀层,可获得具有一定相应功能的复合电刷镀镀层。通过电沉积方法成功获得了具有光催化活性的 Ni－TiO_2(50 nm)纳米复合材料,并与传统的 Ti－TiO_2 光催化膜进行了比较,发现前者表现出更高的光催化活性,而且不用经过光催化修复过程。锌基电沉积纳米 TiO_2 复合电刷镀镀层同样具有光催化活性。如果引入硝酸根离子(NO_3^-)作为共沉积促进剂,镀层中 TiO_2 的复合量将会大大提高,而且镀层经热处理后,其光催化性能将提高约 1.5 倍。T. Deguchi 等人在钢片上从 $ZnSO_4$ 镀液中快速电镀出了 Zn－TiO_2(6 nm)复合电刷镀镀层。研究结果表明,此镀层具有很强的光催化活性,而且随着 NH_4NO_3 加入量的增加,镀层中分散相的质量分数也相应增加。

1.4.2 纳米颗粒复合电刷镀镀层的性能优势

作者将纯度为 99.9％、粒度为 100 nm 的 SiC 颗粒与快速镍复合,制备了含纳米 SiC 颗粒的复合电刷镀镍基镀层,镀层中 SiC 颗粒的质量分数约为 4.0％。纳米颗粒主要分布在镀层的基质金属镍的多晶单元之间,其沉积途径为:纳米颗粒与表面活性剂、镀液中的络合物及镍离子形成络合离子团,在工件表面沉积,且纳米颗粒随表面活性剂在镀层缺陷处发生偏聚。复合电刷镀镀层的显微硬度测试表明,纳米颗粒的加入可大大提高镍镀层的硬度。

45 钢基体上的 Ni－Al_2O_3(粒径为 30～60 nm)纳米颗粒复合电刷镀镀层的硬度比单纯的致密快速镍镀层的硬度高很多,且耐磨性也较好。将镍包覆处理后的 n－Al_2O_3 颗粒(粒径为 20 nm)加入快速镍电刷镀镀液中,所得复合电刷镀镀层的显微硬度较高,是快速镍镀层的 1.44 倍。复合电刷镀镀层在 200～400 ℃ 出现强烈的强化效应,显微硬度最高达 HV647,在温度上升到 600 ℃时,仍保持较高硬度,可达 HV346。微动磨损性能测试表明,在相同试验条件下,复合电刷镀镀层的微动磨损磨痕深度比相应的快速镍镀层的磨痕深度小得多,在 400 ℃下,复合电刷镀镀层的磨痕深度仅为快速镍镀层的 1/4。

纳米 ZrO_2 颗粒具有良好的耐高温性能,将其用于复合电刷镀镀层中可提高复合电刷镀镀层的抗高温性能。镍基纳米 ZrO_2 复合电刷镀镀层的高温磨损性能测试结果表明,在磨损过程中,复合电刷镀镀层中的纳米颗粒可有效抑制摩擦副之间的犁削效应,大大减少电刷镀镀层的微观切削和微观脆性剥落,其高温耐磨性是基材的 5～7 倍。该研究者还论述了 n－Si_3N_4/(Ni－P)复合电刷镀工艺、设备及 n－Si_3N_4/(Ni－P)微粒复合电刷镀镀液的组成和配制方法;研究了 Si_3N_4 纳米微粒在刷镀液中的质量浓度、刷镀工作电压和刷镀温度对 n－Si_3N_4/(Ni－P)复合电刷镀镀层的影响;研究了在不同的热处理温度下复合电刷镀镀层的硬度和耐磨性。结果表明,Si_3N_4 纳米颗粒质量浓度为 6 g/L、镀液温度为 80 ℃、刷镀工作电压为 13 V 时电刷镀镀层沉积速度最快,并具有较高的硬度。在高温磨损过程中,纳米颗粒抑制摩擦副之间的犁削效应,降低了电刷镀镀层的微观切削,减少了脆性剥落,使其具有很高的耐磨性。

尹健等利用电刷镀技术制备了含 SiO_2 纳米颗粒和石墨的非晶态 Ni－P合金镀层,并将其用于注塑模具的强化处理。由于该镀层具有良好的耐磨性和减摩性,因此强化后的注塑模具在使用过程中的磨损量减少,摩擦系数降低,模具的寿命提高了 2.75 倍,纳米颗粒复合电刷镀镀层的使用效果非常明显。

纳米颗粒复合电刷镀镀层具有比普通电刷镀镀层高的硬度和耐磨性,是与纳米颗粒在镀层中的作用分不开的。电刷镀镀层与基体的结合强度较高,结合方式主要有以下几种:由基体材料表面粗糙度造成的镶嵌作用来实现镀层金属与基体的结合的机械镶嵌方式;刷镀过程的不平衡结晶造成的晶格畸变和较高的能量,有利于原子的扩散,使镀层金属与基体金属外层电子之间相互交换而产生范德瓦耳斯力和原子间的扩散,这种方式称为物理结合;电化学行为产生的结合,镀层金属原子与基体原子之间的化学键作用及形成固溶体。总体来说,电化学结合的贡献是最主要的,其次是机械结合和物理结合。此外,纳米颗粒高的表面活性也可能对提高镀层与基体的结合强度起到一定的作用。

通过研究作者认为,高密度位错、纳米颗粒与位错的交互作用及某些溶质原子的气团强化等在纳米颗粒复合电刷镀镀层的强化中起到主要作用。因此,在 400 ℃ 热处理时,普通镀层中的晶粒会急剧长大,而在纳米颗粒复合电刷镀镀层中,纳米颗粒能抑制镀层晶粒的长大,晶粒比较细小,最高硬度可达到 HV900;在某些合金镀层中,经热处理后,由于第二相的析出,与纳米颗粒一起抑制晶粒的长大,因此复合电刷镀镀层硬度得到一定程度的提高。

通过 X 射线分析仪和透射电子显微镜的观察,结果表明,镍镀层的强化方式主要有细晶强化、高密度位错强化和固溶强化;镍钨合金镀层的强化方式也主要是细晶强化和高密度位错强化。电刷镀镀层经热处理后,会出现再强化现象。对于多元素合金镀层如镍钨合金镀层,经热处理后镀层中呈弥散分布的第二相 W_2C 及 Co_2C 具有很高的熔点和硬度,使镀层得到再强化。镍磷镀层随温度升高,在非晶向晶态转变的过程中析出 Ni_3P,使镀层得到再强化。而单元素镀层的再强化机制主要是在温度升高的过程中,镀层中的氮元素扩散到位错附近而形成柯垂尔气团强化,使镀层硬度在 100~300 ℃ 得到提高。

1.5 纳米颗粒复合电刷镀技术的发展

将微米级的固体颗粒应用在电刷镀技术中制得复合电刷镀镀层已有十几年的历史,制得的复合电刷镀镀层比单一镀层具有更好的耐磨性和减摩性。而将纳米颗粒用于电刷镀技术是在最近几年才发展起来的,但已取得了很大的进展,制备了一系列性能优异的纳米颗粒复合电刷镀镀层,为纳米颗粒复合电刷镀镀层的进一步研究和应用奠定了一定的基础。

1.5.1 纳米颗粒复合电刷镀技术的发展历程

纳米颗粒复合电刷镀技术是作者团队从 1997 年开始,经过多年努力研发成功的一种技术。纳米颗粒复合电刷镀镀层按照其功能划分,主要可分为耐磨减摩复合电刷镀镀层、装饰复合电刷镀镀层、耐蚀防护复合电刷镀镀层、耐高温复合电刷镀镀层及电子复合电刷镀镀层等功能性复合电刷镀镀层。纳米颗粒复合电刷镀技术涉及纳米技术、有机化学、无机化学、电化学、材料科学与工程等多学科领域,技术开发难度较大,现在已经开发的主要是耐磨复合电刷镀镀层、减摩复合电刷镀镀层和耐高温复合电刷镀镀层等在装备维修中常用的镀层体系。

耐磨减摩复合电刷镀镀层是在基体中加入 ZrO_2、SiO_2、TiO_2、SiC、

Al_2O_3、纳米金刚石(DNP)等硬质纳米颗粒,这类颗粒本身具有很高的硬度,当弥散分布在基体中时能有效地细化基质金属来提高基质金属的硬度。纳米金刚石电刷镀复合镀镍层,与不含金刚石粉的普通镀镍层相比,其硬度增加1倍以上,耐磨性能的提高更为明显。纳米金刚石因其特异的性质和在镀液中表现出来的特有行为,在复合电刷镀镀层中的应用引起人们的关注,但是,纳米金刚石价格昂贵,限制了其广泛应用。

将纳米陶瓷颗粒等加入到镀层中,能显著提高镀层的机械性能。在快速镍镀液中加入纳米 SiC 和 Al_2O_3 颗粒,能大幅提高镀层的耐磨性和硬度,加入的纳米颗粒主要分布在镀层缺陷处和镀层中镍晶粒处。

MoS_2、PTFE 等纳米颗粒由于其较低的硬度和良好的润滑性能被用于减摩复合电刷镀镀层中。对含金刚石、石墨和少量无定型碳的纳米量级的黑粉制得的镍基复合电刷镀镀层的检测结果表明,复合电刷镀镀层呈非晶化趋向,其硬度和耐磨性能得到明显改善,而且还具有较好的自润滑性。

纳米陶瓷颗粒具有较好的耐高温特性和抗高温氧化性能,将纳米陶瓷颗粒应用在耐高温复合电刷镀镀层中能有效地提高镀层的抗高温性能。与微米颗粒相比,纳米颗粒的加入可显著改善镀层的微观组织,提高镀层的高温性能。ZrO_2 具有良好的功能特性,在复合材料中得到广泛应用。纳米 ZrO_2/Ni-P 功能涂层由于纳米 ZrO_2 颗粒的存在,复合电刷镀镀层的纳米尺寸更加稳定,因而复合电刷镀镀层具有更好的耐高温性能。

有些研究者也探讨了包括稀土在内的纳米颗粒的作用。加入稀土氧化物 La_2O_3 纳米颗粒,可以使镍基复合电刷镀镀层的晶粒明显细化,抗高温氧化能力得到明显提高。

纳米颗粒复合电刷镀技术是近几年发展起来的一项新型表面处理和再制造技术,它在原有电刷镀技术的基础上,将新兴的纳米技术与其进行有机结合而发展起来。纳米技术的加入,赋予了电刷镀技术新的活力,使电刷镀这一技术可以在更宽的领域中得以应用。现在,纳米颗粒复合电刷镀技术的研究与开发方兴未艾,其实际应用尚处于起步阶段,急需科研开发人员和装备维修技术人员在实践中不断完善技术,开发出更广泛的纳米颗粒复合电刷镀镀液体系,并进一步开发其应用领域。

1.5.2 自动化纳米颗粒复合电刷镀技术

由于电刷镀是一项实用性较好的技术,该技术诞生初期主要用于维修,而且多为手工操作,因此它对专用设备和自动化程度要求不高,劳动强度较大,这种状况一直延续至今。随着电刷镀技术的进步和应用范围的不断扩大，手工操作劳动强度大、镀层质量受人为因素的影响而不稳定、劳动生产率低等缺点凸显出来，而且已经限制了电刷镀技术的发展和进一步推广应用。对于大型和镀层质量要求较高的零部件，特别是航空航天、军用装备和舰艇、电力设备等领域中的某些重要零部件，采用手工刷镀往往难以满足镀层性能要求和尺寸要求。国外对电刷镀自动化进行了一定的研究，而且进展较大。德国研制出了一种全自动化电刷镀机床，它利用计算机控制机器人和机床进行全自动化刷镀。该设备除了可以进行刷镀外，还可以修正加工缺陷。我国对电刷镀机械化的研究开展较早，但目前仍以转台等简易机构为主。现场刷镀大型旋转体工件时，多借用车床卡盘夹持工件并提供旋转运动，而人工手持镀笔进行刷镀作业。应用这种方式后，尽管工作效率有一定的提高，但依然难以满足刷镀要求，这是因为电刷镀工艺过程较为复杂，影响镀层质量的工艺参数较多，主要包括刷镀电流(电压)及其波形、镀液质量、工件和镀液的温度、工件镀覆部位表面质量及预处理质量、镀层结构、阳极(镀笔)与工件表面之间的接触面积、接触压力、相对运动速度和相对运动轨迹等。上述任何参数的变化都会影响镀层性能，这些性能包括镀层强度、孔隙率和硬度等。过去镀层质量主要依赖刷镀人员凭经验控制镀笔和工件之间的相对运动速度、相对运动轨迹和压力，凭手感判断镀液温度是否过高。当刷镀工艺过程持续时间较长时，操作人员极易疲劳；同时刷镀过程中要频繁地蘸取镀液，致使刷镀过程不连续，从而导致镀层不均匀、质量不稳定，而且生产率较低。

　　传统的电刷镀工艺采用手工操作，劳动强度大，生产效率低，难以满足批量零部件的再制造需要，因此需要通过自动化刷镀获得较高和较稳定的镀层性能。自动化刷镀需要实现多工艺参数集成检测及多参数控制，这些参数包括刷镀电压、电流、电流密度、沉积速度和镀覆区域镀液温度、镀层厚度、镀笔和工件之间的相对运动速度、相对运动轨迹及镀笔和工件之间的压力等，可以引入虚拟仪器技术实现这些参数的检测和控制。在虚拟仪器中易于嵌入各种功能的检测算法和控制算法，便于实现多变量检测和多目标控制，这正是电刷镀工艺过程所需要的，因此利用虚拟仪器技术实现电刷镀工艺过程自动化，正是发挥了虚拟仪器的优势，可以降低成本并缩短开发周期。

　　自动化纳米颗粒复合电刷镀工艺过程中需要监测刷镀电压、电流、电流密度，特别是镀层厚度、镀液温度及镀笔和工件之间压力等参数的变化。目前的手工电刷镀设备一般没有镀层沉积速度、镀覆区域镀液温度、镀笔和工件之间压力的检测设备，因此无法提供这些工艺参数。手工电刷镀设备虽安装有电压表和电流表,用于指示刷镀电压和电流,但难以满足自动化刷镀的需要。

镀层厚度是电刷镀重要的工艺参数。当前的电刷镀设备常装设有安培小时计,它从电流表的分流电阻上取得电压信号,再经过放大、压频变换和计数,从而实现监测镀层厚度的目的。该方法的实际使用效果并不理想,这是因为单一镀层厚度一般为 $10\sim100~\mu m$,而上述方法又存在明显的系统误差,并且在刷镀过程中耗电系数并不是常量,即便是连续输送镀液,镀液的耗电系数也随温度变化而改变。为了更为精确地监测镀层厚度变化,需要引入新的测量技术和手段。

镀覆区域的镀液温度也是电刷镀的主要工艺参数之一,它在刷镀过程中不断变化,而且难以直接测量,已有文献中尚未见到在刷镀过程中对阴极区(镀覆区域)镀液温度进行测量和控制的报道。在自动化刷镀工艺过程中监测镀液温度,需要新的测量方法和手段监测镀液温度的变化,并根据刷镀工艺的需要对镀覆区域镀液的温度进行控制。

阳极(镀笔)和工件之间的压力也是影响镀层性能的因素之一,但目前的文献也未见到有关该压力检测的报道。对于手工刷镀,操作人员根据刷镀经验凭手感对阳极(镀笔)和工件之间的压力进行控制,也有利用简易的辅助装置在刷镀前对该压力进行调节的,但主要还是根据经验来进行,而且在刷镀过程中不能根据镀层厚度及镀液温度变化加以调整。

镀笔和工件之间的相对运动速度和相对运动轨迹也需要控制。电刷镀靠镀笔与工件之间做相对运动进行电化学沉积而获得镀层。该相对运动有助于克服浓差极化现象并细化镀层晶粒,同时相对运动产生的摩擦可以消除工件表面的气泡、氧化膜及其他杂质,从而提高镀层质量。手工刷镀作业时,镀笔与工件之间的相对运动由操作人员根据"镀层颜色"和手感的镀笔温度进行调整,以保证镀层均匀和镀层质量。在刷镀工艺过程中,如果相对运动速度太快,则电流效率降低,阳极包套的磨损加剧,镀液消耗增加;若相对运动速度太慢,则镀层易氧化或"烧焦",镀层表面粗糙度增加,甚至开裂,致使镀层与基材结合强度降低。因此应采取措施控制镀笔和工件之间的相对运动速度。当镀覆面积超过阳极包套的大小时,镀笔与工件之间的相对运动轨迹也应控制。对于旋转体工件的刷镀,为了获得均匀的镀层,工件做旋转运动,镀笔做均匀的往复直线运动,可以获得螺旋线形运动轨迹。采用自动化刷镀时,相对速度和相对运动轨迹可以根据需要灵活调整,而且运动轨迹稳定、均匀,从而更有利于保证镀层质量。

纳米复合电刷镀技术一般采用手工操作,存在劳动强度大、生产效率低、镀层质量受人为因素影响等不足。随着再制造工程产业化发展,这种手工操作纳米复合电刷镀技术已难以满足批量废旧零部件的再制造工业化生产需求,因此,实现纳米复合电刷镀过程的自动化已成为其发展的必然趋势。而实现纳米复合电刷镀技术自动化的前提条件是要实现纳米复合电刷镀过程中各个工艺参数的实时监控,如镀层厚度、镀覆区域温度、镀笔压力,以及刷镀电压、电流、电流密度、沉积速度等,这些工艺参数的实时监控是保证自动化纳米电刷镀再制造产品质量的重要保证。

1.6 纳米颗粒复合电刷镀技术的应用和展望

1.6.1 纳米颗粒复合电刷镀技术应用

纳米颗粒复合电刷镀技术可以用于新品零部件,实现零部件表面改性,提高零部件表面减摩耐磨性能、耐蚀性能、抗高温性能、抗污损性能等。同时,纳米颗粒复合电刷镀技术是一项先进的再制造技术,可以用于局部损伤零部件的再制造和局部部位修复,恢复失效零部件损伤部位尺寸、恢复甚至提升零部件服役性能。纳米颗粒复合电刷镀镀层具有优异的综合性能,使得普通电刷镀技术原来无法修复的零部件(如在重载荷、交变载荷或磨粒磨损条件下服役及较高温度条件下服役的零部件)的快速维修和表面强化处理成为可能,因此在我国机械装备再制造和生态文明建设中具有广阔应用领域和应用前景,可以创造显著的社会效益和经济效益。

目前,对于纳米复合电刷镀技术的研究从制备工艺到机理研究和应用等方面均取得了大量的成果,已经在装备零部件再制造中得到了广泛应用。基于其技术优势和镀层性能优势,纳米颗粒复合电刷镀技术已在不同工业领域设备的表面磨损和腐蚀失效零部件的修复再制造中获得了成功应用。

1.6.2 纳米颗粒复合电刷镀技术展望

纳米颗粒复合电刷镀技术是近年来发展起来的一项先进表面工程技术,同时也是一项先进的绿色再制造工程技术。其技术研究和发展涉及纳米新材料、化学和电化学、先进制造、维修工程、装备再制造以及环境工程等多学科多领域,在我国生态文明建设、循环经济发展和再制造产业化发展的驱动下,纳米颗粒复合电刷镀技术在理论、工艺和应用等方面将不断发展。可以预测,今后一段时期内,纳米颗粒复合电刷镀技术将在以下几方面获得快速发展,即纳米颗粒复合电刷镀镀液种类多样化、纳米颗粒复合电刷镀镀层性能多功能化、纳米颗粒复合电刷镀技术绿色化、纳米颗粒复合电刷镀技术应用复合化及纳米颗粒复合电刷镀工艺自动化等。

(1)纳米颗粒复合电刷镀镀液种类多样化。

目前已经研制和应用的纳米颗粒复合电刷镀镀液种类还不够丰富,主要是镍基纳米复合电刷镀镀液。随着再制造产业发展和纳米颗粒复合电刷镀技术推广应用,将需要更多种类的纳米材料和基质金属复合电刷镀镀层,以便满足不同种类、不同服役工况装备零部件的需求。

(2)纳米颗粒复合电刷镀镀层性能多功能化。

现阶段,纳米颗粒复合电刷镀镀层主要应用于修复表面磨损超差或腐蚀损伤的零部件,以便提高零部件表面的耐磨耐蚀性能。鉴于纳米颗粒复合电刷镀技术的工艺灵活性和复合电刷镀镀液体系开放性,随着再制造产业发展和纳米颗粒复合电刷镀技术应用领域扩大,将会对镀层性能提出更高更复杂的要求,特殊工况条件下服役零部件会对纳米复合电刷镀镀层有耐磨、耐蚀、耐高温、抗冲蚀、抗冲击、抗污损、抗辐射及特定电磁特性等多功能化的要求。

(3)纳米颗粒复合电刷镀技术绿色化。

随着我国生态文明建设的不断推进,对制造业的环境保护要求越来越高。但是,纳米颗粒复合电刷镀中所采用的电净液和活化液是酸碱溶液,镀层溶液是弱酸性或弱碱性的金属盐溶液,有些镀层溶液还含一定量有毒性的离子,这些传统镀液和工艺显然已经不符合社会发展和产业发展需求。为此,需要研发更绿色化的电净和活化工艺,研发不污染环境或对环境危害很小的纳米颗粒复合电刷镀镀液。例如,采用激光清洗技术实现零部件待修复部位表面的清洁和活化,代替纳米颗粒复合电刷镀中的电净和活化工序;研发不含有害离子或元素、易于回收和循环使用的纳米颗粒复合电刷镀镀液。可见,绿色化是纳米颗粒复合电刷镀技术今后发展的必然趋势。

(4)纳米颗粒复合电刷镀技术应用复合化。

目前,纳米颗粒复合电刷镀技术一般是单独使用,直接用于修复零部件表面局部损伤。但是,单一技术手段应用有局限性。根据零部件工况需要,可以获得具有不同性能的纳米颗粒复合电刷镀镀层,但是为保证镀层成形质量和服役性能,镀层厚度一般不超过 0.2 mm,这限制了其在某些场合的应用。通过与其他技术手段和其他功能涂层的复合应用,可以显著扩大纳米颗粒复合电刷镀技术的应用领域。

（5）纳米颗粒复合电刷镀工艺自动化。

传统纳米颗粒复合电刷镀技术一般采用手工操作方法，难以适应再制造产业化发展和规模化生产需要，其工艺过程和设备系统的自动化、智能化是今后发展的必然趋势。

总而言之，纳米颗粒复合电刷镀技术作为一项先进的绿色再制造技术，在我国生态文明建设和制造强国政策指引下，将随着再制造产业的健康发展而不断发展，应用领域不断扩大，将会创造更显著的经济效益和社会效益。

第 2 章　纳米颗粒复合电刷镀镀液

纳米颗粒复合电刷镀镀液是制备纳米颗粒复合电刷镀的物质基础,是纳米颗粒复合电刷镀技术的核心内容之一,其成分和性能直接影响所制备的纳米颗粒复合电刷镀镀层的性能。本章主要介绍纳米颗粒复合电刷镀镀液的镀液体系、制备方法、性能特征及复合电刷镀镀液中纳米颗粒行为等。

2.1　纳米颗粒复合电刷镀镀液体系和分类

纳米颗粒复合电刷镀镀液是指形成尺寸层和工作层的镀液。纳米颗粒复合电刷镀技术中所用的电净液、活化液与普通电刷镀技术中的相同。

纳米颗粒复合电刷镀镀液是把经特殊工艺处理的纳米颗粒和某些添加剂添加到特定的金属盐溶液中,并经特定工艺处理而形成的混合液。例如,n－Al_2O_3/Ni 纳米复合电刷镀镀液就是在镍盐溶液中加入 n－Al_2O_3 颗粒和一些添加剂,并经技术处理而形成的复合电刷镀镀液。

2.1.1　纳米颗粒复合电刷镀镀液体系和特点

常用的纳米颗粒复合电刷镀镀液的基质镀液主要包括镍系、铜系、铁系、钴系等单金属镀液及镍钴、镍钨、镍铁、镍磷、镍铁钴、镍铁钨、镍钴磷等二元或三元合金镀液。

纳米颗粒复合电刷镀镀液除具有普通电刷镀镀液的一般特点外,最显著特点是其中含有大量纳米颗粒,且纳米颗粒在基质镀液中均匀分散和悬浮稳定。如何使纳米颗粒在基质镀液中均匀分散和悬浮稳定,直接关系到纳米复合电刷镀镀层的性能,这是纳米颗粒复合电刷镀技术的核心技术,具有重要的理论意义。

镀液中加入的纳米颗粒可以是单质金属或非金属,如纳米铜、石墨、纳米碳管、纳米金刚石等,也可以是无机化合物,如金属的氧化物(n－SiO_2、n－Al_2O_3、n－TiO_2、n－ZrO_2)、碳化物(n－TiC、n－SiC、n－WC)、氮化物(n－BN、n－TiN)、硼化物(n－TiB_2)、硫化物(n－MoS_2、n－FeS)等;还可以是有机化合物,如聚氯乙烯、聚四氟乙烯、尼龙粉等。一些纳米颗粒复合电刷镀镀液的组成见表 2.1。

表 2.1　一些纳米颗粒复合电刷镀镀液的组成

基质金属	纳米颗粒
Ni、Ni 基合金	Cu、Al_2O_3、TiO_2、ZrO_2、ThO_2、SiO_2、SiC、B_4C、Cr_3C_2、TiC、WC、BN、MoS_2、金刚石、PTFE
Cu	Al_2O_3、TiO_2、ZrO_2、SiO_2、SiC、ZrC、WC、BN、Cr_2O_3、PTFE
Co	Al_2O_3、SiC、Cr_3C_2、WC、TaC、ZrB_2、BN、Cr_3B_2、PTFE
Zn	Al_2O_3、SiC、PTFE

　　纳米颗粒主要是根据复合电刷镀镀层的用途、镀液的种类、电刷镀工艺来选择其种类、粒度和加入量。

　　材料种类的不同导致纳米颗粒的性能也不同，有的硬度高、耐磨性好，有的耐高温、热稳定性较好，有的耐磨蚀性好，有的自润滑性好。纳米颗粒还有导电与不导电之分、活性与惰性之分、亲水与憎水之分、在水溶液中其表面带正电荷与负电荷之分。因此，应当针对不同的基质刷镀液，合理选择所用纳米颗粒的种类，并控制其加入量，必要时对纳米颗粒进行预处理。憎水性颗粒不易在镀液中混合和吸附，必须用表面活性剂处理后才能使用。

　　纳米颗粒种类和加入量的选择主要依据镀层使用性能、纳米颗粒与金属盐溶液的匹配关系和经济成本等原则确定。例如，加入 Cr_3C_2、Al_2O_3 和 SiO_2 等纳米颗粒可以明显提高镀层的耐磨性及抗接触疲劳性能，加入 Cu、MoS_2 和 PTFE 等纳米颗粒可以明显改善镀层的减摩润滑性能，加入 ZrO_2、Al_2O_3 和 WC 等纳米颗粒可以使镀层具有更好的耐高温性能，加入 TiO_2 等纳米颗粒可以增强镀层的隐身性能；加入球形实体纳米颗粒比加入多孔纳米颗粒的复合电刷镀镀液稳定性差；Al_2O_3 和 SiO_2 等纳米颗粒成本较低。在实际应用中，在满足使用性能要求的前提下，一般选择成本较低的纳米颗粒材料与常用的镀液金属相匹配，如 $n-Al_2O_3/Ni$ 和 $n-SiO_2/Ni$ 等。

2.1.2　纳米颗粒复合电刷镀镀液的分类

　　纳米颗粒复合电刷镀镀液有不同的分类方法，可以按照其构成组元分类，也可以按照其所制备镀层的功能分类。

　　按照金属盐离子种类（主要组元）分类，可以分为镍基、铜基、合金基等纳米颗粒复合电刷镀镀液，如 $n-Al_2O_3/Ni$、$n-Al_2O_3/Cu$、$n-Al_2O_3/$

$NiCo$、$n-Al_2O_3/NiW$ 等。

按照添加纳米颗粒材料种类的不同,可以分为单一纳米颗粒复合电刷镀镀液和多纳米颗粒复合电刷镀镀液,如 $n-(Al_2O_3-SiC)/Ni$ 和 $n-(Al_2O_3-CNTs)/Ni$ 等。

按照镀层功能分类,可以分为耐磨、耐蚀、润滑等纳米颗粒复合电刷镀镀液。

2.2 纳米颗粒复合电刷镀镀液制备和特性

2.2.1 纳米颗粒复合电刷镀镀液制备

纳米颗粒复合电刷镀镀液的配制是纳米颗粒复合电刷镀技术的关键。目前主要采用在金属镀液里加入纳米粉体,并采用一系列的分散和悬浮方法而制得,而分散技术也正是纳米颗粒复合电刷镀镀液配制的难点和关键。纳米颗粒在镀液中的分散和悬浮的方法主要有化学方法(表面改性)、机械方法和高能处理方法等。通过大量试验,发现多种方法的综合使用对纳米颗粒的分散和悬浮能够起到更好的效果。比如,采用加入活性剂与机械的方法对 $n-Al_2O_3$、$n-SiO_2$、$n-TiO_2$ 和 $n-ZrO_2$ 在镍基溶液中进行了成功的分散和悬浮,制得了相对稳定的纳米颗粒复合电刷镀镀液。

纳米颗粒复合电刷镀镀层的性能与复合电刷镀镀液中纳米颗粒的质量浓度有关。长期试验研究已经发现,最佳涂层性能对应着镀液中纳米颗粒的某一最佳质量浓度。例如,$n-Al_2O_3/Ni$ 复合电刷镀镀液纳米颗粒 Al_2O_3 的质量浓度为 20 g/L 时获得的纳米颗粒复合电刷镀镀层性能最佳。在实际生产中,为了提高生产效率,常采用的途径是:加大纳米颗粒在溶液中的质量浓度,首先配制出高纳米颗粒质量浓度的溶液,该溶液称为纳米颗粒复合电刷镀镀液料浆;然后,在使用前,再用特定镀液把该料浆稀释到纳米颗粒最佳质量浓度,稀释后的溶液即为平常所说的纳米颗粒复合电刷镀镀液。

2.2.2 纳米颗粒复合电刷镀镀液的特性

本节所介绍的纳米颗粒复合电刷镀镀液均指经过大量试验确定的含有优化的纳米颗粒质量浓度的复合电刷镀镀液,也就是刷镀时直接应用的纳米颗粒复合电刷镀镀液。所测试的纳米颗粒复合电刷镀镀液的特性主要包括 pH 和电导率。测定 pH 采用 PHS-3B 型精密 pH 计,测定电导率采用 DDS-307 型电导率仪。

1. 常温下的特性

(1) n-Al$_2$O$_3$/Ni 纳米复合电刷镀镀液。

n-Al$_2$O$_3$/Ni 纳米复合电刷镀镀液主要成分为:n-Al$_2$O$_3$ 颗粒、硫酸镍、柠檬酸铵、醋酸铵、草酸铵及氨水等。该镀液为浅绿色悬浊液,呈弱碱性,pH 为 7.46,可嗅到氨味,镍离子的质量浓度为 53 g/L,密度为 1.167 g/cm^3,电导率为 0.095 7 S/cm。

(2) n-ZrO$_2$/Ni 纳米复合电刷镀镀液。

n-ZrO$_2$/Ni 纳米复合电刷镀镀液主要成分为:n-ZrO$_2$ 颗粒、硫酸镍、柠檬酸铵、醋酸铵、草酸铵及氨水等。该镀液为浅绿色悬浊液,呈弱碱性,pH 为 7.56,可嗅到氨味,镍离子的质量浓度为 53 g/L,密度为 1.172 g/cm^3,电导率为 0.087 3 S/cm。

(3) n-TiO$_2$/Ni 纳米复合电刷镀镀液。

n-TiO$_2$/Ni 纳米复合电刷镀镀液主要成分为:n-TiO$_2$ 颗粒、硫酸镍、柠檬酸铵、醋酸铵、草酸铵及氨水等。该镀液为白色悬浊液,呈弱碱性,pH 为 7.53,可嗅到氨味,镍离子的质量浓度为 53 g/L,密度为 1.172 g/cm^3,电导率为 0.088 9 S/cm。

(4) n-SiO$_2$/Ni 纳米复合电刷镀镀液。

n-SiO$_2$/Ni 纳米复合电刷镀镀液主要成分为:n-SiO$_2$ 颗粒、硫酸镍、柠檬酸铵、醋酸铵、草酸铵及氨水等。该镀液为深绿色悬浊液,呈弱碱性,pH 为 7.47,可嗅到氨味,镍离子的质量浓度为 53 g/L,密度为 1.165 g/cm^3,耗电系数 0.082 A·h/dm^2·μm,电导率为 0.093 8 S/cm。

2. 纳米颗粒复合电刷镀镀液特性与温度的关系

纳米颗粒复合电刷镀镀液中含有大量纳米颗粒、高浓度的金属阳离子、大量阴离子及一定量的有机分子等不同颗粒,并且镀液中还存在一些处于平衡态的电离和水解等化学反应。这些颗粒的运动特性和化学反应的进程及状态与温度密切相关,直接决定了纳米颗粒复合电刷镀镀液的电学和化学性质。因此,纳米颗粒复合电刷镀镀液的特性受温度影响很大。

n-Al$_2$O$_3$/Ni、n-ZrO$_2$/Ni、n-TiO$_2$/Ni、n-SiO$_2$/Ni 几种纳米颗粒复合电刷镀镀液 pH 与温度的关系,如图 2.1 所示。由图 2.1 可以看出,镀液 pH 随着温度的增加而减小,在 50～55 ℃时镀液从弱碱性转变为弱酸性。这表明在电刷镀过程中,复合电刷镀镀层沉积特性在该温度下发生转变。因此在电刷镀过程中,纳米颗粒复合电刷镀镀液温度一般不要超过50 ℃,以免影响复合电刷镀镀层的沉积效果,防止复合电刷镀镀层出现氢脆现象。

图 2.2 所示为纳米颗粒复合电刷镀镀液的电导率与温度的关系。由图 2.2 可以看出,复合电刷镀镀液的电导率随着温度的升高而直线上升,即随着镀液温度的升高其导电能力增强。这是因为随着温度升高,镀液中金属离子活动能力增强。由此可以推断,随着镀液温度升高,镀层沉积速度加快。因此,在实际电刷镀操作时,镀液的温度不能太低,否则,电流效率低,镀层的沉积速度太慢。

图 2.1 和图 2.2 所示结果表明,在纳米颗粒复合电刷镀操作时,镀液温度应当在合适的范围内,一般为 15~50 ℃。

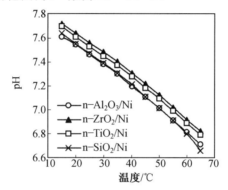

图 2.1 几种纳米颗粒复合电刷镀镀液 pH 与温度的关系

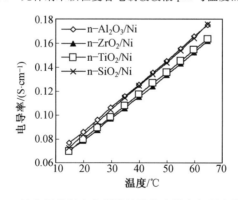

图 2.2 纳米颗粒复合电刷镀镀液的电导率与温度的关系

3. 电刷镀过程中纳米颗粒复合电刷镀镀液的特性变化

在纳米颗粒复合电刷镀实际操作过程中,由于纳米颗粒复合电刷镀液中纳米颗粒不断沉积、阳离子和阴离子不断消耗及发热作用使得镀液温度不断升高等因素的影响,纳米颗粒复合电刷镀镀液的特性不断变化。

　　图 2.3 和图 2.4 分别给出了实际电刷镀过程中 $n-Al_2O_3/Ni$、$n-ZrO_2/Ni$、$n-TiO_2/Ni$、$n-SiO_2/Ni$ 几种纳米颗粒复合电刷镀镀液的 pH 和电导率随电刷镀时间的变化曲线。由图 2.3 和图 2.4 可以看出,随着刷镀过程的进行,镀液的 pH 略有降低,在电刷镀 100 min 内,几种复合电刷镀镀液的 pH 仅降低 0.1~0.2,镀液的酸碱性并未发生转变;而复合电刷镀镀液的电导率逐渐增大,这是由镀液温度升高引起的。同时,电刷镀过程中实际测试表明镀液的密度并没有明显变化。

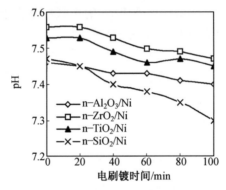

图 2.3　复合电刷镀镀液的 pH 随电刷镀时间的变化

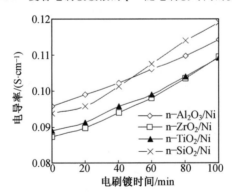

图 2.4　复合电刷镀镀液的电导率随电刷镀时间的变化

　　以上结果表明,在一般的实际电刷镀过程中,控制好镀液温度,纳米颗粒复合电刷镀镀液一般不需要调整,可以连续使用。

2.2.3 多纳米颗粒复合电刷镀镀液特性

在 $n-Al_2O_3/Ni$ 复合电刷镀镀层中添加适量的 $n-SiC$ 和碳纳米管 (CNTs)后能进一步提高纳米复合电刷镀镀层的综合性能,其主要原因是 $n-SiC$ 和 CNTs 的加入提高了镀层中纳米材料的共沉积量。影响复合电刷镀镀层中纳米材料共沉积量的因素主要有两个,一是电刷镀过程的工艺参数(电压、镀笔与工件之间的压力、温度等),二是镀液中纳米材料的特性(粒径、形状、表面电位等)。但在一定的电刷镀工艺参数条件下,当纳米材料选定以后,其粒径和形状参数也可视为不变,由此可以推断 $n-SiC$ 和 CNTs 的加入改变了镀液中纳米材料的表面电位,因而提高了镀层中纳米材料的共沉积量。纳米材料的表面电位对其在镀层中共沉积量的影响存在如下规律:表面电位为负值,则共沉积量小;表面电位为正值,则共沉积量大;当表面电位等于零时,则共沉积量最小。而纳米材料在镀液中的表面电位取决于其吸附镀液中的带电离子情况。首先对纳米材料表面性能进行分析,研究了 $n-SiC$ 和 CNTs 加入后 $n-Al_2O_3/Ni$ 复合电刷镀镀液性能的变化,探讨了 $n-SiC$ 和 CNTs 的加入对镀液中荷电离子吸附规律的影响,然后在此基础上提出了纳米材料与基质镀液间的相互作用机制及其对纳米材料共沉积机理的影响。

含有单一 $n-Al_2O_3$ 和 CNTs 的镍基复合电刷镀镀液的 pH 随镀液中 $n-Al_2O_3$ 和 CNTs 质量浓度的变化如图 2.5 所示。由图 2.5 可以看出,$n-Al_2O_3/Ni$ 复合电刷镀镀液的 pH 随 $n-Al_2O_3$ 质量浓度的增加而逐渐减小,而 CNTs/Ni 复合电刷镀镀液的 pH 随 CNTs 质量浓度的增加而增大。这说明在纯镍电刷镀镀液中添加 $n-Al_2O_3$ 后使镀液的碱性减弱,而

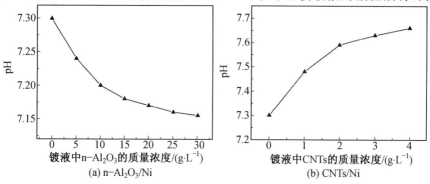

图 2.5 复合电刷镀镀液的 pH 随纳米材料质量浓度的变化

在其中添加 CNTs 后镀液的碱性增强,由于这两种纳米材料本身并没有酸碱性,并且其不溶于镀液,也不与镀液发生反应,因此镀液的 pH 出现上述变化只能是由 $n-Al_2O_3$ 颗粒吸附镀液中的 OH^-,而 CNTs 吸附镀液中的 H^+ 所致。

在 $n-Al_2O_3/Ni$ 复合电刷镀镀液中加入 $n-Diam$(金刚石)、$n-ZrO_2$、$n-SiC$、$n-TiO_2$、$n-SiO_2$、$n-Si_3N_4$ 或 CNTs 后得到的含两种纳米材料复合电刷镀镀液的 pH,如图 2.6 所示。由图 2.6 可以看出,当在 $n-Al_2O_3/Ni$ 复合电刷镀镀液中添加另一种纳米材料时,镀液的 pH 均有所增加,特别是分别添加 $n-Diam$、CNTs 和 $n-SiC$ 等材料后镀液的 pH 增加较为明显,分别达到了 7.65、7.59 和 7.42,这说明加入这些纳米粉体后,促进了纳米材料对镀液中 H^+ 的吸附,从而使得镀液的 pH 增大。

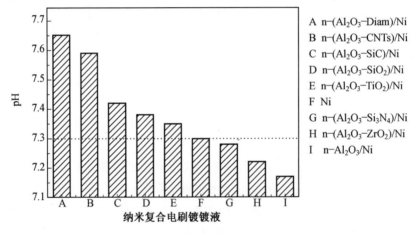

图 2.6　不同纳米复合电刷镀镀液的 pH

镀液中纳米材料倾向于吸附何种离子与该离子与纳米材料表面的不饱和键之间形成的化学键的键能大小密切相关,键能越大,纳米材料越趋向于吸附该离子。一些常见键的键能数据见表 2.2。由表 2.2 可以看出,对于 $n-Al_2O_3$ 颗粒,由于 O—O 键具有较大的键能,因此,$n-Al_2O_3$ 在镍基电刷镀镀液中,将倾向于吸附镀液中的 OH^-,这使得 $n-Al_2O_3$ 加入后镀液的 pH 减小;而由于 C—H 键的键能大于 C—O 键的键能,因此 $n-SiC$、$n-Diam$ 及 CNTs 等一些含有—C—悬空键的纳米材料对 H^+ 的吸附作用较强,从而其倾向于吸附镀液中的 H^+,在镀液中加入上述纳米材料后镀液的 pH 的增加较为显著。

表 2.2　一些常见键的键能数据

常见键	键能/(kJ · mol^{-1})	常见键	键能/(kJ · mol^{-1})
H—H	432.00	O—H	458.80
O—O	493.59	C—H	411.00
C—C	345.60	N—H	386.00
Si—Si	222.00	C—O	357.70
N—N	167.00	N—O	201.00

2.3　复合电刷镀镀液中纳米颗粒的表面性质

2.3.1　纳米材料的表面特性

复合电刷镀镀层中纳米材料的共沉积量与镀液中纳米材料的表面电位密切相关,而纳米材料的表面电位是由其晶体结构、表面能、不饱和键及表面吸附的官能团等表面性能决定的。纳米材料由于具有表面效应及小尺寸效应,因此其表面存在大量的不饱和键,纳米材料表面的不饱和键是影响其表面荷电性质的重要因素。常用于增强复合电刷镀镀层的纳米材料表面存在的不饱和键见表 2.3。

表 2.3　常用于增强复合电刷镀镀层的纳米材料表面存在的不饱和键

纳米材料种类	表面悬空键
Al$_2$O$_3$	—O—Al—O—、—Al—O—Al—
SiO$_2$	—O—Si—O—、—Si—O—Si—
ZrO$_2$	—O—Zr—O—、—Zr—O—Zr—
TiO$_2$	—O—Ti—O—、—Ti—O—Ti—
Si$_3$N$_4$	—N—Si—N—、—Si—N—Si—
SiC	—C—Si—C—、—Si—C—Si—
金刚石	—C—
CNTs	—C—

实际情况中,纳米材料会对镀液中所有带电离子或基团产生吸附作用,其表面电位性质是对这些表面荷电离子竞争吸附的综合表现。当纳米材料吸附镀液中的荷负电离子的总电量大于荷正电离子的总电量时,其表

面电位为负,反之则为正。根据研究所采用的基质镀液的主要成分可知,所采用的镍基电刷镀镀液中存在的主要荷电离子见表 2.4。

表 2.4　所采用的镍基电刷镀镀液中存在的主要荷电离子

荷正电离子	荷负电离子
Ni^{2+}、H^+、NH_4^+	OH^-、SO_4^{2-}、柠檬酸根离子、醋酸根离子、草酸根离子

2.3.2　镀液中纳米材料的表面电位

纳米材料表面存在大量的晶格缺陷和悬空化学键,且其表面自由能非常大,根据扩散双电层理论,胶体中的离子和官能团等带电基团将会很容易被吸附在材料表面,从而使纳米材料表面带电,如果吸附的是正离子,则纳米颗粒表面带正电,反之带负电。当然,在实际情况中,纳米材料将对镀液中的所有离子产生吸附,其表面最终的荷电性质取决于其对镀液中所有荷正电离子和荷负电离子综合吸附的情况。

与电极/溶液界面类似,纳米材料表面的吸附离子与溶液中的反离子形成双电层。双电层中分散相表面与溶液本体之间的电势差为热力学电位,由两部分组成,即紧密层电位差和紧密层外界面与溶液本体之间的电位差。后者决定纳米颗粒在电场中的运动方向和运动速度,称之为动电电位,即通常所说的表面电位(Zeta 电位)。

对复合电刷镀镀液中纳米材料的表面电位的性质及数值的描述既可以反映纳米材料吸附镀液中离子或官能团的表面荷电性质,又可以从侧面反映镀液的悬浮稳定性能。一般情况下,颗粒表面电位绝对值越大,表面电荷越多,镀液的悬浮稳定性越好。

影响表面电位的因素很多,如材料的化学成分、颗粒质量浓度、pH、表面缺陷、溶剂、粒度及其分布、分散剂及盐离子的种类和浓度等。在复合电沉积过程中,表面电位将对微粒的共沉积量和共沉积机理产生直接影响。一般而言,如果表面电位为负值,则微粒共沉积量小;表面电位为正值,则微粒共沉积量大;当表面电位为零时,微粒共沉积量最小。图 2.7 所示为纳米材料的表面电位随 pH 的变化。由图 2.7 可以看出,随着 pH 的增大,所有纳米材料的表面电位均逐渐降低,这是由于随着 pH 的增大,溶液中的 OH^- 浓度增加,纳米材料表面吸附的 OH^- 也逐渐增加,纳米材料的表面电位表现出下降的趋势。

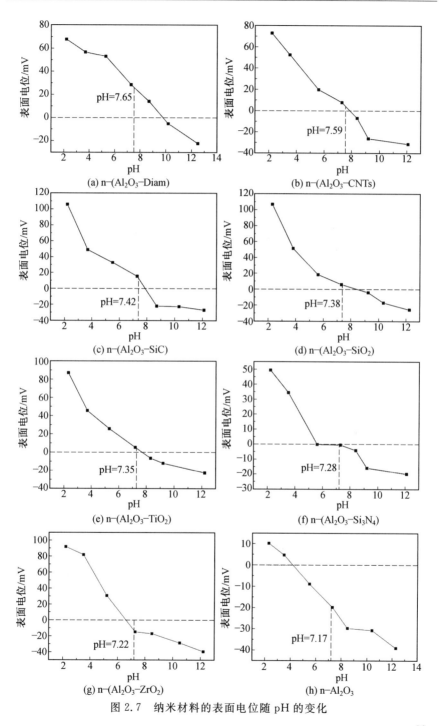

图 2.7 纳米材料的表面电位随 pH 的变化

由图 2.7 可知,实际测得的 n－(Al₂O₃－Diam)/Ni、n－(Al₂O₃－CNTs)/Ni、n－(Al₂O₃－SiC)/Ni、n－(Al₂O₃－SiO₂)/Ni、n－(Al₂O₃－TiO₂)/Ni、n－(Al₂O₃－Si₃N₄)/Ni、n－(Al₂O₃－ZrO₂)/Ni 和 n－Al₂O₃/Ni 等复合电刷镀镀液的 pH 分别为 7.65、7.59、7.42、7.38、7.35、7.28、7.22 和 7.17。pH 为上述值时,不同纳米复合电刷镀镀液的表面电位如图 2.8 所示。由图 2.8 可以看出,在镍基电刷镀镀液中的 n－Al₂O₃ 颗粒的表面电位为负值,而在 n－Al₂O₃/Ni 复合电刷镀镀液中加入 n－Diam、CNTs、n－SiC、n－SiO₂ 和 n－TiO₂ 时,颗粒的表面电位均由负值变为正值,特别是当加入 n－Diam、CNTs 和 n－SiC 后,其表面电位不但变为正值,而且其绝对值也比较大,这表明在 n－Al₂O₃/Ni 复合电刷镀镀液中加入上述 3 种纳米材料后,能使镀液中纳米材料的表面电位变成较大的正值。

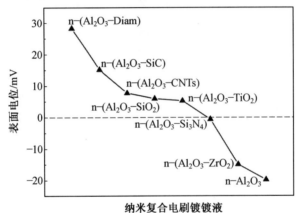

图 2.8 不同纳米复合电刷镀镀液的表面电位

根据 Stokes 模型,在假设胶体颗粒形状为球形的情况下,电场中颗粒的电泳运动速度可以表示为

$$v_E = \mu_E = \frac{q}{6\pi\eta r}E \qquad (2.1)$$

式中,v_E 为电泳速度;μ_E 为电泳迁移率;q 为颗粒表面的电荷;r 为颗粒的半径;η 为悬浮液的黏度;E 为电场强度。

Stokes 模型表明,在相同的条件下,颗粒表面的 q 值越大(即表面电位的数值越大),其电泳速度越大。在电刷镀过程中,将加快带正电的纳米材料向阴极(镀层)的移动速度,增强纳米材料和阴极的作用力,从而增加其在镀层中的共沉积量。因此,根据图 2.8 所示的试验结果可以得到,在 n－Al₂O₃/Ni 复合电刷镀镀液中加入 n－Diam、CNTs、n－SiC 后,使得镀液中的纳米材料表面电位由正值变为负值,将会增加纳米材料在镀层中的共沉积量,从而增强纳米材料对复合电刷镀镀层的强化作用,这揭示了在 $n-Al_2O_3/Ni$ 复合电刷镀镀液中加入 $n-Diam$、CNTs 和 $n-SiC$ 后能增加镀层中纳米材料共沉积量的根本原因。

2.4　复合电刷镀镀液中纳米颗粒的悬浮稳定性

纳米材料在液相介质中的悬浮稳定性是分散体系是否稳定的量度,也可依此非常直观、简单地判断分散相的分散稳定效果。纳米材料前处理方法不同,分散效果不同,稳定悬浮时间也不同,该时间与分散相种类、介质、体系组成、环境密切相关。不同纳米材料在相同的环境中,其稳定悬浮时间不同;相同纳米材料在不同介质环境中,其稳定悬浮时间也不同。分散相稳定悬浮时间越长,表明分散效果越好、粒径越小、小粒径颗粒质量浓度越高。

纳米材料在液相中悬浮稳定性能的判断主要有两种方法,第一种方法是根据分散介质中纳米材料粒径分布随时间延长而变化的情况来判断。小粒径纳米材料越多,分散介质中纳米颗粒粒径分布随时间变化越小,则纳米材料悬浮稳定性越好。第二种方法是根据纳米材料在液相介质中的沉降速度进行评价,该方法可以直观、简单、快速地判断分散相的悬浮稳定性能。对处于相同介质环境的同一体系而言,沉降速度越快,表明其悬浮稳定性越差,分散相粒径分布越大。

采用静置试验测定的 $n-Al_2O_3/Ni$、$n-(Al_2O_3-Diam)/Ni$、$n-(Al_2O_3-ZrO_2)/Ni$、$n-(Al_2O_3-SiC)/Ni$、$n-(Al_2O_3-TiO_2)/Ni$、$n-(Al_2O_3-SiO_2)/Ni$、$n-(Al_2O_3-Si_3N_4)/Ni$ 和 $n-(Al_2O_3-CNTs)/Ni$ 8 种纳米复合电刷镀镀液的稳定悬浮时间,如图 2.9 所示。由图 2.9 可以看出,在 $n-Al_2O_3/Ni$ 复合电刷镀镀液中分别加入 $n-Diam$、$n-SiC$、$n-ZrO_2$ 和 CNTs 后,镀液的稳定悬浮时间分别约为 35 h、28 h、25 h 和 27 h,比 $n-Al_2O_3/Ni$ 复合电刷镀镀液的稳定悬浮时间(约为 23 h)约增加 50%、20%、9% 和 17%,而添加其他的纳米材料后,镀液的稳定悬浮时间均有所减少,特别是加入 $n-SiO_2$ 后,其稳定悬浮时间减少了约 26%。

根据胶体稳定经典理论——DLVO 理论可知,胶体的稳定和聚沉取决于胶粒之间的斥力位能和吸力位能,前者是稳定的主要因素,而后者则是聚沉的主要因素。当胶粒间斥力位能大于吸力位能,并且足以阻止颗粒由于布朗运动碰撞而黏结,则胶体处于相对的稳定状态;若吸力位能大于斥

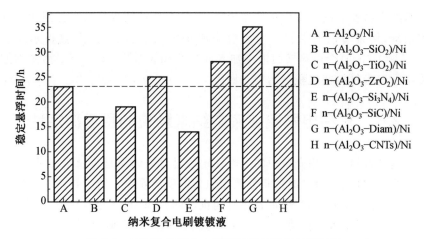

图 2.9　不同纳米复合电刷镀镀液的稳定悬浮时间

力位能,则颗粒相互靠拢而发生聚沉。

根据 Hamaker 假设,对于大小相同的两个球形颗粒,其吸力位能 U_A 可表示为

$$U_A = -\frac{A \cdot a}{12d} \qquad (2.2)$$

而斥力位能 U_R 可表示为

$$U_R = \frac{64\pi a n_0 k T v_0^2}{K^2} \exp(-Kd) \qquad (2.3)$$

式中,A 为 Hamaker 常数;a 为颗粒的半径;d 为胶体中颗粒的间距;K 为双电层厚度的倒数(数值可查);n_0 为体系中离子浓度,若以浓度表示,则 $n_0 = c_0 N_A$,c_0 为浓度,$\mathrm{mL^{-1}}$;N_A 为阿伏伽德罗常数;k 为玻耳兹曼常数。而在 Stern 双电层模型中,v_0 可以表示为

$$v_0 = \frac{\exp\left(\dfrac{Z_e \varphi_s}{2kT}\right) - 1}{\exp\left(\dfrac{Z_e \varphi_s}{2kT}\right) + 1} \qquad (2.4)$$

式中,Z_e 为正负离子的价数;φ_s 为电位;T 为开尔文温度。

胶粒之间的总位能(U)可以用其吸力位能(U_A)和斥力位能(U_R)之和来表示,即

$$U = U_R + U_A \qquad (2.5)$$

可得

$$U = \frac{32\pi D n_0 k T v_0^2}{K^2} \exp(-Kd) - \frac{A \cdot a}{12d} \qquad (2.6)$$

由式(2.6)可知,胶体中颗粒的表面电位越大,颗粒间的斥力位能越大,胶体越易于稳定悬浮。而由图 2.9 可知,当在 n－Al$_2$O$_3$/Ni 中加入 n－Diam、n－SiC 和 CNTs 后,镀液中纳米材料的表面电位进一步提高,因此 n－(Al$_2$O$_3$－Diam)/Ni、n－(Al$_2$O$_3$－SiC)/Ni 和 n－(Al$_2$O$_3$－CNTs)/Ni 复合电刷镀镀液的悬浮稳定时间得到明显增加。

2.5 纳米材料与基质镀液间的相互作用

根据固体表面吸附力的不同,吸附可分为物理吸附、化学吸附及交换吸附。物理吸附是吸附剂和吸附质之间通过分子力产生的,这种吸附是可逆的,其吸附速度和解吸附速度在一定温度、质量浓度条件下呈动态平衡。这种吸附现象与吸附剂的表面积及孔隙分布有密切的关系。一般而言,由于大块固体比表面积太小,因此吸附现象并不明显,而细小颗粒,特别是纳米级尺寸材料,由于其比表面积较大,这种吸附现象非常明显。化学吸附是吸附剂和吸附质之间发生化学反应,形成化学键而使吸附剂和吸附质牢固地联系在一起。由于化学反应需要大量的活化能,因此一般需要在较高的温度下进行,吸附热量较大,不易解吸附。交换吸附是一种物质的离子由于静电引力集聚在吸附剂表面,在吸附过程中,伴随着等量的离子交换,即每吸附一个吸附质的离子,吸附剂同时也要放出一个等量的离子,即离子交换。由于本章所采用的纳米材料均具有较高的化学稳定性,并且也不溶于基质镀液,因此其与基质镀液间的相互作用主要表现为其对镀液中带电离子的吸附,这种吸附主要以物理吸附为主。

2.5.1 纳米颗粒材料对基质镀液中离子的吸附

1. 纳米颗粒材料对镍离子的吸附

原子发射光谱法(Atomic Emission Spectrometry, AES)是利用原子或离子在一定条件下受激而发射的特征光谱来研究物质化学组成的分析方法。其分析过程一般分为激发、分光和检测 3 步。①利用光源使试样蒸发,解离成原子,或电离成离子,然后使原子或离子得到激发,而产生光辐射;②利用光学系统将发射的各种波长的辐射按波长顺序展开为光谱;③利用检测系统对分光后得到的不同波长的辐射进行检测。原子发射光谱的谱线强度与试样中被测组分的质量浓度成正比,据此可以进行光谱定量分析。原子发射光谱分析具有灵敏度高、选择性好、分析速度快及试样消耗少等诸多优点,目前常用于微量样品和痕量无机物组分分析,广泛用于金属、矿石、合金和各种材料的分析检验。

本章采用 Spectroil M/C－W 型原子发射光谱仪测定了纯镍电刷镀镀液及将 n－Al_2O_3/Ni、n－(Al_2O_3－SiC)/Ni 和 n－(Al_2O_3－CNTs)/Ni 等复合电刷镀镀液中纳米材料分离出来后溶液中镍离子浓度的变化,以表征纳米材料在镀液中吸附镍离子的情况。

不同纳米复合电刷镀镀液中镍离子数及吸附率见表 2.5,吸附率根据下式计算得到:

$$C=\frac{C_0-C_1}{C_0}\times100\%\qquad(2.7)$$

式中,C 为镍离子的吸附率;C_0 为纯镍电刷镀镀液中的镍离子数;C_1 为将纳米材料从复合电刷镀镀液中分离出来后得到的清液中的镍离子数。

表 2.5　不同纳米复合电刷镀镀液中镍离子数及吸附率

镀液种类	清液中镍离子数/($\times10^{-6}$)	吸附率/%
Ni	6 659	—
n－Al_2O_3/Ni	6 410	3.7
n－(Al_2O_3－SiC)/Ni	6 095	8.5
n－(Al_2O_3－CNTs)/Ni	6 162	7.5

由表 2.5 可以看出,n－Al_2O_3、n－SiC 和 CNTs 均对镀液中的镍离子存在吸附,但是其吸附率各不相同。单一的 n－Al_2O_3 对镍离子的吸附率为 3.7%,而在 n－Al_2O_3/Ni 复合电刷镀镀液中加入 n－SiC 和 CNTs 后,镀液中纳米材料对镍离子的吸附率提高至 8.5% 和 7.5%,分别提高了 2.3 倍和 2 倍,这表明,n－SiC 和 CNTs 的加入均促进了纳米材料对镀液中镍离子的吸附。

不同纳米材料对镍离子吸附能力的强弱与其本身的结构特征密切相关。一般情况下,溶液中存在共存离子时,离子之间发生竞争吸附,在离子竞争吸附反应中,离子的电价越高,半径越小,越易被吸附;处于纳米材料表面不饱和键位置原子的半径越小,对镀液中离子的吸附能力越强。一些常见原子及离子的半径见表 2.6。由表 2.6 可以看出,Si^{4+} 的半径小于 Al^{3+},因此当在 n－Al_2O_3/Ni 复合电刷镀镀液中加入 n－SiC 后,n－SiC 中 Si 的活性位将对 Ni^{2+} 存在较为强烈的吸附作用,因此,n－SiC 的加入促进了纳米材料对镀液中 Ni^{2+} 的吸附作用。由表 2.5 可以看出,CNTs 的加入也促进了镀液中纳米材料对 Ni^{2+} 的吸附,这是和 CNTs 本身具有的中空管状特性密切相关的。研究表明,溶液中水合离子的有效直径一般为 $0.5\sim0.8$ nm,而碳纳米管的平均孔径在 9 nm 左右,这为水合镍离子自由出入 CNTs 中空部分提供了条件。因此,CNTs 的加入也促进了纳米材料对镀液中 Ni^{2+} 的吸附。由于 Ni^{2+} 带有 +2 价的电荷,因此,纳米材料对 Ni^{2+} 吸附能力的提高将使其表面荷正电,这有利于促进纳米材料在电刷镀过程中共沉积,增加镀层中纳米材料共沉积量。

表 2.6　一些常见原子及离子的半径

原子	原子半径/($\times10^{-10}$ m)	离子	离子半径/($\times10^{-10}$ m)
H	0.780	H^+	0.012
O	0.660	O^{2-}	1.400
C	0.860	C^{2-}	—
Si	1.340	Si^{4+}	0.400
Al	1.430	Al^{3+}	0.535
Ni	1.240	Ni^{2+}	0.690

2. 纳米材料对镀液中 H^+ 或 OH^- 的吸附

由于纳米材料本身并没有酸碱性,因此通过加入纳米材料后镀液 pH 的变化可以推测其对镀液中 H^+ 或 OH^- 的吸附。由图 2.5 和图 2.6 可知,当在纯镍电刷镀镀液中加入 $n-Al_2O_3$ 后,镀液的 pH 减小,表明 $n-Al_2O_3$ 吸附了复合电刷镀镀液中的 OH^-;而在 $n-Al_2O_3/Ni$ 复合电刷镀镀液中加入 $n-Diam$、$n-SiC$ 和 CNTs 后,镀液的 pH 增大,表明这些纳米材料的加入促进了纳米材料对镀液中 H^+ 的吸附。由图 2.5 可以看到,当在 $n-Al_2O_3/Ni$ 复合电刷镀镀液中加入 CNTs 后,镀液的 pH 变化较为明显(由 7.17 升高至 7.59),这是和 CNTs 本身的特性密切相关的。由此可以推测,由于镀液中的 H^+ 能够进入 CNTs 的管体内部,因此当 CNTs 加入镀液中后,大量吸附了镀液中的 H^+,使得加入 CNTs 后纳米复合电刷镀镀液的 pH 增大较为明显。

2.5.2　纳米材料对镀液中其他基团的吸附

红外光谱又称分子振动转动光谱,属分子吸收光谱。样品受到频率连续变化的红外光照射时,分子吸收其中一些频率的辐射,分子振动或转动引起偶极矩的净变化,使振转能级从基态跃迁到激发态,相应于这些区域的透射光强减弱,记录透过率与波数或波长的曲线,即为红外光谱。红外光谱分析可用于研究分子的结构和化学键,也可以作为表征和鉴别化学物种的方法。红外光谱具有高度特征性,可以采用与标准化合物的红外光谱对比的方法来做分析鉴定。试验表明,组成分子的各种基团,如 O—H、N—H、C—H、C＝C、C≡C、C＝O 等,都有自己特定的红外吸收区域,分子其他部分对其吸收位置影响较小。通常把这种能代表基团存在并有较高强度的吸收谱带称为基团频率,其所在的位置一般又称为特征吸收峰。

　　n—Al_2O_3 原始粉末(即未加入基质镀液中)及从 n—Al_2O_3/Ni、n—SiC/Ni、CNTs/Ni、n—(Al_2O_3—SiC)/Ni 和 n—(Al_2O_3—CNTs)/Ni 复合电刷镀镀液中分离出来的纳米材料的傅立叶变换红外光谱谱图,如图2.10所示。由于纳米材料具有极大的表面活性,因此从 n—(Al_2O_3—SiC)/Ni 和 n—(Al_2O_3—CNTs)/Ni 复合电刷镀镀液中分离出来的纳米材料分别为 n—Al_2O_3 和 n—SiC,以及 n—Al_2O_3 和 CNTs 两种纳米材料的混合物。由图 2.10 可以看出:①所有的纳米材料在波数为 3 700 ～3 200 cm^{-1} 或 1 600 cm^{-1} 附近均出现吸收峰,该波段的吸收峰是纳米材料表面吸附羟基和水所对应的特征峰,这表明所有的纳米材料表面均吸附了水。②n—Al_2O_3 原始粉末在波数为 1 400 cm^{-1} 附近没有出现吸收峰,而其他从复合电刷镀镀液中分离出来的纳米材料在波数为 1 400 cm^{-1} 附近均出现吸收峰。该波段的吸收峰是羧基基团所对应的特征峰,表明将纳米材料加入复合电刷镀镀液中,其表面均吸附镀液中的柠檬酸根和草酸根等含有羧基基团的酸根离子。③由图 2.10(a)、(e)和(f)可以看出,在 n—Al_2O_3/Ni 复合电刷镀镀液中分别添加 n—SiC 和 CNTs 后,n—(Al_2O_3—SiC)和 n—(Al_2O_3—CNTs)的表面在波数为 2 974 cm^{-1} 和 2 900 cm^{-1} 附近出现明显吸收峰,表明纳米材料表面吸附了镀液中的 H^+,这将会使纳米材料表面荷正电,这和前面对镀液的 pH 及镀液中纳米材料表面电位和镀液 pH 变化的分析结果是相吻合的。④从图 2.10 还可以看出,将 n—SiC 和 CNTs 分别加入 n—Al_2O_3/Ni 复合电刷镀镀液中后,纳米材料在波数为 890 cm^{-1} 附近出现吸收峰,位于该波段的吸收峰是—NH_2 官能团的特征峰,由基质镀液的成分(表 2.5)可知,镀液中含有 N 元素的离子或基团仅有 NH_4^+,这表明,n—SiC 和 CNTs 的加入,使纳米材料对镀液中的 NH_4^+ 吸附增强,而对 NH_4^+ 的吸附同样也会使镀液中的纳米材料荷正电量增加。

　　通过前面对纳米材料吸附镀液带电离子情况的分析可以知道,由于纳米材料具有较大的表面活性,其表面存在大量的不饱和键,因此,当纳米材

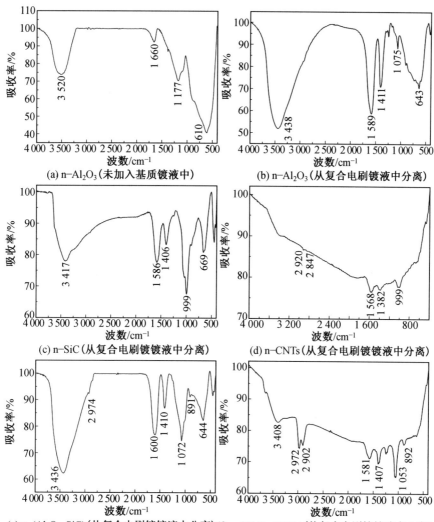

图 2.10 纳米材料的傅立叶变换红外光谱谱图

料加入镀液中时,其将会对镀液中所有的带电离子存在吸附作用。而对这些带电离子的吸附将会使其表面荷电。至于其表面究竟荷何种性质的电荷,取决于其对镀液中所有带电离子的综合吸附作用。根据试验测定的镀液中纳米材料表面电位的性质,可以推断所添加的纳米材料究竟对镀液中的何种荷电离子存在竞争吸附优势。

2.5.3　复合电刷镀镀液中纳米材料与基质镀液间的作用机制

傅立叶变换红外光谱分析结果表明,在镍基电刷镀镀液中加入纳米材料后,纳米材料对镀液中的荷正电离子或基团(Ni^{2+}、H^+ 和 NH_4^+ 等)及荷负电离子或基团(OH^-、柠檬酸根和草酸根等)均会产生吸附,从而导致镀液中纳米材料的表面电位发生变化,纳米材料表面电位的变化是对上述荷电离子或基团吸附作用的综合表现。由于镀液中的 Ni^{2+} 浓度较高,并且 Ni^{2+} 本身的荷电量也较大,因此,纳米材料对镀液中 Ni^{2+} 的吸附将对其表面电位的性质产生决定性的影响。加入纳米材料后镀液 pH、纳米材料表面电位和表面吸附的官能团的变化,证明纳米材料与基质镀液之间存在如下作用:

①$n-Al_2O_3/Ni$ 复合电刷镀镀液中 $n-Al_2O_3$ 吸附镀液中的 Ni^{2+} 及羟基、柠檬酸根和草酸根等荷负电的酸根离子。但由于 $n-Al_2O_3$ 对镀液中荷负电离子的竞争吸附能力大于对 Ni^{2+} 的吸附,这使得镀液中 $n-Al_2O_3$ 的表面电位整体表现为负值。

对 $n-Al_2O_3/Ni$ 复合电刷镀镀液中镍离子的发射光谱分析表明,$n-Al_2O_3$ 吸附了镀液中较少量的镍离子;$n-Al_2O_3/Ni$ 复合电刷镀镀液的 pH 随着镀液中 $n-Al_2O_3$ 质量浓度的增加逐渐降低,表明 $n-Al_2O_3$ 吸附镀液中的 OH^-;而对比加入基质镀液前后 $n-Al_2O_3$ 的红外光谱谱图可以得到,$n-Al_2O_3$ 对镀液中的羟基及羧基基团存在较强的吸附作用。因此由 $n-Al_2O_3$ 在纯镍镀液中表面电位为负可以推断,在 $n-Al_2O_3$ 对镀液中荷电离子的竞争吸附过程中,其对荷负电的离子(OH^-、柠檬酸根和草酸根等)存在竞争吸附优势,因此镀液中 $n-Al_2O_3$ 的表面电位整体表现为正值。

②$n-SiC$ 和 CNTs 的加入,促进了纳米材料对镀液中 Ni^{2+} 和 H^+ 等荷正电离子(特别是 Ni^{2+})的吸附,因此提高了纳米材料对镀液中荷正电离子的竞争吸附能力,这使得镀液中纳米材料的表面电位由负值变成正值。

原子发射光谱分析结果表明,在 $n-Al_2O_3/Ni$ 复合电刷镀镀液中分别加入 $n-SiC$ 和 CNTs 后,镀液中的 Ni^{2+} 吸附率分别提高了 8.5% 和 7.5%,表明 $n-SiC$ 和 CNTs 的加入提高了纳米材料对镀液中 Ni^{2+} 的吸附能力;$n-SiC$ 和 CNTs 加入后镀液的 pH 增大,则表明纳米材料吸附了镀液中的 H^+。上述分析表明,在 $n-Al_2O_3/Ni$ 复合电刷镀镀液中分别加入 n-SiC 和 CNTs 后,虽然纳米材料对镀液中所有的荷电离子均存在吸附,但由于它们的加入增强了纳米材料对镀液中 Ni^{2+} 和 H^+ 的吸附能力,因此提高了纳米材料对镀液中荷正电离子的竞争吸附能力,从而使得镀液中的纳米材料表面电位由负值变成正值。

总而言之,纳米材料对复合电刷镀镀液中的所有荷正电或荷负电的离子均存在吸附作用。在 n-Al_2O_3/Ni 复合电刷镀镀液中,由于 n-Al_2O_3 对镀液中的荷负电离子(OH^-、柠檬酸根和草酸根等)存在竞争吸附优势,因此镀液中 n-Al_2O_3 表面电位为负;当在 n-Al_2O_3/Ni 复合电刷镀镀液中分别加入 n-SiC 和 CNTs 后,促进了纳米材料对镀液中 Ni^{2+} 和 H^+ 等荷正电离子的吸附,因此纳米材料对镀液中的荷正电离子的竞争吸附能力增强,这使得纳米材料表面电位由负值变正值。

2.5.4 含两种纳米材料复合电刷镀镀层中纳米材料的匹配原则

前面的研究表明,利用纳米材料与基质镀液间的相互作用,能够改变纳米材料的表面电位,从而影响纳米材料的共沉积机理。当镀液中纳米材料的表面电位为正值时,其共沉积过程将由力学机理和电化学机理共同主导,从而增强纳米材料与阴极间的相互作用,提高镀层中纳米材料的共沉积量。因此,对于两种纳米材料协同增强的复合电刷镀镀层,其纳米材料的选择应满足以下原则:

①满足复合电刷镀镀层增强相材料选择的一般原则,如较好的化学稳定性、粒径为 30~80 nm、适宜的弹性模量和热膨胀系数、来源广泛和成本较低等。

②所添加的第二种纳米材料能够促进其对镀液中带电基团(特别是带正电基团)的吸附能力,使纳米材料的表面荷电量增加,这将有利于提高复合电刷镀镀层中纳米材料的共沉积量,从而使得镀层的综合性能得到进一步强化。

对于本章研究所采用的 n-Al_2O_3/Ni 基质镀液,在其中添加 n-SiC 和 CNTs 时,能促进纳米材料对镀液中的 Ni^{2+} 和 H^+ 的吸附,从而使纳米材料表面荷正电,提高了纳米材料在镀层中的共沉积量,因此纳米材料对镀层综合性能的强化作用得到进一步的增强。

2.6 纳米颗粒复合电刷镀镀液的使用与维护

由于纳米颗粒复合电刷镀镀液是在水基金属盐溶液中加入纳米颗粒

并使其在溶液中均匀分散和悬浮而制得的,因此,纳米颗粒复合电刷镀镀液为悬浊液,其中形成大量胶体颗粒。虽然纳米颗粒在加入前和加入过程中经过了表面改性和分散活化处理,但是其并非绝对稳定。在长时间静止存放后,复合电刷镀镀液可能出现分层现象,纳米颗粒在复合电刷镀镀液底部出现软团聚现象。但是,经晃动和搅拌后,颗粒重新悬浮和均匀分散。

在镀液存放和使用维护中应当注意以下几个方面:

①纳米颗粒复合电刷镀镀液存放在阴凉干燥处,一般在塑料桶中密闭储存。

②储存温度为 10～35 ℃。

③纳米颗粒复合电刷镀原液使用前,用力摇匀,然后用特定的稀释溶液按比例稀释,不得使用其他非指定的电刷镀镀液进行稀释。

④电刷镀镀液使用过程中,不得私自加入水、酸、碱、盐及其他液体杂质,也不得加入其他固体颗粒杂质。

⑤回收的复合电刷镀镀液不要与新复合电刷镀镀液混合使用。

第3章 纳米颗粒复合电刷镀技术工艺和设备

纳米颗粒复合电刷镀技术的一般工艺步骤与普通电刷镀相同,见表3.1。在实际刷镀时,根据工件的材料、尺寸、表面热处理状态、技术要求、镀层厚度及工件条件等因素,正确选择纳米复合电刷镀镀液体系及镀件极性、电压(电流)大小、相对运动速度等工艺参数,合理安排工序。

表3.1 纳米颗粒复合电刷镀技术的一般工艺步骤

工艺步骤	工艺名称	工艺内容和目的	备注
1	表面准备	去除油污,修磨表面,保护非镀表面	
2	电净	电化学除油	镀笔接正极
3	强活化	电解蚀刻表面,除锈,除疲劳层	镀笔接负极
4	弱活化	电解蚀刻表面,去除碳钢表面炭黑	镀笔接负极
5	镀底层	提高界面结合强度	镀笔接正极
6	镀尺寸层	快速恢复尺寸	镀笔接正极
7	镀工作层	满足尺寸精度和表面性能	镀笔接正极
8	后处理	吹干、烘干、涂油、去应力、打磨、抛光等	依据应用要求选定

纳米颗粒复合电刷镀工艺步骤1~5和8与普通电刷镀工艺步骤相同,纳米颗粒复合电刷镀镀层主要用于镀尺寸层(或作为夹心层)和镀工作层。

本章从纳米颗粒复合电刷镀镀液选用、重要工艺参数、工艺规范及常用金属材料纳米颗粒复合电刷镀工艺等几个方面对纳米颗粒复合电刷镀技术进行介绍。同时,对纳米颗粒复合电刷镀所采用的电刷镀电源设备和电刷镀镀笔进行简要介绍。

3.1 纳米颗粒复合电刷镀工艺设备

纳米颗粒复合电刷镀所采用的工艺设备主要包括电刷镀电源和电刷镀镀笔。电刷镀电源的主要功能是提供镀层沉积所需要的电能,即提供适宜纳米复合电刷镀工艺过程的电压和电流。纳米颗粒复合电刷镀的电源，可以分为直流电源、逆变电源和脉冲电源等。

3.1.1　电刷镀电源设备

1. 电刷镀电源主要性能特点

（1）电刷镀电源（以下简称电源）应具有直流平直外特性，即随着负载电流的增大，电源输出电压应下降很小。目前当输出电流小于 60 A 时常用单相 220 V 交流电。经调压器和变压器两级降压，再经桥式整流后以 100 Hz 的脉动直流输出。当输出电流大于 60 A 时，以采用三相整流为宜，仍输出脉动直流。

（2）电源的输出电压应能无级调节，以便根据不同的工件、不同的镀液选取最佳电压，以保证镀层质量。常用电压调节范围为 0～30 V，最高不超过 40 V。

（3）电源应带有安培小时计或镀层厚度计，以显示电镀零部件所消耗的电量或显示零部件镀层厚度，从而减少测量次数，防止零部件表面干燥或污染，保证镀层质量。

（4）电源应设有正、负极性转换装置，以满足电镀、活化、电净等不同工艺的需要。

（5）电源应设有过载保护装置，当负载电流超过额定电流的 5%～10%，或正、负极短路时，应能快速切断主电路，以保护电源和被镀零部件不受损坏。

（6）为适应现场修理或野外修理的要求，电源应体积小、质量轻、工作可靠、计量精度高、操作简单、维修方便。

2. 电源电路设计

以装甲兵工程学院生产的 ZKD 系列普通型电刷镀电源设备为例，图 3.1 所示为电刷镀电源设备系统的组成原理图。由图 3.1 可知，电源主要由强电输出、安培小时计、过载保护三大部分组成（如虚线划分所示）。强电输出部分的作用是把 220 V 的交流电变为 0～30 V 连续可调的脉动直流电，用于刷镀工件。安培小时计的作用是记录刷镀过程中所消耗的电量，从而控制镀层的厚度。过载保护部分的作用是防止刷镀电流过载，一旦超载时能迅速切断主电路，以保护设备和工件不受损坏。

作者团队研制的 MS－100 型纳米电刷镀设备，如图 3.2 所示。其输出最大电流为 100 A，外形尺寸为 500 mm×430 mm×715 mm，质量为 71 kg。MS－100 型纳米电刷镀设备具有如下性能特征：

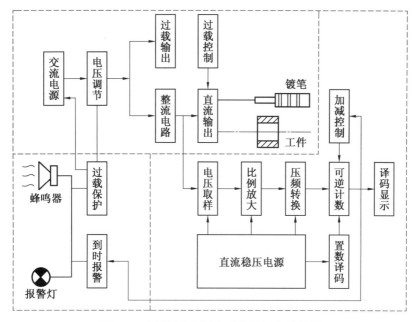

图 3.1 电刷镀电源设备系统的组成原理图

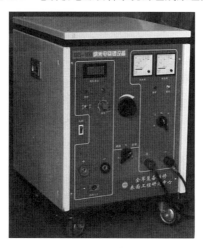

图 3.2 MS－100 型纳米电刷镀设备

（1）制备纳米颗粒复合电刷镀镀层为其主要功能，同时具有微脉冲点焊的辅助功能，实现了纳米颗粒复合电刷镀技术与模修技术的综合。

（2）纳米电刷镀电源输出可调的硬特性电压和电流，可用于完成电刷镀工艺及其他应用低压直流电的场合。本装置由调压器进行调压，具有输出电压极性转换功能，并设有过载保护装置。

（3）纳米电刷镀设备使用安全，操作方便。设备便于携带，可在现场修复，修复速度快。

（4）纳米电刷镀设备可以进行大、中、小型装备机械零部件的磨损表面修复、尺寸精度恢复、表面强化及防护。

3.1.2　电刷镀镀笔

1. 镀笔的结构与形状

镀笔的结构图如图 3.3 所示。根据工件的形状和刷镀的需要，有外圆镀笔、内孔镀笔、平面镀笔、旋转镀笔和微型镀笔等。镀笔和阳极的尺寸，可根据被镀工件的形状和尺寸确定。

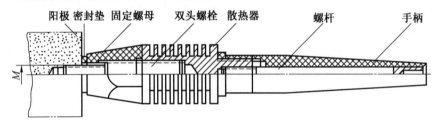

图 3.3　镀笔的结构图

2. 阳极材料

（1）石墨阳极。

应用不溶性材料做阳极是现代刷镀技术的重要特点。这些不溶性材料大多数是用经过专门提纯，除去了大量金属杂质的高密度石墨做成的。这种石墨纯度高，结构细腻、均匀，导电性好，耐高温电解侵蚀。但石墨阳极经过长期使用后，特别是在高压、大电流密度下使用，表面也会被腐蚀。因此，在制作阳极时，常常在石墨表面浸上一层酚醛树脂胶，以提高其抗腐蚀性能，并防止污染镀液。

（2）铂铱合金阳极。

在需要用小尺寸的阳极时，由于石墨强度低，容易断，因此，可用铂铱合金来制作。合金中铂、铱的质量分数分别为 90% 和 10%。这种材料的阳极一般是在填补凹坑、斑点、窄而深的划伤沟槽及在装饰品上镀金、银等场合下使用。

（3）不锈钢阳极。

在需要极小尺寸阳极而又无铂铱合金材料时，可采用超低碳不锈钢棒、片或丝来制作。另外，在需要大型阳极时，考虑到石墨材料的强度、质量和机械加工等因素，也可用不锈钢板来代替使用。但是，不锈钢阳极不适用于含卤族元素或氰化物的镀液中,否则会被严重腐蚀,并且污染镀液。

(4)可溶性阳极。

经过实践证明,在用某些镀液刷镀时,不一定非用不溶性阳极,用可溶性阳极效果也很好。例如,在刷镀铁及铁合金时,用钢或纯铁制作阳极也很好。由于在镀液中添加了阳极防钝化剂,因此有效地解决了可溶性阳极的易钝化现象。

3.2 纳米颗粒复合电刷镀镀液的选用原则

目前,已经开发出的纳米颗粒复合电刷镀镀液已经有几十种,针对零部件的不同使用性能要求如何选择最合适的纳米颗粒复合电刷镀镀液,使被镀零部件满足服役条件要求,在纳米颗粒复合电刷镀工艺中是个重要问题。

1. 根据提高镀层与基体的结合强度要求选择纳米颗粒复合电刷镀镀液

对所有的电刷镀镀层来说,都希望与基体材料结合得非常牢固。为了尽量提高其结合性能,对不同的基体材料,必须采用不同的工艺,选用不同的镀液才能达到目的。

低碳钢、低碳合金钢、中碳钢、中碳合金钢、不锈钢、高合金钢及某些淬火钢与特殊钢等基体材料,在对其表面进行电净活化处理后,首先应用特殊镍镀一层 $1\sim4~\mu m$ 厚的底层,然后再根据需要刷镀合适的纳米颗粒复合电刷镀镀液。

组织比较疏松的材料如铸铁,易被酸性溶液腐蚀,并且表面微孔易残留酸液,形成原电池,从而破坏镀层与基体的结合。为防止这种现象产生,起镀层一般选用快速镍、中性镍或碱铜溶液。

纳米颗粒复合电刷镀镀液一般不作为底层使用,但是试验证明,在特定的底层表面电刷镀纳米颗粒复合电刷镀层可以获得比普通金属镀层更高的结合强度,同时,电刷镀不同的纳米颗粒复合电刷镀镀层其结合强度不同。例如,在基体金属材料表面用特镍电刷镀镀层打底后,电刷镀 $Ni/Ni+SiC$ 纳米颗粒复合电刷镀镀液比电刷镀 $Ni/Ni+Al_2O_3$ 纳米颗粒复合电刷镀镀液所得镀层的结合强度高。

2. 根据快速恢复尺寸要求选择纳米颗粒复合电刷镀镀液

电刷镀和纳米颗粒复合电刷镀技术均适用于修复机械零部件、补偿由磨损或加工超差而造成的尺寸不足。

纳米颗粒镍基复合电刷镀镀液具有镀层沉积速度过快的特点,因此可以在快速恢复尺寸时使用。但是,复合电刷镀镀层厚度超过 0.10 mm 时,镀层中应力增大。修复时最常用的金属电刷镀镀液是铜、镍、钴和镍合金镀液,这些溶液均具有沉积速度快的特点。静配合工件表面通常用铜来修补尺寸;滑动摩擦表面常用镍来增补尺寸。镍、钴及镍合金镀层厚度超过 0.076 mm 时,内应力会增加,影响镀层质量,故不宜单独使用一种镀液连续刷镀,采用 2～3 种镀液交替刷镀,这样既能快速增补尺寸,又能保证良好的镀层质量。在实际应用中,可将纳米颗粒复合电刷镀镀液与其他金属电刷镀镀液结合使用。

3. 根据镀层减摩耐磨性的要求选择纳米颗粒复合电刷镀镀液

镀层硬度和耐磨性有密切的联系,一般来说,硬度高,耐磨性能就好。

镉镀层硬度为 HB40～45,镍镀层硬度为 HB350～550,镍－钨合金镀层硬度可达 HRC50。而 $n-ZrO_2/Ni$ 纳米颗粒复合电刷镀镀层硬度可达 HRC55,$n-Al_2O_3/Ni$ 纳米颗粒复合电刷镀镀层硬度可达 HRC58 以上。

含有纳米 Cu、纳米 MoS_2 或纳米聚四氟乙烯颗粒的纳米颗粒复合电刷镀镀层均具有较低的摩擦系数。银和铟镀层是很好的减摩材料,它们具有低摩擦系数和不粘连的特点。针对各种镀液的特点,生产中可根据需要自行选定。

4. 根据镀层要求低孔隙率选择纳米颗粒复合电刷镀镀液

大多数电刷镀镀层都比同等厚度的槽镀层的孔隙率低,金属镀层特别明显。快速镍、致密快速镍、半光亮镍、碱铜等溶液的镀层孔隙率也很低,若用较低的工作电压刷镀,孔隙率则更低。

纳米颗粒复合电刷镀镀层比同种金属电刷镀镀层的组织更致密,具有更低的孔隙率。

5. 根据镀层要求抗高温性选择纳米颗粒复合电刷镀镀液

纳米颗粒复合电刷镀镀层具有较高的工作温度。就 $n-Al_2O_3/Ni$ 纳米颗粒镍基复合电刷镀镀层而言,其性能在 400 ℃下无明显下降。合金体系的纳米颗粒复合电刷镀镀层工作温度更高。

就不含纳米颗粒的普通电刷镀镀液而言,高温镍专门用于在高温下工作的工件刷镀,镀层在 650 ℃下仍能保持较高的硬度和结合强度。镍－钨(D)电刷镀镀层也是一种抗高温氧化性的好材料,但其制备厚镀层的能力较差。快速镍、半光亮镍、酸性镍溶液所得镀层在低于 400 ℃时,仍有很好的机械性能。

3.3 纳米颗粒复合电刷镀技术的重要工艺参数

纳米颗粒复合电刷镀技术的影响因素很复杂,正确制定复合刷镀工艺规范是获得高质量复合电刷镀镀层的关键因素。不同类型的电源设备、不同的镀液品种、不同的基体材料、不同的环境条件(主要是温度)、不同的纳米颗粒添加材料及对复合电刷镀镀层性能的特殊要求都会影响纳米颗粒复合电刷镀的工艺规范。所以要根据实际情况来确定合理的纳米颗粒复合电刷镀规范,同时要不断摸索实践,积累经验。

纳米颗粒复合电刷镀技术一般采用恒压式电源,其电刷镀电压是一个重要的控制参数。结合实践经验,下面主要针对刷镀电压、镀笔与工件的相对运动速度、刷镀温度等纳米颗粒复合电刷镀技术的主要工艺参数来介绍其工艺参数控制。

3.3.1 刷镀电压

刷镀电压的高低,直接影响溶液的沉积速度和镀层质量。当电压偏高时刷镀电流相应提高,镀层沉积速度加快,易造成组织疏松、粗糙。刷镀电压高时电流大,发热量也增大,从而使镀液温度升高,镀层沉积速度进一步加快,同时镀层表面很容易干燥,这种情况下,不但镀液浪费大,阳极烧损严重,而且容易使镀层粗糙发黑,甚至过热脱落。当电压偏低时,不但沉积速度太慢,而且镀层质量下降。所以,为了保证得到高质量的镀层和提高生产效率,应按每种镀液确定的电压范围灵活使用。例如,当工件被镀面积小时,刷镀电压宜低一些;镀笔与工件相对运动速度较慢时,刷镀电压应低一些,反之,电压应高一些。对于同一种镀液在相同的工艺条件下,整个刷镀过程中的刷镀电压有时也要视情况不断调节。例如,用纳米复合电刷镀镀液刷镀较大面积的工作层时,开始选用的刷镀电压为14 V,当工件与镀液温度升高,且镀层接近最终尺寸时,应把电压降到12 V,以获得晶粒细密、表面光亮的镀层。

图 3.4 所示为刷镀电压对 n－Diam/Ni 复合镀层沉积速度的影响。由图 3.4 可知,随着刷镀电压的增大,镀层沉积速度增加。但当电压偏高时,镀笔和工件发热量大,易造成镀层组织疏松、粗糙,而且阳极烧损严重。为了保证得到高质量的镀层和提高生产效率,应按每种镀液确定的电压范围合理使用。刷镀电压和镀笔速度对 n－Al_2O_3/Ni 和 n－SiC/Ni 复合镀层显微硬度的影响分别如图 3.5 和图 3.6 所示。由图 3.5 和图 3.6 可知,

刷镀电压为 10～14 V 时,一般可获得硬度较高的纳米颗粒复合电刷镀镀层。

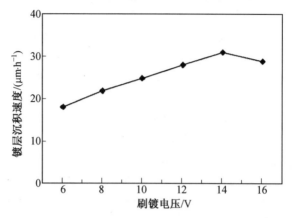

图 3.4 刷镀电压对 n－Diam/Ni 复合镀层沉积速度的影响

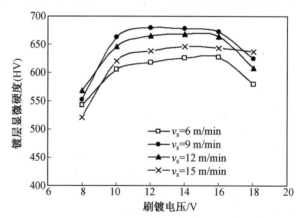

图 3.5 刷镀电压和镀笔速度对 n－Al₂O₃/Ni 复合镀层显微硬度的影响

3.3.2 镀笔与工件的相对运动速度

刷镀时,镀笔与工件之间必须做相对运动,这是刷镀技术的一大特点。相对运动有以下作用:

①允许使用大电流密度,而不"烧焦"工件表面,提高沉积速度和生产效率。

②对溶液起搅拌作用,使溶液的浓度、电流密度在被镀表面上不断变化,克服浓差极化现象,使更多的金属离子有机会还原沉积。

③能机械地驱除工件表面上的气泡和其他杂质,有利于减少氢脆,提

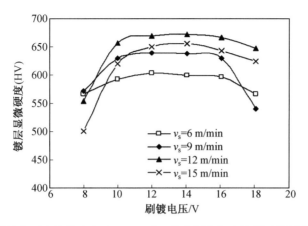

图 3.6 刷镀电压和镀笔速度对 n－SiC/Ni 纳米颗粒复合镀层显微硬度的影响

高镀层质量。

④造成晶粒断续成长的结晶过程,形成高密度位错,有利于细化晶粒,强化镀层,提高镀层的力学性能。

图 3.7 所示为镀笔运动速度对 n－Al_2O_3/Ni 复合镀层沉积速度的影响。相对运动速度太慢时,镀笔与工件接触部位发热量大,镀层易发黑,局部还原时间长,镀层生长太快,组织易粗糙。若镀液供给不充分,还会造成局部离子贫乏,组织疏松。当相对运动速度过快时,会降低电流效率和沉积速度,形成的镀层虽然致密,但应力太大易脱落。相对运动速度通常选用 8~12 m/min。

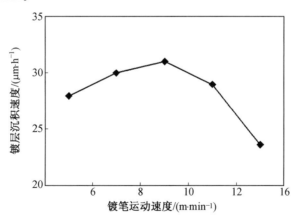

图 3.7 镀笔运动速度对 n－Al_2O_3/Ni 复合镀层沉积速度的影响

3.3.3 电刷镀的温度控制

在刷镀操作的整个过程中,工件的理想温度是 15～35 ℃,最低不能低于 10 ℃,最高不宜超过 50 ℃。

刷镀液的使用温度应保持在 15～50 ℃,这不但能使刷镀液本身的物化性能(如 pH、电导率、刷镀液成分、耗电系数、表面张力等)保持相对稳定,而且能使镀液的沉积速度、均镀能力和深镀能力及电流效率等始终处于最佳状态,并且所得到的镀层内应力小,结合性能好。

石墨阳极本身有一定的电阻,加上电极反应的热效应,时间长了就会使镀笔发热,温度升高。石墨阳极长时间在较高温度下使用,表面就会烧损和腐蚀,烧蚀下来的泥状石墨,附在阳极与包套之间,使电阻增大,从而使镀笔温度进一步升高。如此恶性循环,镀层沉积速度逐渐降低,镀液被污染,镀液中部分物质挥发,成分改变,这样就不会得到高质量的镀层。

为了防止镀笔过热,在制备较厚镀层时,应同时准备多支镀笔,轮换使用,并定时将镀笔放入冷镀液中浸泡,使温度降低。镀笔的散热器部位应保持清洁,上面有钝化层或锈蚀时,都将影响散热效果,应及时清理干净。

图 3.8 所示为刷镀液温度对镀层沉积速度的影响。由图 3.8 可见,随着刷镀液温度的升高,镀层沉积速度加快,当镀液温度达到 60 ℃时,沉积速度出现最大值。继续升高刷镀液温度,沉积速度略有下降。温度过高阳极烧损严重,镀液性能不稳定,镀层沉积速度虽快,但生成的镀层组织粗大、性能下降。电刷镀镀液在 50～55 ℃时发生酸碱性改变,所以刷镀液温度应控制在 20～50 ℃。

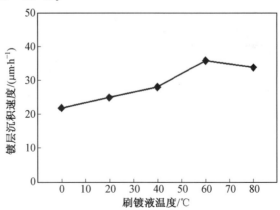

图 3.8 刷镀液温度对镀层沉积速度的影响

通过以上研究和分析可以归纳出获得沉积速度快、组织均匀、硬度高等性能良好的纳米颗粒复合电刷镀镀层的常用工艺参数为：刷镀电压为 $10\sim14$ V、镀笔速度为 $8\sim12$ m/min、镀液温度为 $20\sim50$ ℃。

3.4　纳米颗粒复合电刷镀工艺规范

纳米颗粒复合电刷镀镀层主要作为工作镀层，另外也可以作为尺寸镀层和夹心镀层。针对纳米颗粒复合电刷镀工艺各步骤，电净、活化、镀底层等工艺规范与普通电刷镀技术工艺相同。

3.4.1　尺寸镀层工艺规范的选择

对磨损较严重或加工超差比较大的零部件，需要刷镀制备较厚的镀层才能恢复到标准尺寸。为了快速恢复零部件的尺寸，在能满足零部件技术要求的前提下，可选用沉积速度快的镀液作为快速恢复尺寸的材料。最常用的金属电刷镀镀液有快速镍、碱铜、致密快速镍、高速铜、高堆积碱铜、高堆积镍和碱镍等，纳米颗粒复合电刷镀镀液有镍基纳米颗粒复合电刷镀镀液和铜基纳米颗粒复合电刷镀镀液。

快速恢复尺寸镀层是在底层镀完后、镀工作层前进行。例如，在一个 45 号钢件表面刷镀厚 0.20 mm 的镀层，可镀特殊镍 $2\sim3$ μm，再用铜基纳米颗粒复合电刷镀镀液镀 $0.1\sim0.12$ mm，最后用镍基纳米颗粒复合电刷镀镀液镀到需要的尺寸。尺寸镀层也可以选用沉积速度快的金属镀液，如碱铜镀液和快速镍镀液等。

当工件被划伤，表面出现深沟时，也应先用沉积速度快的金属镀液或纳米颗粒复合电刷镀镀液补平沟槽，然后再镀工作层。例如，机床导轨，因使用不慎，表面被划伤，出现一条长 100 mm、宽 5 mm、深 $0.5\sim1$ mm 的沟。沟槽经整形、电净、活化等表面处理后，用快速镍镀 $0.20\sim0.30$ mm 厚的底层，再镀碱铜。由于沟槽较深，用碱铜填补到一定的厚度时，镀层会变粗糙，并在边缘上出现毛刺，此时要停下来，用刮刀将粗糙物和毛刺刮掉，用砂纸打磨光滑后，再继续填补（继续填补前须电净除油），直至填平。填平后，用刮刀、油石、平尺等工具刮研，找平，留出 $0.06\sim0.08$ mm 尺寸余量，最后用 $n-Al_2O_3/Ni$ 纳米颗粒复合电刷镀镀液、快速镍或镍钨（50）镀液镀至标准尺寸。

填补沟槽除用碱铜外，还可用碱锡、碱铅、高堆积碱铜、铅锡和碱镍等镀液，它们均有沉积速度快和可堆积厚镀层的特点。

61

填补沟槽还可以用另一种方法——夹钎焊刷镀法,就是使用锡铋合金钎料,用钎焊方法将沟槽填平,刮研找平后,再镀工作层。这种方法的最大特点就是:在沟槽尺寸不大的情况下,用锡铋合金钎焊,既能保证使用要求,又能大大缩短修复时间,提高生产效率,减轻劳动强度。

3.4.2　夹心镀层工艺规范的选择

每一种电刷镀镀层,都有一个比较安全的厚度(表 3.2)。安全厚度是指在镀层质量的各项性能指标都得到保证的前提下,一次所允许镀覆的厚度。随着厚度的增加,当超过安全厚度时,镀层内应力就会增大,裂纹率增大,结合强度和镀层抗拉强度就会下降。镀层过厚时,会引起自然脱落。所以,单一镀层的厚度必须加以限制。

表 3.2　常用镀层的安全厚度

镀层名称	镀层安全厚度/μm	镀层名称	镀层安全厚度/μm
快速镍	130	铟	100
致密快速镍	130	铬	50
碱铜	130	$n-SiO_2/Ni$	150
高速铜	200	$n-Al_2O_3/Ni$	150
镍-钨合金	70	$n-ZrO_2/Ni$	140

机械零部件磨损表面需要恢复的尺寸往往高于单一镀层所允许的安全厚度。为了改变单一厚镀层的应力状态,常在尺寸镀层中间夹镀一层或几层其他性质的镀层,故称为夹心镀层。

夹心镀层的主要作用是改变镀层的应力分布,防止应力向一个方向增加,以至于大于镀层与基体的结合力而造成镀层的脱落。单一镀层的安全厚度与被镀面积的大小是有关系的,在较小面积上刷镀时,安全厚度值可稍大一些。例如,一条深但窄的沟槽(长×宽×深=200 mm×3 mm×1 mm)可用一种镀液一次完成且不用镀夹心层。

常用作夹心镀层的镀液有低应力镍、快速镍、碱铜、特殊镍和碱镍等。夹心镀层的厚度一般不超过 0.05 mm。

3.4.3　工作镀层工艺规范的选择

在工件上最后刷镀的,直接承受工作负荷的镀层称为工作镀层。选择工作镀层时,可从以下几方面考虑:

①所选用的镀层应满足工件的工况要求。

②工作镀层与底层(或尺寸镀层)之间不会引起表面接触腐蚀,并有良好的结合强度。

③镀液沉积速度快。

静配合表面一般选用快速镍、半光亮镍镀液。由于静配合表面在实际中往往存在微动磨损,因此,选用镍基纳米颗粒复合电刷镀镀液效果更好。表面要求耐磨性能高的可用 $n-SiO_2/Ni$、$n-Al_2O_3/Ni$ 及 $n-TiO_2/Ni$ 等镍基纳米复合电刷镀镀液;要求减摩性好时可以选用铜基纳米颗粒复合电刷镀镀液,也可以选用含有纳米 Cu 或纳米聚四氟乙烯颗粒的复合电刷镀镀液,或者可以在纳米颗粒复合电刷镀镀层表面镀上一层 $0.005\sim$ 0.01 mm的铟或锡。

3.5 常用金属材料的纳米颗粒复合电刷镀工艺

纳米颗粒复合电刷镀技术所适用的工件材料体系与普通电刷镀技术基本相同,可以是各类钢(碳钢、不锈钢、模具钢等)、(铸)铁、铜、铝合金等导电的金属,也可以是陶瓷、塑料等非导电材料。但在非导电材料表面刷镀纳米复合电刷镀镀层时,需首先对非导电材料表面进行金属化(导电)处理,在其表面施加一层导电膜,所采取的处理方法有多种,如喷涂法、化学镀法、烧渗法等。在采用纳米颗粒复合电刷镀技术时,工件形状受限制小,只要是镀笔可以到达的部位,就可以采用该技术进行表面强化和修复。可以说,纳米颗粒复合电刷镀技术的适用范围不受工件材料体系的限制。

实际工件刷镀过程中,根据镀件材料不同,可在表 3.1 所列一般工艺步骤的基础上,增加或减少相应的工序。针对不同的工件材料体系(仅限于导电材料进行讨论),其刷镀工序略有不同。不同材料体系的纳米颗粒复合电刷镀工艺见表 3.3。同时应当注意,每道工序间需要用清水冲洗上道工序的残留镀液。

镀底层时,不同的工件材料体系应灵活选择打底层镀液。实践证明,各种钢、铜、铝及其合金等材料体系可以选用特殊镍作为打底层。但是,特殊镍不宜用作组织疏松、多孔性的材料和易于发生酸蚀的基体金属(如铸铁、铸铝等)表面上的打底层,此时应当选用弱碱性或中性的打底层镀液。现在,铸铁材料表面打底层常选用快速镍或中性镍镀液。

下面,针对机械装备中常用的金属材料体系,具体介绍其纳米颗粒复合电刷镀工艺。

表 3.3　不同材料体系的纳米颗粒复合电刷镀工艺

工件材料	不锈钢	低碳钢	高碳钢	铸钢	铜合金	铝合金
纳米颗粒复合电刷镀工艺	表面准备	表面准备	表面准备	表面准备	表面准备	表面准备
	电净	电净	电净	电净	电净	电净
	2号活化液活化	1号或2号活化液活化	1号活化液活化	1号活化液活化	—	2号活化液活化
	—	—	3号活化液活化	3号活化液活化	3号活化液活化	—
	特殊镍打底	特殊镍打底	特殊镍打底	快速镍打底	特殊镍打底	中性镍或碱铜打底
	镀尺寸层	镀尺寸层	镀尺寸层	镀尺寸层	镀尺寸层	镀尺寸层
	镀工作层	镀工作层	镀工作层	镀工作层	镀工作层	镀工作层
	镀后处理	镀后处理	镀后处理	镀后处理	镀后处理	镀后处理

3.5.1　低碳钢和普通低碳合金钢的工艺

（1）表面准备。

对待镀表面进行精加工、除油和除锈处理。

（2）电净。

电极正接，刷镀电压为 8～15 V，刷镀时间为 10～30 s，镀笔速度为 4～12 m/min，电净时工件表面冒乳白小气泡为宜，电净后工件表面润湿良好，不挂水珠，没有干斑。

（3）清洗。

用自来水冲洗或漂洗，去除残留的电净液。

（4）活化。

采用 1 号活化液或 2 号活化液均可。1 号活化液作用比较温和，正接或反接，刷镀电压为 8～14 V，刷镀时间为 10～60 s，镀笔速度为 4～12 m/min；2 号活化液作用强烈而迅速，反接，刷镀电压为 6～12 V，刷镀时间为 10～30 s，镀笔速度为 4～12 m/min。活化后待镀表面呈均匀的银灰色，无花斑。

（5）清洗。

用自来水冲洗或漂洗，去除残留的活化液。

（6）镀打底层。

如果工作层为铜，可用特殊镍或碱铜作为底层。如果工作层要承受较大的压力载荷,可用特殊镍在工件上镀 0.001~0.002 mm 的底层。电刷镀电源正接,刷镀电压为 8~12 V,镀笔速度为 6~12 m/min,刷镀时间为 30~120 s。

(7)清洗。

用自来水冲洗或漂洗,去除残留的溶液。如果用特殊镍打底,工作层为快速镍,则不必冲洗,可以直接施镀。

(8)镀工作层。

根据工作要求选择纳米颗粒复合电刷镀镀液,镀至所需厚度。当刷镀过程中出现边角效应或当镀层厚到结晶粗大时,可用砂纸或油石打磨,然后用 1 号或 2 号活化液反接电流处理 5~10 s,再镀特殊镍和工作层。

(9)镀后处理。

用自来水彻底清洗工件上残留的溶液,用压缩空气吹干,涂上防锈液或防锈油。

3.5.2 中碳钢、高碳钢及淬火钢的工艺

(1)表面准备。

对待镀表面进行精加工、除油和除锈处理。

(2)电净。

电极正接,刷镀电压为 10~15 V,刷镀时间为 15~60 s,镀笔速度为 4~12 m/min,这类材料对渗氢较敏感,为了减少渗氢,电净时间应尽量缩短。

(3)清洗。

用自来水冲洗或漂洗,去除残留的电净液。

(4)活化。

采用 1 号活化液或 2 号活化液均可(规范同低碳钢)。用 2 号活化液活化后,待镀表面呈均匀的黑灰色。然后,再用 3 号活化液活化处理,电刷镀电源反接,刷镀电压为 15~18 V,刷镀时间为 30~90 s,镀笔速度为 4~12 m/min。活化后工件表面黑色全褪去,呈灰色。

(5)清洗。

用自来水彻底冲洗或漂洗,去除残留的活化液。

(6)镀打底层。

特殊镍作为底层。电刷镀电源正接,刷镀电压为 8~12 V,镀笔速度为 6~12 m/min,刷镀时间为 30~120 s,镀 0.001~0.002 mm 的底层。

（7）清洗。

用自来水冲洗或漂洗，去除残留的溶液。如果用特殊镍打底，工作层为快速镍，不必冲洗，可以直接施镀。

（8）镀工作层。

根据工作要求选择工作镀层，镀至所需厚度。

（9）镀后处理。

用自来水彻底清洗工件上残留溶液，用压缩空气吹干，涂上防锈液或防锈油。

3.5.3　铸铁与铸钢的工艺

（1）去除铸造疏松中的油污。

采用局部加热烘烤、丙酮擦洗及真空抽取等方法把油污彻底清除干净。

（2）电净。

电极正接，刷镀电压为 10～12 V，刷镀时间为 30～90 s，镀笔速度为 4～12 m/min。电净后工件表面润湿良好，不挂水珠，没有干斑。

（3）清洗。

用自来水冲洗或漂洗，去除残留的电净液。

（4）活化。

采用 1 号活化液或 2 号活化液均可。铸铁一般推荐用 2 号活化液，铸钢用 1 号活化液。活化后表面呈黑色则用 3 号活化液活化，电刷镀电源反接，刷镀电压为 15～25 V，刷镀时间为 30～90 s，镀笔速度为 4～12 m/min。活化后黑色完全褪去，呈深灰色。

（5）清洗。

用自来水冲洗或漂洗，去除残留的活化液。

（6）镀打底层。

对于组织疏松的材料，一般不采用酸性镀液刷镀打底层，可选择中性镍、碱性镍或碱铜刷镀液刷镀打底层。对于结构紧密的工件，可用中性镍、碱铜或特殊镍作为打底层。

（7）清洗。

用自来水冲洗或漂洗，去除残留的溶液。

（8）镀工作层。

根据工作要求选择工作镀层，镀至所需厚度。但酸性镀液应尽量避免使用。

（9）镀后处理。

用自来水彻底清洗工件上的残留溶液，用压缩空气吹干，涂上防锈液或防锈油。

3.5.4 不锈钢、高合金钢、镍、铬及其合金材料的工艺

（1）表面准备。

对待镀表面进行精加工、除油和除锈处理。

（2）电净。

电极正接，刷镀电压为 10～20 V，刷镀时间为 20～60 s，镀笔速度为 4～12 m/min。电净后工件表面润湿良好，不挂水珠，没有干斑。

（3）清洗。

用自来水冲洗或漂洗，去除残留的电净液。

（4）活化。

2 号活化液，电刷镀电源反接，刷镀电压为 6～12 V，刷镀时间为 10～60 s，镀笔速度为 4～12 m/min，活化后待镀表面呈淡灰色。3 号活化液，电刷镀电源反接，刷镀电压为 10～25 V，刷镀时间为 30～90 s，镀笔速度为 4～12 m/min，活化后待镀表面呈均匀的淡灰色。1 号活化液，电刷镀电源正接，刷镀电压为 9～12 V，刷镀时间为 20～60 s，镀笔速度为 4～12 m/min，活化后待镀表面呈淡灰色。

（5）清洗。

用自来水冲洗或漂洗，去除残留的活化液。

（6）镀打底层。

用特殊镍作为底层，在工件上镀 0.001～0.002 mm 的打底层。

（7）清洗。

用自来水冲洗或漂洗，去除残留的溶液。如果用特殊镍打底，工作层为快速镍，不必冲洗，可以直接施镀。

（8）镀工作层。

根据工作要求选择工作镀层，镀至所需厚度。

（9）镀后处理。

用自来水彻底清洗工件上的残留溶液，用压缩空气吹干，涂上防锈液或防锈油。

3.5.5 铜、黄铜的工艺

（1）表面准备。

对待镀表面进行精加工、除油和除锈处理。

（2）电净。

电极正接,刷镀电压为 8～12 V,刷镀时间为 10～30 s,镀笔速度为 4～12 m/min。

（3）清洗。

用自来水冲洗或漂洗,去除残留的电净液。

（4）镀打底层。

用特殊镍作为打底层,在工件上镀 0.001～0.002 mm 的打底层。电刷镀电源正接,刷镀电压为 8～12 V,镀笔速度为 6～12 m/min,刷镀时间为 30～120 s。

（5）清洗。

用自来水冲洗或漂洗,去除残留的溶液。如果用特殊镍打底,工作层为快速镍,不必冲洗,可以直接施镀。

（6）镀工作层。

根据工作要求选择工作镀层,镀至所需厚度。

（7）镀后处理。

用自来水彻底清洗工件上的残留溶液,用压缩空气吹干,涂上防锈液或防锈油。

3.5.6　铝及含镁量低的铝合金的工艺

（1）表面准备。

对待镀表面进行精加工、除油和除锈处理。

（2）电净。

电极正接,刷镀电压为 10～15 V,刷镀时间为 10～30 s,镀笔速度为 4～12 m/min。

（3）清洗。

用自来水冲洗或漂洗,去除残留的电净液。

（4）活化。

采用 2 号活化液。电刷镀电源反接,刷镀电压为 8～15 V,刷镀时间为10～30 s,镀笔速度为 4～12 m/min。活化后待镀表面呈均匀的深灰色。活化后应尽快用水冲洗,不用 3 号活化液。

（5）清洗。

用自来水冲洗或漂洗,去除残留的活化液。

（6）镀打底层。

用特殊镍、快速镍或碱铜作为打底层,在工件上镀 0.001～0.002 mm

的打底层。电刷镀电源正接,刷镀电压为 8~12 V,镀笔速度为 6~12 m/min,刷镀时间为 30~120 s。

(7)清洗。

用自来水冲洗或漂洗,去除残留的溶液。如果用特殊镍打底,工作层为快速镍,不必冲洗,可以直接施镀。

(8)镀工作层。

根据工作要求选择工作镀层,镀至所需厚度。

(9)镀后处理。

用自来水彻底清洗工件上的残留溶液,用压缩空气吹干,涂上防锈液或防锈油。

第 4 章　纳米颗粒复合电刷镀镀层的组织特征及其成形机制

一般而言,制备具有均匀致密组织的纳米颗粒复合电刷镀镀层是技术追求的目标。纳米颗粒复合电刷镀镀层的组织取决于所用纳米颗粒复合电刷镀镀液和制备方法与工艺,同时,镀层组织对其力学性能和耐磨耐蚀性等性能具有重要的影响。了解和掌握纳米颗粒复合电刷镀镀层的组织特征,对理解和掌握纳米颗粒复合电刷镀的技术原理和技术关键具有重要意义。针对所制备的纳米颗粒增强镍基复合电刷镀镀层,研究分析其表面形貌、截面组织、微观组织、纳米颗粒在镀层中的分布、镀层中纳米颗粒的质量分数及复合电刷镀镀层硬度等特征,为进一步理解纳米颗粒复合电刷镀镀层性能特征提供基础。

4.1　纳米颗粒复合电刷镀镀层的形貌特征

4.1.1　不同纳米颗粒复合电刷镀镀层的表面形貌

快速镍电刷镀镀层与 Al_2O_3、SiO_2、SiC、ZrO_2、TiO_2、Si_3N_4 和金刚石 7 种纳米颗粒复合电刷镀镀层(镀液中纳米颗粒的质量浓度为 20 g/L)在扫描电子显微镜下观察到的微观表面形貌,如图 4.1 所示。由图 4.1 可见,快速镍镀层及纳米颗粒复合电刷镀镀层表面都呈典型的“菜花头”形貌,每个菜花头又由大量的小晶粒组成。与快速镍镀层相比,纳米颗粒复合电刷镀镀层的表面更加细小、致密,并且镀层表面的平整度有所提高,这种细密的结构有利于提高复合电刷镀镀层在磨损中的承载能力。

4.1.2　镀液中添加不同质量浓度纳米颗粒时复合电刷镀镀层的表面形貌

图 4.2 所示为镀液中添加不同质量浓度 Al_2O_3 纳米颗粒时复合镀层的表面形貌。由图 4.2 可见,镀液中纳米颗粒质量浓度由 0 g/L 增加到 20 g/L,镀层的表面形貌变得更加细小、致密、均匀。当镀液中纳米颗粒的

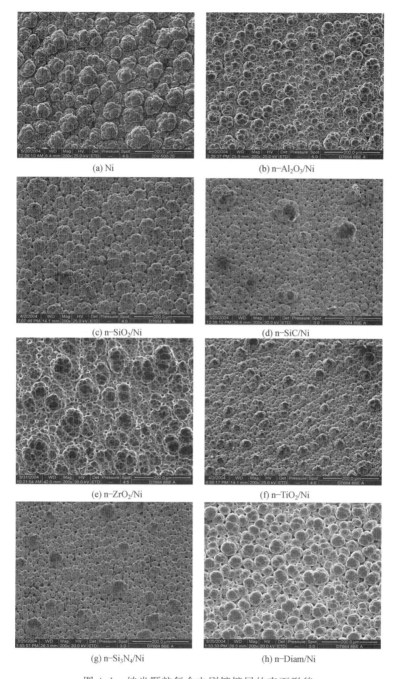

(a) Ni

(b) n–Al$_2$O$_3$/Ni

(c) n–SiO$_2$/Ni

(d) n–SiC/Ni

(e) n–ZrO$_2$/Ni

(f) n–TiO$_2$/Ni

(g) n–Si$_3$N$_4$/Ni

(h) n–Diam/Ni

图 4.1　纳米颗粒复合电刷镀镀层的表面形貌

质量浓度超过 20 g/L 时,镀液中纳米颗粒团聚趋势增强,镀层表面的细化效果减弱,并且镀层表面的晶簇发生一定程度的团聚。

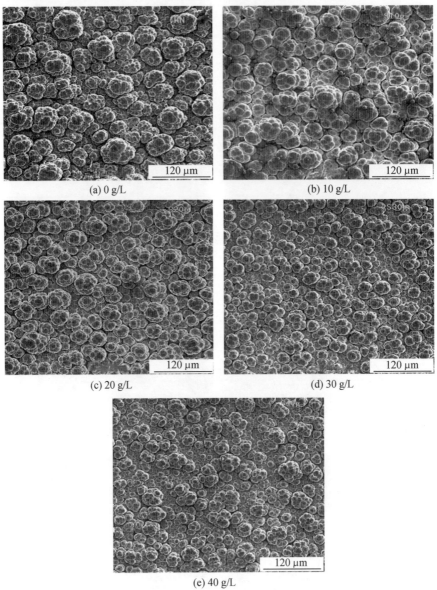

(a) 0 g/L

(b) 10 g/L

(c) 20 g/L

(d) 30 g/L

(e) 40 g/L

图 4.2　镀液中添加不同质量浓度 Al_2O_3 纳米颗粒时复合镀层的表面形貌

4.1.3 纳米颗粒复合电刷镀镀层的截面组织特征及其形成机制

电刷镀镀层生长方向垂直于基底金属表面,根据电刷镀镀层截面组织特征可以了解电刷镀镀层的成形和生长情况。n−Al_2O_3/Ni 复合镀层和快速镍镀层试样未用腐蚀剂侵蚀前的截面组织,如图 4.3 所示。由镀层未侵蚀组织可见,镀层与基体结合紧密,甚至基体表面的凹坑、沟槽等都已经被镀层填满,纳米颗粒复合电刷镀镀层与特殊镍打底层间不存在裂纹和空洞等缺陷。纳米颗粒复合电刷镀镀层的这种组织结构特征,有利于获得良好的机械性能。

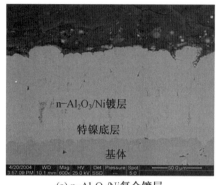

(a) n−Al_2O_3/Ni复合镀层   (b) 快速镍镀层

图 4.3 电刷镀镀层的截面组织(未侵蚀)

快速镍电刷镀镀层、n−SiO_2/Ni 及 n−Al_2O_3/Ni 复合电刷镀镀层截面用腐蚀液侵蚀后的截面组织形貌图,如图 4.4 所示,其中图 4.4(d)是图 4.4(c)中方框部分放大图。

由图 4.4 可明显看出,整个复合电刷镀镀层由快速镍底层和快速镍与 n−SiO_2、n−Al_2O_3 共沉积层构成。从总的分布看,复合电刷镀镀层截面组织呈树枝状形态,每个树枝单元由更小的树枝状单元构成,每个小的树枝状单元内部呈层状分布,由厚度小于 50 nm 呈弧形的沉积层组成。

快速镍底层及复合电刷镀镀层初始阶段均呈明显的均匀层状结构,但有一些纵向裂纹,这一阶段电极生长表面状态变化不大,电极极化比较均匀,因此金属及纳米颗粒沉积速度大致相当;随着镀层加厚,电极表面各部分沉积速度开始出现差异,在局部地方形成微凸体,开始出现树枝状生长趋势,构成树枝状结构中下部分并向四周扩展,这表明电极表面状态开始出现比较明显的不同,电流分布也不均匀,部分生长点的电沉积速度比其他地方要大,这些生长点很可能是晶体位错、缺陷比较集中之处,这些位错、缺陷一直伴随着晶体生长，并在这一阶段随电沉积进行而被放大，金属离子在此放电速度比其他地方快，纳米颗粒在相同地方附着并被包埋的概率也大于其他处。随着电沉积的继续，上述生长趋势进一步扩展，金属离子和纳米颗粒首先在尖端处发生共沉积，然后向两侧生长，构成了树枝状晶内部的弧形层状结构，当相邻的树枝状晶相遇时，产生交叉或相互平行生长，构成图 4.2 和图 4.4 中各结构单元的界面。从图 4.4 还可看出，树枝状结构呈现连续生长的趋势，并没有因电刷镀过程中镀笔移动导致的断续电沉积而中断，基本上是在原有生长点继续沉积，这可能也是复合电刷镀镀层主要为晶态组织的原因。

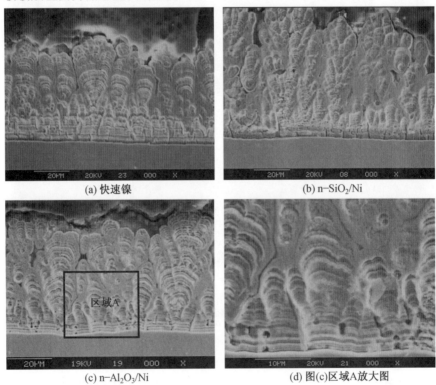

(a) 快速镍

(b) n-SiO₂/Ni

(c) n-Al₂O₃/Ni

(d) 图(c)区域A放大图

图 4.4 快速镍电刷镀镀层、$n-SiO_2$ 及 $n-Al_2O_3/Ni$ 复合电刷镀镀层截面用腐蚀液侵蚀后的截面组织形貌图

纳米颗粒复合电刷镀镀层与快速镍电刷镀镀层晶体生长趋势基本一致，但前者树枝状结构单元比后者小，表明纳米颗粒对金属电刷镀时金属离子电沉积结晶过程有一定程度影响。虽然纳米颗粒由于较高的表面活性会与镀液中的某些成分发生相互作用，如吸附镀液中某些离子而使其表

面带有或正或负的电荷,但研究表明,复合电刷镀镀液性质,如 pH、电导率等参数基本上与纯镍镀液相同,并不因纳米颗粒加入而改变;纳米颗粒本身并不导电,在金属电沉积过程中不会显著改变镀层表面的电荷分布。

虽然镀层中的纳米颗粒会使复合电刷镀镀层的组织和性能发生显著变化,可以细化晶粒和强化镀层,但对镀层纵向生长历程并无明显影响(图4.4)。

4.2 复合电刷镀镀层中的纳米颗粒沉积量

电刷镀镀液中所添加纳米颗粒材料种类和添加量均会影响复合电刷镀镀层的沉积成形过程,因而其复合电刷镀镀层中纳米颗粒的沉积量也存在差异。

4.2.1 不同纳米颗粒复合电刷镀镀层的纳米颗粒种类的影响

复合电刷镀镀层中的纳米颗粒质量分数是影响其性能的另一个重要因素,通过对镀层中元素质量分数的测量可以换算出镀层中的纳米颗粒质量分数。图 4.5 所示为计算出的 7 种纳米颗粒复合电刷镀镀层中纳米颗粒的质量分数。

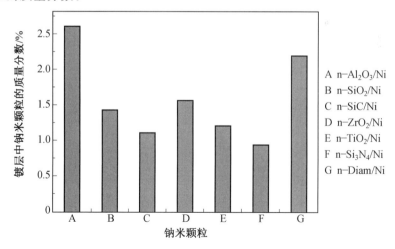

图 4.5　计算出的 7 种纳米颗粒复合电刷镀镀层中纳米颗粒的质量分数

由图 4.5 可见,7 种复合电刷镀镀层的纳米颗粒的质量分数较低,都不超过 3%,其中 n－Al_2O_3/Ni 复合电刷镀镀层中纳米颗粒的质量分数最大,为 2.6％,其次是 n－Diam/Ni 复合电刷镀镀层,n－Si₃N₄/Ni 复合电刷镀镀层中纳米颗粒的质量分数最小,只有 0.95％。但由前面分析可知,纳米颗粒尺寸很小,并且在镀层中分布均匀,因此复合电刷镀镀层中单位面积内的纳米颗粒个数并不少。复合电刷镀镀层中纳米颗粒质量分数的高低不同与微粒本身的导电性质有关。

4.2.2　镀液中纳米颗粒的加入量对镀层中纳米颗粒的共沉积量的影响

图 4.6 所示为镀层中纳米颗粒的质量分数随镀液中纳米颗粒质量浓度的变化曲线。由图 4.6 可见,当镀液中纳米颗粒的质量浓度低于 20 g/L 时,随着镀液中纳米颗粒质量浓度的增加,镀层中纳米颗粒的质量分数增加较快;当镀液中纳米颗粒的质量浓度为 20 g/L 时,镀层中纳米颗粒的质量分数为 2.6％。当镀液中纳米颗粒的质量浓度超过 20 g/L 时,镀层中纳米颗粒的质量分数增加趋势变缓。

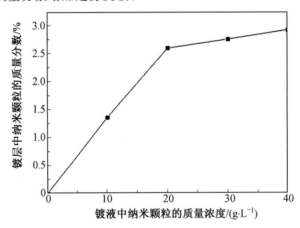

图 4.6　镀层中纳米颗粒的质量分数随镀液中纳米颗粒质量浓度的变化曲线

由于固体颗粒与金属离子的共沉积受沉积动力学控制,镀液中颗粒质量浓度较低时,随着纳米颗粒质量浓度增加,纳米颗粒与基质金属共沉积过程中被基质金属包埋的概率增大,同时由于纳米颗粒对基质金属的冲刷作用,基体表面活性增加,因此镀层中纳米颗粒增多。但是随着镀液中纳米颗粒进一步增加,阴极表面吸附的纳米颗粒数量超过了基质镍离子的包埋能力,而且纳米材料巨大的表面能很容易引发其发生团聚,这些团聚的颗粒在滞留的短暂时间内不足以形成牢固的包覆,很容易在镀笔的作用下脱落,因此镀层中的纳米颗粒的质量分数增加变缓。

4.3 纳米颗粒复合电刷镀镀层的微观组织

通过观察分析纳米颗粒复合电刷镀镀层的微观组织特征,了解复合电刷镀镀层中金属晶粒特征及纳米颗粒的存在行为和分布情况,有助于揭示纳米颗粒复合电刷镀镀层的形成过程和性能强化机制,可以为纳米颗粒复合电刷镀镀层的材料新体系研发和制备工艺优化提供指导。

4.3.1　$n-Al_2O_3/Ni$ 复合电刷镀镀层微观组织特征

镀层中纳米颗粒的均匀分布对复合电刷镀镀层的性能具有决定性的影响。图 4.7 所示为 $n-Al_2O_3/Ni$ 复合电刷镀镀层的微观组织,由图可知,Al_2O_3 颗粒的尺寸为几十纳米,这些纳米颗粒在镀层中均匀分布,无团聚现象。纳米颗粒的表面效应使其表面原子异常活泼,其表面原子的扩散系数比普通材料大得多(比粗晶大 1 000 倍),容易向基体镍扩散。纳米颗粒与基质金属结合良好,它们之间没有明显的缺陷,这对于提高镀层的磨损性能也非常有利。

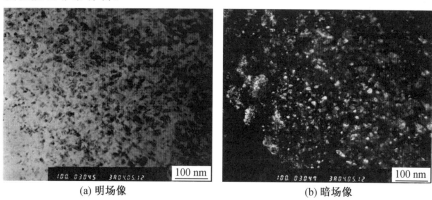

(a) 明场像　　　　　　　　　　(b) 暗场像

图 4.7　$n-Al_2O_3/Ni$ 复合电刷镀镀层的微观组织

图 4.8 所示为 $n-Al_2O_3/Ni$ 纳米复合电刷镀镀层的透射电子显微镜(TEM)微观组织及其电子衍射花样分析结果。分析表明,复合电刷镀镀层晶粒细小,含有大量 $n-Al_2O_3$ 颗粒,纳米颗粒在复合电刷镀镀层中弥散分布(图 4.8(a)中箭头标示)。表明在复合电刷镀过程中,纳米颗粒和基质镍金属实现了有效共沉积。

图 4.9 所示为 $n-Al_2O_3/Ni$ 复合电刷镀镀层晶簇间区域的 TEM 组织及其电子衍射花样分析结果。结果表明,在晶簇间区域除了含有加入的

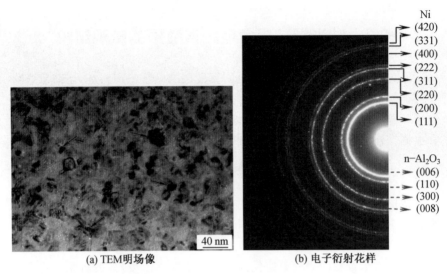

(a) TEM明场像 (b) 电子衍射花样

图 4.8 n−Al₂O₃/Ni 纳米复合电刷镀镀层的透射电子显微镜微观组织及其电子
衍射花样分析结果

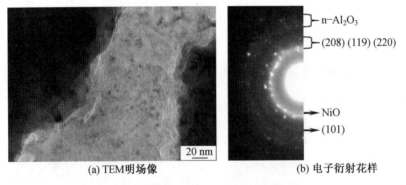

(a) TEM明场像 (b) 电子衍射花样

图 4.9 n−Al₂O₃/Ni 复合电刷镀镀层晶簇间区域的 TEM 组织及其电子衍射花样
分析结果

Al₂O₃ 外,还含有 NiO。NiO 是在电刷镀镀层成形过程中基质金属镍被氧
化而生成的。其实,复合电刷镀镀层中 NiO 不仅分布在晶簇间区域,也分
布在晶簇内部。图 4.10 所示为试样表面经真空溅射去除表层后复合电刷
镀镀层的扫描电子显微镜形貌。其中,图 4.10(a)和(b)分别为复合电刷
镀镀层表面和截面经溅射去除表层后的 SEM 形貌,图 4.10(c)为(b)中虚
线框标示区域的 SEM 背散射图像,图 4.10(d)为(c)中 A 和 B 区域的能谱
图(SEM−EDAX)。由图 4.10(a)和(b)可以看出,复合电刷镀镀层中弥散
分布着大量近球形的白色颗粒,这些白色颗粒尺寸从几微米到几十微米不

等。由图 4.10(c)和(d)可以看出：A 区域主要含有 Ni 元素，所含 O 和 Al 元素很少；B 区域（即颗粒体）含有大量 Ni 和 O 元素及少量 Al 元素，Al 元素的存在说明含有加入的 n－Al_2O_3 颗粒；图 4.10(d)中 O 元素能谱峰高度显著大于 Al 元素能谱峰高度。结合图 4.9 的分析结果，可知颗粒主要由 NiO 和 Al_2O_3 组成，并且 NiO 质量分数大于 Al_2O_3 质量分数。

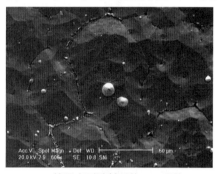

(a) 镀层表面溅射后的SEM形貌

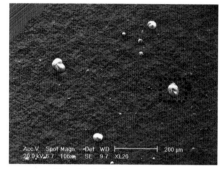

(b) 镀层断面溅射后的SEM形貌

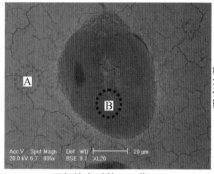

(c) 局部放大后的SEM像

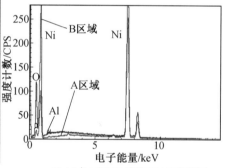

(d) (c)中A和B区域的EDAX能谱图

图 4.10　试样表面经真空溅射去除表层后复合电刷镀镀层的扫描电子显微镜形貌

由图 4.9 和图 4.10 分析可知，n－Al_2O_3/Ni 复合电刷镀镀层在电沉积成形过程中部分 Ni 被氧化为 NiO，生成的 NiO 弥散分布在电刷镀镀层晶簇边界和晶簇内部。目前，对其氧化机理的研究很少，本章尝试对 n－Al_2O_3/Ni 复合电刷镀镀层中 NiO 的生成机制及其在复合电刷镀镀层中的分布进行阐述。

n－Al_2O_3/Ni 复合电刷镀镀液为含有 n－Al_2O_3 颗粒及多种阴阳离子的弱碱性溶液（悬浊液），溶液中的阳离子主要为 Ni^{2+}。在碱性溶液环境中，OH^- 富余，则 n－Al_2O_3 颗粒表面会吸附大量 OH^-，使得纳米颗粒通过双电层呈现出负电性。这样，在其复合电刷镀过程中，在阴极表面发生的电化学反应主要有：

(a)$Ni^{2+} + 2e \longrightarrow Ni$

(b)$2Ni^{2+} + O_2 + 4e \longrightarrow 2NiO$

(c)$[Al_2O_3 \cdots (OH)_2]^{2-} + 2Ni^{2+} + 2e \longrightarrow (Al_2O_3, 2NiO) + H_2 \uparrow$

式中，O_2 表示溶液中的溶解氧；$[Al_2O_3 \cdots (OH)_2]^{2-}$ 表示吸附有 OH^- 的 $n-Al_2O_3$ 颗粒；$(Al_2O_3, xNiO)$ 表示 $n-Al_2O_3$ 和 NiO 的氧化物混合体。

其中，反应(a)是主要反应，即在复合电刷镀过程中，在阴极表面沉积的主要是金属 Ni。反应(b)和(c)生成了 NiO。另外，复合电刷镀过程中新生成的表面 Ni 原子具有很高活性，可以与液体中的溶解氧发生化学反应生成 NiO，即

(d)$2Ni + O_2 \rightarrow 2NiO$

纳米复合电刷镀镀层在形成过程中其表面始终是微观非光滑表面，即表面呈菜花头状特征；并且电荷在阴极表面微凸起处存在"尖端荷电效应"，即电荷在表面微凸起部位富集。因此，由电刷镀过程可知，通过反应(b)生成的 NiO 主要弥散分布在晶簇内部，同时随着电刷镀过程的进行，其氧化物生长，并伴随有 $n-Al_2O_3$ 颗粒沉积，使得最终的氧化物颗粒尺寸较大，如图 4.10(a)所示。在电刷镀过程中，整个复合电刷镀镀层表面覆盖一层液体薄膜，液膜中溶解有氧，反应(d)表示新生成的表面 Ni 原子与溶解氧反应生成 NiO，其反应受氧溶解量和氧扩散步骤影响，在电刷镀条件下，会在整个表面发生反应，因此，其氧化物弥散分布。但是，与电化学反应(b)相比，其反应速率慢得多，则其最终氧化物颗粒尺寸较小，如图4.9 和图 4.10(a)所示。同时，在复合电刷镀过程中，并非所有到达阴极表面的纳米颗粒均可沉积在镀层中，而是部分纳米颗粒随着镀笔运动和阴极表面液体流动而运动，它们可能随液流流失，也可能因遇到凸起障碍而滞留下来或遇到凹陷而沉积下来。滞留或沉积下来的 $n-Al_2O_3$ 颗粒会促进 NiO 的形核生成，最终形成$(Al_2O_3, xNiO)$混合体。复合电刷镀镀层表面晶簇的边界区域为凹陷沟，在电刷镀过程中，纳米颗粒易在此处沉积下来而最终形成$(Al_2O_3, xNiO)$氧化物混合体，如图 4.9 和图 4.10(a)所示。

4.3.2　$n-SiO_2/Ni$ 复合电刷镀镀层微观组织特征

由于纳米氧化硅材料制备价格便宜、来源广泛，因此 $n-SiO_2/Ni$ 复合电刷镀镀层是常用的纳米颗粒复合电刷镀镀层。图 4.11(a)是 $n-SiO_2/Ni$

复合电刷镀镀层常温下的 TEM 明场像图,图 4.11(b)为 TEM 暗场像图,图 4.11(c)和(d)是同样制备工艺的 $n-SiO_2/Ni$ 复合电刷镀镀层经400 ℃保温 30 min 后的 TEM 明场像图。

由图 4.11(a)中的衍射斑可知,复合电刷镀镀层具有非晶和多晶特征,选定区域由非晶氧化硅颗粒和基质镍金属晶粒组成,说明镀层中含有一定量的纳米氧化硅颗粒。图 4.11(a)照片上的镀层晶粒细小、均匀,没有明显缺陷。虽然不能从中很清楚地看到纳米颗粒的形貌,但可以说明镀层中的纳米颗粒起到了细化晶粒的作用。由图 4.11(b)可清楚地看出纳米颗粒在复合电刷镀镀层中的分布。

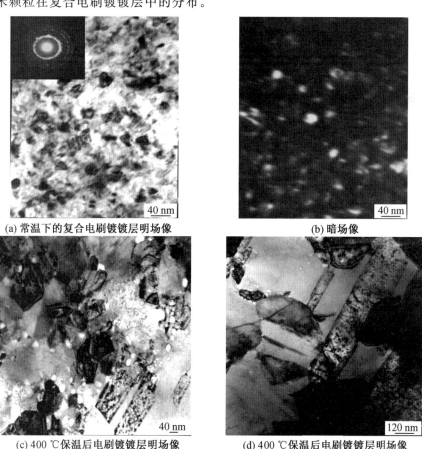

(a) 常温下的复合电刷镀镀层明场像

(b) 暗场像

(c) 400 ℃保温后电刷镀镀层明场像

(d) 400 ℃保温后电刷镀镀层明场像

图 4.11 $n-SiO_2/Ni$ 复合电刷镀镀层 TEM 组织

图 4.11(c)为复合电刷镀镀层经 400 ℃热处理后的微观组织形貌,由

图可知,经再结晶后,镀层晶粒有一定程度的长大,但在晶粒内部有大量位错、孪晶及位错胞等晶体缺陷,在晶体缺陷处有纳米颗粒与位错的相互作用。纳米颗粒(图中白亮处)主要分布在晶粒内部及晶界处,粒径在 20 nm 左右,分布均匀,无团聚现象。晶粒内部的纳米颗粒在再结晶过程中可起到钉扎位错的作用,阻碍晶粒长大;晶界处的纳米颗粒在再结晶过程中阻碍晶界扩展;同时,纳米颗粒可以作为再结晶晶核而提高再结晶过程中的形核率,相对快速镍而言,可以进一步细化晶粒。

由以上 $n-Al_2O_3/Ni$、$n-SiO_2/Ni$ 复合电刷镀镀层微观组织分析可知,复合电刷镀镀层中 Ni 为基质相,纳米颗粒为弥散相,虽然 $n-Al_2O_3$、$n-SiO_2$ 在液相中粒径分布宽达数百纳米,100 nm 以下的 SiO_2、Al_2O_3 颗粒只占总颗粒数的一部分,但复合电刷镀镀层中其粒径只有 20～50 nm,纳米颗粒与基质金属之间结合紧密且在基质中较均匀地弥散分布,与复合电刷镀镀层面扫描结果一致。如果纳米颗粒与基质金属仅仅机械混合,则二者界面处应有明显间隙,但对复合电刷镀镀层大量的 TEM 观察均未发现,说明纳米颗粒与基质金属之间存在更深刻的化学相互作用。

$n-SiO_2$ 及 $n-Al_2O_3$ 在复合电刷镀镀层中粒径分布测定结果表明,大粒径纳米颗粒在电刷镀过程中被镀笔或镀液对流带走的概率非常大,镀笔移动导致的对流与摩擦效应对进入复合电刷镀镀层的纳米颗粒粒径有选择效应。

4.3.3　纳米颗粒复合电刷镀镀层的 XRD 分析

1. $n-Al_2O_3/Ni$ 复合电刷镀镀层的 XRD 分析

为了进一步确定纳米颗粒在镀层中的质量分数及其对镀层结构的影响,对 $n-Al_2O_3/Ni$ 复合电刷镀镀层表面进行了 X 射线衍射(XRD),并与快速镍电刷镀镀层 XRD 谱图对比分析。图 4.12 所示为快速镍电刷镀镀层和 $n-Al_2O_3/Ni$ 纳米颗粒复合电刷镀镀层的 XRD 谱图。金属镍 X 射线衍射谱图上一般有 5 个比较明显的衍射峰,衍射角由小到大分别对应镍的(111)、(200)、(220)、(311)及(222)晶面。由于复合电刷镀镀层中纳米颗粒质量分数较低(<5%),X 射线衍射谱图中没有观察到 Al_2O_3 的衍射峰。表 4.1 给出了 XRD 的分析结果,由表可见,加入纳米颗粒后,镍的晶格常数变小,晶格发生了一定量的畸变。

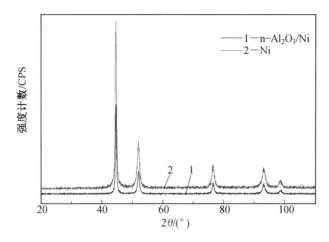

图 4.12 快速镍电刷镀镀层和 n－Al$_2$O$_3$/Ni 纳米颗粒复合电刷镀镀层的 XRD 谱图

表 4.1 电刷镀镀层中镍晶格常数的变化

镀层	(111)		(200)		(220)	
	衍射角度	晶格尺寸/nm	衍射角度	晶格尺寸/nm	衍射角度	晶格尺寸/nm
Ni	44.526	0.351 998	51.836	0.352 468	76.432	0.352 187
n－Al$_2$O$_3$/Ni	44.596	0.351 628	51.871	0.352 250	76.515	0.351 865

镀层	(311)		(222)	
	衍射角度	晶格尺寸/nm	衍射角度	晶格尺寸/nm
Ni	92.970	0.352 288	98.665	0.351 797
n－Al$_2$O$_3$/Ni	93.125	0.351 841	98.762	0.351 544

2. n－SiO$_2$/Ni 复合电刷镀镀层的 XRD 分析

为了研究纳米颗粒对复合电刷镀镀层中基质金属镍晶体结构的影响，对 n－SiO$_2$/Ni 复合电刷镀镀层进行 XRD 分析，并与纯快速镍电刷镀镀层和镍粉的 XRD 谱图进行比较分析，如图 4.13 所示。由于纳米颗粒在复合电刷镀镀层中含量太低，故在 XRD 谱图中没有分辨出 SiO$_2$ 衍射峰。

图 4.13 对应的试验分析数据见表 4.2。表 4.2 中，cps 是 XRD 图中各晶面衍射峰强度计数值，Ni(标)为粉末镍衍射标准值。由表 4.2 可知，除纯镍电刷镀镀层(200)晶面的晶面间距 d 和点阵参数 a 比镍标准值略大外，其余晶面的晶面间距和点阵参数都比镍标准值小；n－SiO$_2$/Ni 复合电

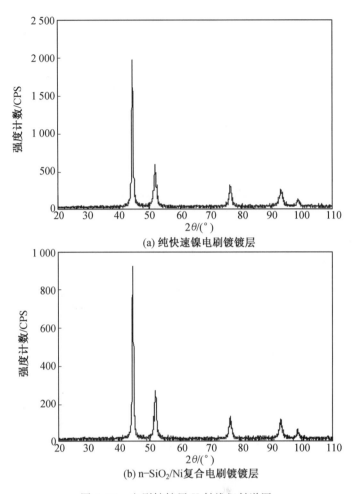

(a) 纯快速镍电刷镀镀层

(b) n–SiO$_2$/Ni复合电刷镀镀层

图 4.13　电刷镀镀层 X 射线衍射谱图

刷镀镀层的相应参数均比纯快速镍电刷镀镀层和镍标准值小。

　　纳米颗粒基本不改变电刷镀镀层织构，但使镍的点阵参数变小、晶格畸变加剧，这表明纳米颗粒参与了金属镍的电结晶，而且有细化晶粒的作用，这与电刷镀镀层表面形貌及微观组织的分析结果一致。同时也说明，复合电沉积的结晶过程中，吸附态镍原子与纳米颗粒之间以一定的界面匹配关系进入镀层，使体系能量最低，电沉积过程更易持续。

表 4.2 n－SiO₂/Ni 复合电刷镀镀层 XRD 分析数据结果

晶面	参数	Ni(标)	Ni	n－SiO₂/Ni
(111)	$2\theta/(°)$	44.494	44.526	44.610
	d/nm	0.203 458	0.203 232	0.202 938
	a/nm	0.352 389	0.351 998	0.351 488
	cps	999	1 944	1 528
	相对强度/%	100	100	100
(200)	$2\theta/(°)$	51.847	51.836	51.924
	d/nm	0.176 200	0.176 234	0.175 954
	a/nm	0.352 400	0.352 468	0.351 908
	cps	427	459	394
	相对强度/%	42.7	23.6	25.78
(220)	$2\theta/(°)$	76.378	76.432	76.534
	d/nm	0.124 592	0.124 517	0.124 375
	a/nm	0.352 399	0.352 187	0.351 786
	cps	185	270	215
	相对强度/%	18.5	13.89	14.07
(311)	$2\theta/(°)$	92.932	92.970	93.146
	d/nm	0.106 253	0.106 219	0.106 066
	a/nm	0.352 401	0.352 288	0.351 781
	cps	173	216	170
	相对强度/%	17.3	11.11	11.25
(222)	$2\theta/(°)$	98.437	98.665	98.761
	d/nm	0.101 729	0.101 555	0.101 482
	a/nm	0.352 400	0.351 797	0.351 544
	cps	49	119	91
	相对强度/%	4.9	6.12	5.96

由表 4.1 和表 4.2 可知，n－SiO₂/Ni 复合电刷镀镀层金属镍的点阵参数均小于 n－Al₂O₃/Ni 镀层对应值，结合复合电刷镀镀层中 n－SiO₂

颗粒粒径比 n−Al₂O₃ 颗粒小,则可以认为进入复合电刷镀镀层的纳米颗粒粒径越小,越有利于基体金属晶粒的细化。

综合上述分析可知,纳米颗粒参与了电极反应,导致晶体结构发生变化,进而对复合电刷镀镀层性能产生影响。另外,电刷镀镀层各晶面 TEM 变化不大的事实也表明,纳米颗粒的增强作用不仅仅依靠基体的结构变化,而且还有自身的强化作用。

4.3.4　复合电刷镀镀层中纳米颗粒的分布特征

从 TEM 照片中可以看出纳米颗粒在微观上均匀分布,为了进一步考察纳米颗粒在镀层中的宏观分布情况,对 n−Al₂O₃/Ni 复合电刷镀镀层中 Al、Ni 等元素沿镀层表面及截面的分布进行了面扫描和线扫描分析,所得 EDAX 能谱如图 4.14 所示。由于 Al 元素的分布与镀层中 Al₂O₃ 纳米颗粒的分布相对应,由图 4.14 可见,纳米颗粒沿复合电刷镀镀层表面、截面的分布都是均匀的,没有明显的偏聚,这表明纳米颗粒在复合电刷镀镀层中是均匀分布的。

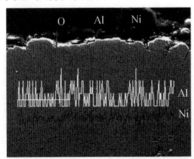
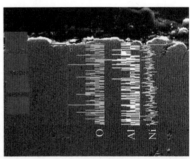

(a) O、Al、Ni元素沿平行表面的线扫描图谱　(b) O、Al、Ni元素沿垂直表面的线扫描图谱

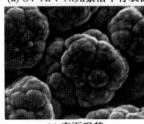

(c) 表面形貌　　　　(d) Ni 元素面分布图谱　　　(e) Al 元素面分布图谱

图 4.14　n−Al₂O₃/Ni 复合电刷镀镀层 EDAX 元素扫描分布

图 4.15 所示为 n−SiO₂/Ni 纳米颗粒在复合电刷镀镀层中 Si 元素面扫描图。由图可以看出,n−SiO₂/Ni 镀层表面 Si 元素分布均匀。图 4.15(a)显示的是 Si 元素在镀层内部的分布,其结果说明 Si 元素在镀层内部的分

布是均匀的。Si 元素的分布与镀层中纳米颗粒的分布相对应,因此纳米颗粒在复合电刷镀镀层中呈三维均匀分布。

 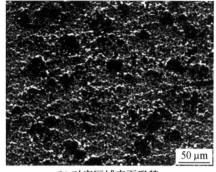

(a) Si 元素在复合镀层中分布　　　　　(b) 对应区域表面形貌

图 4.15　n－SiO_2/Ni 纳米颗粒在复合电刷镀镀层中 Si 元素面扫描图

上述结果说明纳米颗粒复合电刷镀过程中,虽然电极生长表面并非理想晶体,存在多种形式的缺陷,各处电流密度分布并不十分均匀,但每次电刷镀镀笔经过时,纳米颗粒与电极生长表面的有效作用位置基本均匀,因此能获得均匀的复合电刷镀镀层。三维均匀分布的纳米颗粒,保证了复合电刷镀镀层结构均匀,这是其强化镀层、提高镀层性能的重要结构基础。

4.4　复合电刷镀镀层中纳米颗粒的存在行为及其与基质金属的相互作用

明晰复合电刷镀镀层中不溶性纳米颗粒的存在行为及其与基质金属的相互作用,有助于解析纳米颗粒对复合电刷镀镀层结构的特殊影响,以及镀层形成机理和强化机理。

纳米颗粒与基质金属相互作用的性质直接决定二者之间的结合状态、复合电刷镀镀层结构及复合电刷镀镀层的强化机制,但对这方面的研究尚无文献报道。

在微米复合电沉积研究中,有学者根据 ZrO_2/Ni 复合电刷镀镀层的研究结果,认为复合电刷镀镀层中锆提供的轨道能与基质金属镍原子发生化学键合作用,微米 ZrO_2 颗粒与基质金属不仅仅是机械混合。然而,最普遍的认识仍然是不溶性颗粒以机械混合的方式夹杂在基质金属中,二者之间不存在更深刻的化学相互作用。

纳米颗粒有非常高的表面自由能和大量的表面剩余化学键,因此有一定的化学反应活性,n－Al$_2$O$_3$/Ni 及 n－SiO$_2$/Ni 体系复合电沉积过程研究也表明,纳米颗粒参与了金属电结晶反应。因此深入研究纳米颗粒在复合电刷镀镀层中与基质金属之间的化学结合状态,对研究复合电沉积机理、复合电刷镀镀层的结构及镀层强化机制都有重要的科学意义。

　　本书作者团队从复合电刷镀镀层结构的角度,采用表面能谱学方法,研究了纳米颗粒对镀层结构的影响。采用 X 射线光电子能谱(XPS)测试复合电刷镀镀层中纳米颗粒与基质金属的键合状态,证实固体纳米颗粒在复合电刷镀镀层中以化学键方式与基底金属结合,而不仅仅是普遍认为的机械混合。纳米颗粒的参与不仅影响了镀层形成的电化学过程,还在一定程度上改变了复合电刷镀镀层的组织、结构,进而影响到复合电刷镀镀层的性能。

　　所制备的 n－Al$_2$O$_3$/Ni 及 n－SiO$_2$/Ni 复合电刷镀镀层的厚度约为 100 μm,复合电刷镀镀层中 n－Al$_2$O$_3$ 的粒径为 30～50 nm,n－SiO$_2$ 的粒径为 20～40 nm,质量分数分别为 2% 和 1.5%。复合电刷镀镀层试样在进行 XPS 测试之前,用氩离子溅射以清洁试样表面。同时,选择快速镍电刷镀镀层和镍粉作为比对试样,以便对比分析。分析试样样品制备、处理、测试条件均相同,粉末样品不经溅射。镀层试样表面用机械法打磨,除去氧化层,露出新鲜表面后再用丙酮、蒸馏水冲洗干净,立即放入样品室抽真空、测试。整个过程连续、快速完成。制备复合电刷镀镀层时,同时制备用作对比的纯快速镍镀层。纳米颗粒复合电刷镀镀层、纯快速镍电刷镀镀层与相应纳米粉体材料组成一个样品组,一次性同时测试完毕。

　　复合电刷镀镀层的综合机械性能优于普通电刷镀镀层,纳米颗粒的强化起了重要作用,而纳米颗粒在镀层中与基质金属的结合状态,是决定复合电刷镀镀层强化的结构基础,只有二者结合紧密,实现结构上的连续,才能达到性能上的提高。因此深入了解复合电刷镀镀层中纳米颗粒与基质金属的相互作用,是解析复合电刷镀镀层强化的理论基础。X 射线光电子能谱是研究基质金属与复合电刷镀镀层中纳米颗粒化学结合状态的一种有效方法。

　　为探讨纳米颗粒在复合电刷镀镀层中的化学状态,以纯快速镍、n－Al$_2$O$_3$/Ni、n－SiO$_2$/Ni 复合电刷镀镀层及对应的 n－Al$_2$O$_3$、n－SiO$_2$ 纳米颗粒为研究对象,采用 XPS 法进行能谱分析,通过对镍、铝 XPS 能谱的解析,了解各元素在形成复合电刷镀镀层前后能量状态的变化,从而判断纳米颗粒与金属镍的结合方式是机械混合还是化学键结合。

4.4.1　纳米颗粒在复合电刷镀镀层中的化学状态

对复合电刷镀镀层中铝、硅及 $n-Al_2O_3$、$n-SiO_2$ 粉末的 XPS 能谱分析的试验结果,如图 4.16 和图 4.17 所示。由图 4.16 和图 4.17 可知,复合电刷镀镀层中 Al2p 电子结合能比粉末态负移 0.7 eV;复合电刷镀镀层中 Si2s 电子结合能实测值是 152.9 eV,粉末态相应值为 153.9 eV,负移1.0 eV。该结果证实纳米颗粒与金属镍之间存在化学键,而且纳米颗粒倾向得到电子。由此可判断 Si2s、Al2p 电子结合能负移应该是镍原子与纳米颗粒表面氧键合的结果。

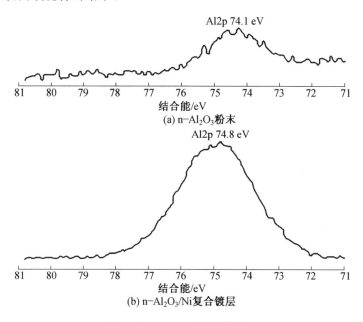

图 4.16　Al2p 的 XPS 谱图

纳米颗粒表面原子所处晶体场环境及结合能与内部原子不同,有许多悬空键并具有不饱和性质,$n-SiO_2$、$n-Al_2O_3$ 表面上氧的不饱和键与镍原子形成化学键,导致氧原子核外电子云密度增加并且部分转移到邻近的铝、硅原子核外,因此镀层中硅、铝原子核外电子云密度增加并使其电子结合能负移。

$n-Al_2O_3/Ni$ 和 $n-SiO_2/Ni$ 复合电刷镀镀层中镍与纯镍的 XPS 能谱分析试验结果,如图 4.18 和图 4.19 所示,试验分析数据见表 4.3 和表4.4。图 4.18、图 4.19 中所标记的峰分别来自 Ni^0 的 $2p_{3/2}$、$2p_{1/2}$ 和 Ni_2O_3

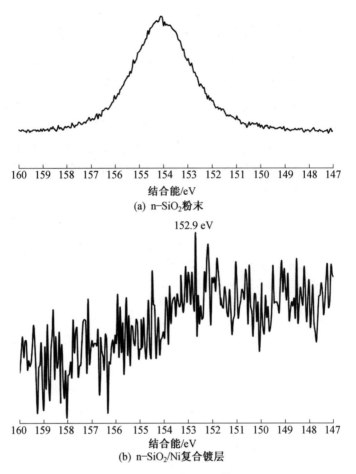

(a) n–SiO$_2$粉末

152.9 eV

(b) n–SiO$_2$/Ni复合镀层

图 4.17　Si2s 的 XPS 谱图

的 $2p_{3/2}$ 峰,图 4.18(a)、图 4.19(a)都是纯镍镀层中镍的 XPS 谱图。根据各峰对应的电子结合能值及标准谱中 $2p_{3/2}$ 与 $2p_{1/2}$ 峰的能量差值(表 4.3、表 4.4),可以判断纯镍镀层表面由 Ni^0 和未除尽的表面氧化物 Ni$_2$O$_3$ 构成。

　　图 4.18(b)、图 4.19(b)分别是 n－Al$_2$O$_3$/Ni、n－SiO$_2$/Ni 复合电刷镀镀层中镍的 XPS 谱图。同样根据各峰对应的结合能值及标准谱中 $2p_{3/2}$ 与 $2p_{1/2}$ 峰的能量差值(表 4.3、表 4.4),可判断复合电刷镀镀层表面也由镍氧化物与零价镍构成。

表 4.3　纯镍及 n－Al₂O₃/Ni 镀层中镍的电子结合能数据表　　　eV

表 4.3　纯镍及 $n－Al_2O_3/Ni$ 镀层中镍的电子结合能数据表　　eV

样品	$Ni^0\,2p_{3/2}$	$Ni^0\,2p_{1/2}$	$Ni_2O_3\,2p_{3/2}$	$2p_{3/2}-2p_{1/2}$
纯镍(标准)	852.30	869.70	855.60	17.40
Ni 电刷镀镀层	851.83	869.14	855.58	17.30
$n－Al_2O_3/Ni$ 镀层	851.89	868.80	855.80	17.60

表 4.4　纯镍及 $n－SiO_2/Ni$ 镀层中镍的电子结合能数据表　　eV

样品	$Ni^0\,2p_{3/2}$	$Ni^0\,2p_{1/2}$	$Ni_2O_3\,2p_{3/2}$	$2p_{3/2}-2p_{1/2}$
纯镍(标准)	852.30	869.70	855.60	17.40
Ni 电刷镀镀层	852.05	869.3	855.40	17.25
$n－SiO_2/Ni$ 镀层	852.20	869.40	855.60	17.20

与纯镍镀层内部环境有所不同,纳米颗粒包埋在复合电刷镀镀层中,如果镍与纳米颗粒表面没有键合作用,则镍氧化物与零价镍峰面积之比值应与纯镍电刷镀镀层二者峰面积的比例相当。但实际上复合电刷镀镀层的镍氧化物与零价镍峰面积之比值却比纯镍电刷镀镀层高得多(图 4.18、图 4.19)。导致这种差异的原因是纳米颗粒表面上氧的不饱和键与镍原子之间的化学成键作用,复合电刷镀镀层镍氧化物由表面氧化物与体相镍－纳米颗粒间氧化物两部分构成。

从镍、硅的电负性(Ni 为 1.91,Si 为 1.90)看,二者大小相当,它们之间实现电子交换反应的可能性较小,虽然硅的电子结合能降低,但并不一定说明硅从镍原子处直接得到了电子;铝的电负性是 1.47,比镍的小很多,直接从镍原子得到电子的可能性更小。氧的电负性(3.44)比镍、硅大得多,因此纳米颗粒在与金属相互作用时很有可能是 $n－SiO_2$、$n－Al_2O_3$ 表面的氧以其不饱和键与镍原子结合,形成 Ni－O 键,使氧原子核外电子云密度增加,由此将导致这部分氧的核外电子向与之结合的硅、铝部分转移,使硅、铝核外电子云密度增加,电子结合能减小。

XPS 的探测范围是表面以下 10 nm 左右深度的镀层,无论镀层表面还是镀层内部,复合电刷镀镀层的电沉积机理是相同的,因此镀层结构也相同,上述结果也能反映镀层内部的纳米颗粒与基质金属的结合状态。图 4.19 直接反映了镀层内部的化学结合状态,即镀层中镍原子与纳米颗粒中氧原子形成了化学键。

此外,镀层内部还有少量镍氧化物存在,主要是制备过程中阴极生长

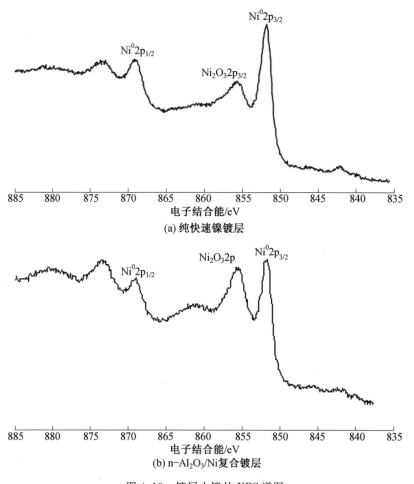

图 4.18 镀层中镍的 XPS 谱图

表面氧化所致。但纯镍镀层与复合电刷镀镀层制备条件相同,因此这部分氧化物在两种镀层中的质量分数也应大致相当,不应是造成图 4.18 和图 4.19 中镍氧化物比例及含量差异的原因。

图 4.18 和图 4.19 中镍氧化物能谱峰对称性不太强,半峰宽变大,说明该氧化物组成比较复杂,可能不止一种氧化态,而是多种氧化态的混合物。

表 4.3 和表 4.4 中镍的实测电子结合能数值略有差异,可能是测量仪器的系统误差所致。

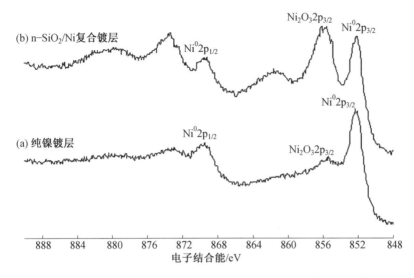

图 4.19 n－SiO$_2$/Ni 复合电刷镀镀层及纯镍镀层中镍的 XPS 谱图

4.4.2 纳米颗粒/基质金属结合界面 TEM 观察结果

为得到纳米颗粒与基质金属界面原子尺度的图像,证实二者之间存在化学作用,作者团队对 n－SiO$_2$/Ni 、n－Al$_2$O$_3$/Ni 复合电刷镀镀层进行了高分辨率 TEM 观察,试验结果如图 4.20、图 4.21 和图 4.22 所示。

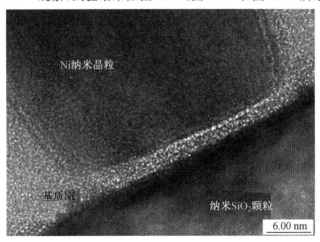

图 4.20 n－SiO$_2$/Ni 复合电刷镀镀层中纳米颗粒和 Ni 纳米晶粒的原子像

试验过程中,将观察点定位于纳米 SiO$_2$ 与基质 Ni 的边界处,逐渐增大放大倍数,最后得到二者边界的高分辨率原子图像。

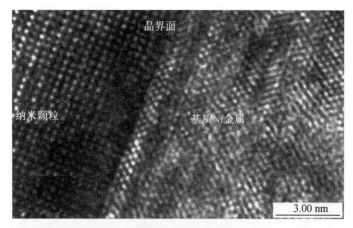

图 4.21　n−SiO₂/Ni 复合电刷镀镀层中纳米颗粒与基质 Ni 金属的界面原子像

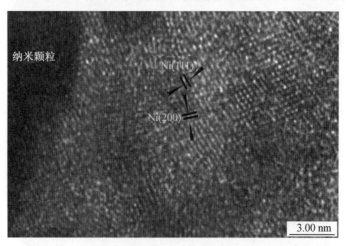

图 4.22　n−Al₂O₃/Ni 复合电刷镀镀层中纳米颗粒与基质 Ni 金属的界面原子像

　　从图 4.20～4.22 的试验结果可清楚地看出,n−SiO₂、n−Al₂O₃ 颗粒与基质金属 Ni 的界面接触距离在原子尺度,尤其是图 4.21、图 4.22 更清楚地显示了纳米颗粒与基质金属之间的边界是连续的,并不存在比原子尺度还大的间隙,这直观地说明纳米颗粒与基质金属原子彼此嵌入了对方的结构之中,二者之间存在化学键合作用。如果纳米颗粒与基质金属镍仅仅是机械混合,则其边界应该存在明显的物理间隙。从图 4.22 还可清楚看出,复合电刷镀镀层中 n−Al₂O₃ 颗粒与基质 Ni 金属界面结合良好,且呈一定的位向关系。

　　上述结果从复合电刷镀镀层微观结构的角度,证实了纳米颗粒表面与基质金属 Ni 之间存在化学键方式的结合,在复合电刷镀镀层成形过程中,由于纳米颗粒表面具有较高活性,因此可以作为金属 Ni 的电结晶衬底,给金属 Ni 提供了更多的成核、生长中心,参与了电极反应,促进了金属 Ni 还原。

复合电刷镀镀层的形成、生长及性能与纳米颗粒在镀层中的弥散分布密切相关,纳米颗粒与基质金属原子的键合程度,与纳米颗粒表面不饱和键的数量、分布有关,即与纳米颗粒种类、粒径大小、表面性质有关,这也是不同纳米颗粒对复合电沉积影响程度不同的重要原因。

纳米颗粒的特性决定了它们在电刷镀过程及镀层中都表现出了相似的性质;但另一方面,不同纳米颗粒的表面性质,如不饱和化学键的数量及分布、粒径大小等性质存在差异,又使得不同纳米颗粒对金属电沉积过程的影响程度、与基质金属的键合状态不同,因而对复合电刷镀镀层的强化程度也不同,表现出的性能也有差异。

鉴于以上分析可以推断,纳米颗粒与基质金属之间的结合状态与复合镀层中纳米颗粒种类、性质有关。纳米颗粒形状、制备方法、前处理方法、液相中的粒径分布等因素决定纳米颗粒表面不饱和化学键的密度与分布,直接决定吸附态 Ni 原子与其化学键合的程度与空间分布。纳米颗粒表面不饱和化学键密度越大,分布越均匀,则与基质金属结合越紧密,对镀层的强化作用越强;另外,刷镀工艺参数也与纳米颗粒-基质金属之间的相互作用有关,刷镀过程中金属生长表面产生的晶格缺陷密度越大,分布越均匀,则纳米颗粒越容易被电极生长界面有效捕获,纳米颗粒的沉积量也越大,在复合电刷镀镀层中的分布也越均匀,对镀层晶粒的细化效应越好,镀层质量越高,性能越好。

一般而言,纳米颗粒粒径越小,粒径分布越窄,电极表面极化越均匀,极化度越大,刷镀工艺参数如镀笔运动速度、压力、电流密度越稳定,则纳米颗粒与基质金属化学键合程度越高,在复合电刷镀镀层中分布越均匀,复合电刷镀镀层的结构连续性越好,镀层性能越好。

因此,选择合适的纳米颗粒并给予适当的前处理,保持各处理工艺及最佳刷镀工艺的稳定性,是制备高质量复合电刷镀镀层的关键因素之一。

4.5 纳米颗粒复合电刷镀镀层的成形过程及其共沉积机理

4.5.1 纳米颗粒对镍电刷镀镀液电化学行为的影响

图 4.23 所示为 n-SiO$_2$/Ni 复合电刷镀镀液和不含纳米颗粒的 Ni 刷

镀镀液的循环伏安响应曲线。由图 4.23 中曲线可以看出,在相同电位处,含纳米颗粒电刷镀镀液体系电流响应比不含纳米颗粒电刷镀镀液体系大;在相同电流处,前者的反应过电位比后者小数十毫伏,这说明含有纳米颗粒的电刷镀镀液具有更低的反应阻抗和更高的电流效率,表明纳米颗粒对金属电沉积有明显的催化效应;在电位扫描下限达 -1.0 V 后,出现"感抗性电流环",该证据充分说明镍在电沉积生长过程中,成核式生长是其重要的晶体生长方式,并且增大阴极极化有利于晶核形成。相同条件下,含纳米颗粒体系更容易出现感抗电流环,由此可以判断纳米颗粒对吸附金属原子在电极表面结晶步骤有重要影响。

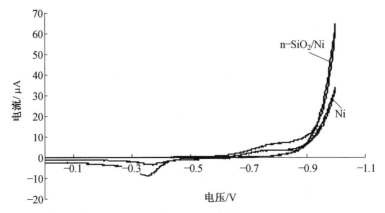

图 4.23　$n-SiO_2/Ni$ 复合电刷镀镀液和不含纳米颗粒的 Ni 刷镀镀液的循环伏安响应曲线(扫描速度 50 mV/s,电位范围 0.0~1.0 V)

　　$n-Al_2O_3/Ni$、$n-SiO_2/Ni$ 复合电刷镀镀液体系与镍电刷镀镀液体系电化学成核机理理论参数与试验数据对比图,如图 4.24 和图 4.25 所示,其相应电结晶参数见表 4.5。由表 4.5 可知,含纳米颗粒体系的饱和晶核密度 N_0、成核速度常数 A、晶体法向生长速度 K 均比纯镍体系大。上述结果说明在相同条件下,纳米颗粒对复合电刷镀镀层金属沉积具有促进作用,有利于晶核形成,生成更多的晶核,细化晶粒;也有利于晶体生长,这对大电流密度下的电刷镀有重要意义。

表 4.5　镍电结晶参数

电刷镀镀液体系	$N_0/(cm^{-2})$	$A/(cm^2 \cdot s^{-1})$	$K/(mol \cdot cm^2 \cdot s^{-1})$
Ni	4.02×10^5	3.87×10^4	5.61×10^{-8}
$n-Al_2O_3/Ni$	4.82×10^5	6.52×10^4	6.48×10^{-8}
$n-SiO_2/Ni$	4.73×10^5	5.81×10^4	6.48×10^{-8}

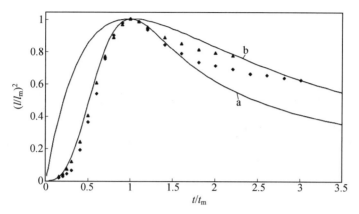

图 4.24　n－Al_2O_3/Ni 复合电刷镀镀层成核曲线

理论曲线：a—连续成核；b—瞬时成核

试验曲线：◆—含 n－Al_2O_3；▲—不含 n－Al_2O_3

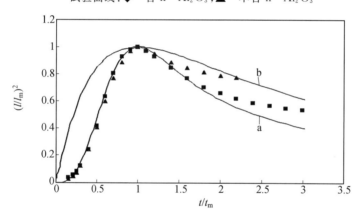

图 4.25　n－SiO_2/Ni 复合电刷镀镀层成核曲线

理论曲线：a—连续成核；b—瞬时成核

试验曲线：■—含 n－SiO_2；▲—不含 n－SiO_2

4.5.2　纳米材料与基质镀液金属离子共沉积机理

金属电沉积主要包括 3 个步骤，即反应物液相传质、电化学还原及嵌入晶格。关于金属镍的电沉积，已有许多研究，一般认为，Ni^{2+} 到达电极表面后，液相中的 Ni^{2+} 被电化学还原，变成吸附态 Ni 原子：

$$Ni^{2+} + 2e \Longrightarrow Ni\,(ads)$$

上述过程可在电极表面任何位置进行，但吸附态 Ni 原子嵌入金属晶格却只能在某些特定位置完成，其间吸附态 Ni 原子将在电极表面扩散，寻找其生长点或聚集成核。一般认为,镍的电结晶既包括在原有晶面生长点上的生长,也包括成核式生长,金属晶体非理想位置和晶核是反应活性点。由于电刷镀断续电沉积的特点,不断有新鲜表面形成,这些新鲜表面晶格缺陷、位错较多,活性比较高,处于亚稳状态,易与外来质点作用,因而具有高表面自由能的纳米颗粒最容易在此结合,释放能量,使二者变得相对稳定,纳米颗粒在镀层中最概然分布及复合电刷镀镀层的生长、形成及性能与电极生长表面非理想位置的空间分布密切相关。

小粒径纳米颗粒由于表面自由能高,与电极表面的作用力大于大粒径纳米颗粒,占据吸附位的可能性和结合后的稳定性均应比大粒径颗粒大,一旦吸附位被占据,其他颗粒就不能继续在此附着,因此小粒径纳米颗粒被电化学反应界面有效捕获的概率比大粒径纳米颗粒大得多,这也是纳米颗粒在复合电刷镀镀层中呈孤岛状弥散分布的原因。

在一定电流密度条件下,只有被基质金属包埋一定程度的纳米颗粒才有可能被嵌入复合电刷镀镀层中,显然,基底金属原子的沉积速度即电流密度或电镀电压与此密切相关,小粒径颗粒被有效包埋的概率显然比大粒径颗粒高得多,只有粒径小于或接近一次沉积厚度的纳米颗粒才能与金属离子有效共沉积。

由于纳米颗粒本身并不导电,在金属电沉积过程中不会显著改变阴极表面的电荷分布,因此纯镍镀层和含有纳米颗粒的复合电刷镀镀层的电沉积过程具有相同的变化趋势。

一般认为,不溶性颗粒在复合沉积过程中有 3 种共沉积机理,即吸附机理、电化学机理和力学机理。吸附机理认为颗粒与阴极之间存在吸附作用,使颗粒在阴极表面停留并最终被不断沉积生长的基质金属所包埋,形成复合电刷镀镀层。电化学机理认为纳米颗粒在镀液中有选择地吸附阳离子,从而在电场的作用下到达阴极表面,在阴极表面吸附并被沉积的金属包埋;力学机理认为颗粒与电极界面只存在机械相互作用。结合纳米复合电刷镀技术的特点,归纳起来有 3 种理论,即吸附机理、力学机理和电化学机理。

1. 吸附机理

吸附机理认为纳米颗粒与金属发生共沉积的先决条件是纳米颗粒在阴极上吸附,而主要的影响因素是存在于纳米颗粒与阴极表面之间的范德瓦耳斯力。只要纳米颗粒吸附在阴极表面上,纳米颗粒便被生长的金属埋入。

2. 力学机理

力学机理认为纳米颗粒的共沉积过程只是一个简单的力学过程。纳米颗粒接触到阴极表面时,在外力作用下停留其上,从而被生长的金属俘获。因此搅拌强度和纳米颗粒撞击电极表面的频率等流体动力因素对共沉积过程的发生有主要影响。

3. 电化学机理

电化学机理认为,纳米颗粒与金属共沉积的先决条件是纳米颗粒有选择地吸附镀液中的正离子而形成较大的正电荷密度。荷电的纳米颗粒在电场作用下的电泳迁移是纳米颗粒进入复合电刷镀镀层的关键因素。纳米颗粒在一定组分的镀液中于电场下运动,在没有搅拌和明显对流情况下,纳米颗粒的电泳迁移速度 v_e 可由式(4.1)计算。由式(4.1)可见,纳米颗粒的电泳迁移速度 v_e 与纳米颗粒的电位 ζ 和外加电场强度 E 成正比。

$$v_e = \frac{\varepsilon_r \varepsilon_0 E \zeta}{\mu_s} \tag{4.1}$$

式中,ε_0 为真空电容率;ε_r 为介质的相对介电系数;μ_s 为介质的黏度;ζ 为 Zeta 电位。

分散相双电子层中的电位差降落在以微米计的很小距离内时,电场的强度很高。在这种较高的场强作用下,电泳速度有明显增加。纳米颗粒将以垂直于电极表面的方向冲向阴极,并被金属埋入镀层中。

另外,式(4.1)中的电位 ζ 由纳米颗粒表面所带电荷的符号和大小决定。在电沉积系统中,阴极表面通常荷负电。因此,如果镀液中纳米颗粒表面吸附足够多的正电荷,阴极的极化较大(即场强足够大),则纳米颗粒就可以以足够的电泳速度到达阴极表面,与金属共沉积。

必须指出的是,这几种机理研究共沉积过程的角度不同,它们各有侧重。因此,某种理论只能对共沉积过程中的某些现象给予较好的解释。对于纳米颗粒复合电刷镀的共沉积过程,纳米颗粒在电极表面的吸附和裹覆过程可以用吸附机理和电化学机理解释;而纳米颗粒随镀液向电极运动的过程不仅是一个流体运动过程,它的动态、断续沉积的工艺特点没有被纳入以上几种共沉积机理中,因此应当根据这一特点对这几种机理进行修改。这方面的研究有待进一步发展。

前已述及,$n-SiO_2$、$n-Al_2O_3$ 在液相中粒径分布较广,但 $n-SiO_2$、$n-Al_2O_3$ 在复合电刷镀镀层中的粒径为 $20 \sim 50$ nm,这说明大粒径 $n-SiO_2$、$n-Al_2O_3$ 颗粒在电刷镀过程中没有进入复合电刷镀镀层。根据复合电刷镀镀液及复合电刷镀镀层中纳米颗粒粒度分布的试验事实,可以认为镀笔与阴极表面的相对运动及强制对流等因素对进入复合电刷镀镀层的纳米颗粒粒径有一定选择作用。大粒径的纳米颗粒在电刷镀过程中被镀笔或镀液对流带走的概率非常大，尤其是表面荷负电或不带电的纳米颗粒，因为这些颗粒与电极表面的相互作用非常弱或者是相互排斥的，不容易被电极表面有效捕获。嵌入复合电刷镀镀层的颗粒与其粒径大小、刷镀电流密度、镀笔运动强度、对镀笔施加压力的大小等因素有关。

4.5.3　纳米颗粒复合电刷镀镀层的电化学沉积成形过程

1. 纳米颗粒与金属的共沉积过程

根据以上几种机理，人们建立了不同的模型来描述复合电沉积的过程，其中比较有代表性的是 Guglielmi 模型和运动轨迹模型。综合以上机理和模型，结合电刷镀的工艺特点，可以把纳米颗粒与金属的共沉积过程划分为 3 个步骤：

(1)悬浮于镀液中的纳米颗粒，由镀笔及镀液循环系统向阴极表面输送。

(2)纳米颗粒黏附于电极上。凡是影响纳米颗粒与电极间作用力的各种因素，均对这种黏附有影响。它不仅与纳米颗粒的特性有关，而且也与镀液的成分和性能，以及电刷镀的操作工艺有关。

(3)纳米颗粒被沉积在阴极上的金属镀层镶嵌。黏附于阴极上的纳米颗粒，必须能停留超过一定时间（极限时间），才有可能被电沉积的金属俘获。因此，这个步骤除与纳米颗粒的附着力有关外，还与镀笔和流动的镀液对吸附于阴极上的纳米颗粒的冲击作用，以及金属电沉积的速度等因素有关。

在纳米复合电刷镀镀层成形过程中，纳米颗粒和基质金属发生共沉积。在电刷镀过程中，由于镀笔和工件做相对运动，只有在镀笔和工件接触的区域才发生镀层的沉积和生长现象，因此镀层的沉积和生长是一个断续过程。在这一过程中，随着基质金属的沉积，纳米颗粒也发生共沉积。首先，在刷镀的起始阶段，基质金属在基体表面沉积；随后，沉积的基质金属生长，纳米颗粒和基质金属共沉积，随着刷镀过程的进行，纳米颗粒可以作为基质金属沉积或结晶的衬底，促进镀层的沉积形核，逐渐地，基质金属包裹和覆盖纳米颗粒，纳米颗粒完成在电刷镀镀层中的沉积；最终，随着电刷镀镀层生长和电刷镀镀液中大量纳米颗粒不断沉积，即得到了纳米颗粒在基质金属中弥散分布的纳米复合电刷镀镀层。这样，纳米颗粒和金属共沉积，纳米复合电刷镀镀层中纳米颗粒与基质金属结合牢固，有利于电刷镀镀层性能提高。

2. n－Al$_2$O$_3$/Ni 复合电刷镀镀层的沉积过程

前期研究表明,镍基电刷镀镀液中的 n－Al$_2$O$_3$ 颗粒的表面电位为负值,阴极表面与这些荷负电的纳米颗粒之间存在静电斥力,阴极极化越强,这种斥力越大,越不利于 n－Al$_2$O$_3$ 颗粒在阴极表面的吸附,因此,认为用电化学机理和吸附机理来描述纳米颗粒与金属镍离子的共沉积是不合适的,纳米颗粒与金属镍的共沉积过程应是一个力学过程占主导的过程。就纳米颗粒复合电刷镀来说,纳米颗粒在镀笔的搅拌力和复合电刷镀镀液流动力的共同作用下,与阴极表面接触并在这两种力的作用下停留在阴极表面,从而被生长的基质金属逐渐包埋。对 n－Al$_2$O$_3$/Ni 复合电刷镀镀层的沉积过程的表述如下:

(1)复合电刷镀镀液中的 Ni^{2+} 和 n－Al$_2$O$_3$ 颗粒在镀笔的作用下被传输到阴极表面附近的流体边界层。

(2)Ni^{2+} 在镀笔和电场力的共同作用下,n－Al$_2$O$_3$ 颗粒在力学作用下,它们一起到达阴极表面。

(3)Ni^{2+} 在阴极表面吸附、获得电子,在表面进行短程扩散并在生长点形核长大;与此同时,到达阴极表面的 n－Al$_2$O$_3$ 颗粒由于机械滞留机制停留于此,其中一部分被正在生长的金属包埋。

(4)随着镀层的不断增厚,形成纳米复合电刷镀镀层。

在 n－Al$_2$O$_3$/Ni 复合电刷镀镀液中分别加入 n－SiC 和 CNTs 后,提高了纳米材料对镀液中荷正电离子(主要是 Ni^{2+})的竞争吸附能力,使镀液中纳米材料的表面电位由负值变为正值。这表明荷正电的纳米材料到达阴极表面后,与阴极之间的作用将不仅仅局限于力学作用,应该是在电化学作用和机械滞留的综合作用下停留于阴极表面,并最终随着基质金属的不断沉积进入镀层,形成纳米复合电刷镀镀层。

3. 表面荷正电的纳米材料与基质金属的共沉积过程

结合前期研究成果,提出了表面荷正电的纳米材料与基质金属的共沉积过程(图 4.26),具体表述如下。

(1)复合电刷镀镀液中的 Ni^{2+} 和表面荷正电的纳米材料在镀笔作用下被传输到阴极表面附近的流体边界层,如图 4.26(a)所示。

(2)Ni^{2+} 和表面荷正电的纳米材料在镀笔和电场力的共同作用下一起到达阴极表面,如图 4.26(b)所示。

(3)Ni^{2+} 在阴极表面吸附、获得电子,在表面进行短程扩散并在生长点形核长大;与此同时,阴极表面附近荷正电的纳米材料在静电吸附、特性吸附和机械滞留三者的综合作用下停留于此,如图 4.26(b)所示。

　　(4)纳米材料的粒径选择。停留在阴极表面的纳米颗粒在镀笔的摩擦作用下存在脱离阴极的趋势。大粒径颗粒由于受到镀笔的作用力较大,极易从阴极表面脱离,而停留在阴极表面的小粒径颗粒将会随着基质金属的不断沉积而进入镀层,如图 4.26(c)所示。

　　(5)随着镀层的不断增厚,形成纳米复合电刷镀镀层,如图 4.26(d)所示。

　　从上述对纳米复合电刷镀镀层形成过程的分析可知,表面荷正电的纳米材料与阴极之间增加了电化学作用,使得其与阴极之间的作用比单纯的力学作用强,这将会促进纳米材料在复合电刷镀镀层中的共沉积,提高其共沉积量。纳米复合电刷镀镀层中纳米材料共沉积量的提高,无疑将会提高纳米材料对复合电刷镀镀层综合性能的强化作用。

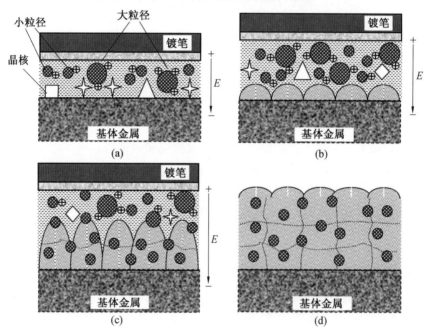

图 4.26　表面荷正电的纳米材料与基质金属的共沉积过程

　　综合上述,纳米颗粒比表面积比基质金属大得多,表面自由能非常大,表面有很多不饱和化学键。在电沉积过程中,部分纳米颗粒被电极表面捕获。被还原的吸附态镍原子在嵌入晶格过程中,到达纳米颗粒与电极表面接触的界面处与纳米颗粒表面氧原子的不饱和键以化学键方式结合,形成 Ni—O 键并以此作为进一步成核、生长中心。最可能的结合位置应该是纳米颗粒表面晶格不完整处,因为这些地方是不饱和化学键集中之处,反应活性比较高,处于亚稳状态,易与外来质点作用,在此成核、生长所需的活化能较小。纳米颗粒与电极表面的界面部分区域成为新的成核或生长中心。由于纳米颗粒与基质金属以化学键方式结合,因此二者结合紧密,实现了结构上的连续性,这是保证复合电刷镀镀层具有优良综合机械性能的基础。

第5章 纳米颗粒复合电刷镀镀层的性能

纳米颗粒复合电刷镀镀层的性能主要是指其硬度、摩擦学性能、抗高温性能、耐蚀性能及功能性能等。本章具体介绍几种纳米颗粒复合电刷镀镀层的性能特征。

5.1 纳米颗粒复合电刷镀镀层的硬度

材料的硬度是反映材料力学性能的重要参数之一,对材料的耐磨性有着重要的影响。本节主要介绍纳米颗粒种类、镀液中颗粒质量浓度、热处理温度等因素对纳米颗粒复合电刷镀镀层的影响,以及纳米颗粒复合电刷镀镀层的显微硬度沿镀层截面的分布情况。

5.1.1 纳米颗粒种类对复合电刷镀镀层显微硬度的影响

图 5.1 所示为 7 种纳米颗粒复合电刷镀镀层及快速镍镀层的显微硬度对比图。由图 5.1 可见,纳米颗粒复合电刷镀镀层的显微硬度都高于快速镍镀层。n—Al$_2$O$_3$/Ni 复合电刷镀镀层的硬度最高,达到 HV692,比快速镍镀层的显微硬度(HV440)高将近 60%。其次是 n—SiO$_2$/Ni 和 n—

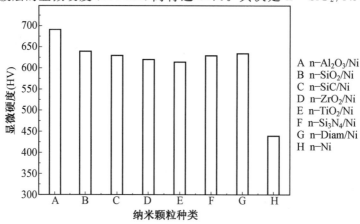

图 5.1 7 种纳米颗粒复合电刷镀镀层及快速镍镀层的显微硬度对比图(镀液中纳米颗粒的质量浓度为 20 g/L)

Diam/Ni 复合电刷镀镀层,比快速镍镀层约提高了 45%。即使硬度最低的 $n-TiO_2/Ni$ 复合电刷镀镀层,其显微硬度也比快速镍镀层提高将近 40%,这主要是纳米颗粒的强化作用引起的。弥散分布在复合电刷镀镀层中的纳米颗粒,一方面在电沉积过程中可以作为基质 Ni 的形核核心,增加晶粒数目,另一方面这些纳米颗粒在基质 Ni 生长过程中阻碍了晶粒的长大,因此纳米复合电刷镀镀层的晶粒细小,具有细晶强化的效果。陶瓷颗粒具有极高的强度和硬度,在变形过程中能够阻碍位错运动,具有弥散强化的效果。另外,纳米颗粒的嵌入将阻碍晶粒的正常长大,造成晶格扭曲,使镀层产生晶粒微畸变强化。在这 3 种强化效果的作用下,纳米颗粒复合电刷镀镀层的硬度明显提高。

5.1.2　镀液中纳米颗粒含量对复合电刷镀镀层显微硬度的影响

图 5.2 所示为 $n-Al_2O_3/Ni$ 复合电刷镀镀层的显微硬度随镀液中纳米颗粒质量浓度的变化曲线。由图 5.2 可知,随着镀液中 $n-Al_2O_3$ 颗粒质量浓度的增加,复合电刷镀镀层的显微硬度快速增加。当镀液中颗粒的质量浓度为 20 g/L 左右时,复合电刷镀镀层显微硬度达到最大值,比快速镍镀层的硬度提高了将近 60%。当镀液中的纳米颗粒的质量浓度继续增加时,复合电刷镀镀层的显微硬度反而呈逐渐降低的趋势。这是因为随镀液中纳米颗粒质量浓度增加,一方面镀层组织细化,镀层的承载能力提高;另一方面镀层中的纳米颗粒质量浓度增加,强化效果增强,镀层硬度升高。但是当颗粒质量浓度超过某个范围后,由于纳米颗粒的团聚,对镀层组织

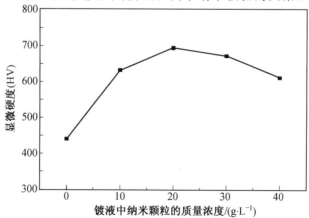

图 5.2　$n-Al_2O_3/Ni$ 复合电刷镀镀层的显微硬度随镀液中纳米
颗粒质量浓度的变化曲线

的细化和强化作用减弱。同时在刷镀过程中沉积在复合电刷镀镀层的团聚体极易引入原始裂纹,因此镀层的硬度反而下降。

5.1.3　热处理温度对纳米颗粒复合电刷镀镀层显微硬度的影响

快速镍镀层及 $n-Al_2O_3/Ni$ 复合电刷镀镀层在室温及不同热处理温度下保温 30 min 后测得的显微硬度,如图 5.3 所示。由图 5.3 可知,随着热处理温度的升高,镀层的显微硬度降低。这是由于一方面,在高温下镀层晶粒长大,细晶强化减弱;另一方面,在镀态下镀层的内应力减小,晶格内部缺陷减小,晶格畸变强化作用减弱。在相同温度下,纳米颗粒复合电刷镀镀层显微硬度始终比快速镍镀层的高,而且其硬度随温度升高而下降的趋势较为平缓。这主要是因为在高温条件下,弥散于镀层中的纳米颗粒具有良好的抗高温性能,对位错的滑移和攀移、晶粒的再结晶及晶粒长大过程均具有较大的阻碍作用,从而强化了镀层,保证了复合电刷镀镀层具有较高的硬度。

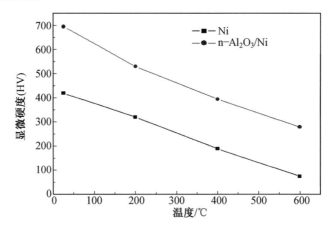

图 5.3　不同热处理温度下快速镍镀层及纳米颗粒复合电刷镀镀层的显微硬度(镀液中纳米颗粒质量浓度为 20 g/L)

5.1.4　纳米颗粒复合电刷镀镀层截面的硬度分布

显微硬度计只能粗略给出材料的平均硬度,而纳米压痕仪不仅能够给出复合电刷镀镀层沿截面的硬度分布,而且还可以测量镀层的弹性模量。弹性模量是金属抵抗弹性变形的刚度指标。弹性模量越大,使金属发生一定的弹性变形的应力也就越大,所以弹性模量大的金属具有较大的内在阻力来阻止被磨表面发生塑性变形。

图 5.4(a)给出了基体金属材料、快速镍镀层及 $n-Al_2O_3/Ni$ 复合电刷镀镀层的一个压痕点的纳米压痕测试曲线。纳米压痕测试系统根据纳米压痕测试曲线结果可以给出所测得的硬度和弹性模量。由图 5.4(a)可知，在最大载荷处，基体 45 钢材料的压入深度最大，其次是快速镍镀层，纳米复合电刷镀镀层的压入深度最浅，快速镍镀层和复合电刷镀镀层的硬度远高于 45 钢基体材料，这说明纳米颗粒复合电刷镀镀层的硬度最高。

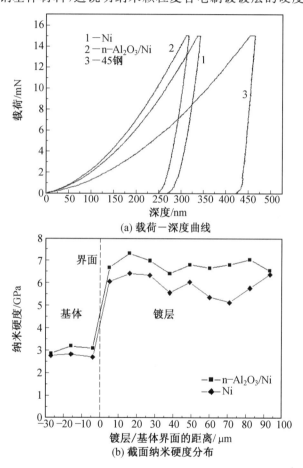

(a) 载荷－深度曲线

(b) 截面纳米硬度分布

图 5.4　纳米颗粒复合电刷镀镀层的纳米力学性能

图 5.4(b)给出了纳米颗粒复合电刷镀镀层及快速镍镀层的纳米压痕硬度沿镀层截面的分布曲线。由图 5.4(b)可知，在镀层和基体的界面附近，硬度开始显著提高，在截面方向上，快速镍镀层和纳米颗粒复合电刷镀镀层的硬度有一定的起伏，但是变化不大，纳米颗粒复合电刷镀镀层硬度

的变化更为平稳。

3 种材料的纳米硬度、复合弹性模量及换算出的弹性模量见表 5.1(基体 45 钢的泊松比 ν_s 取 0.28,快速镍镀层及复合电刷镀镀层的泊松比 ν_s 取 0.31)。

表 5.1　3 种材料的纳米硬度、复合弹性模量及换算出的弹性模量

	纳米硬度/GPa	复合弹性模量/GPa	换算出的弹性模量/GPa
n－Al₂O₃/Ni 复合电刷镀镀层	6.84	188.80	204.30
纯镍镀层	5.92	190.28	206.22
45 钢	2.97	164.98	177.60

由表 5.1 可知,纳米颗粒复合电刷镀镀层的硬度比快速镍镀层约提高了 16%,但是两者的弹性模量相差不大,分别为 204.30 GPa 和 206.22 GPa,两者的弹性模量和硬度都大于基体。弹性模量微观上表示的是使原子离开平衡位置的难易程度,它取决于晶体中原子力结合的大小。由于复合电刷镀镀层中纳米颗粒对镍镀层结构的影响不大,因此加入纳米颗粒后镀层弹性模量变化不大。纳米颗粒复合电刷镀镀层的弹性模量大于基体,有利于增加复合电刷镀镀层的变形抗力,提高其耐磨性。

5.2　纳米颗粒复合电刷镀镀层的基本常见性能

纳米颗粒复合电刷镀镀层中由于存在大量的硬质纳米颗粒,且组织细小致密,因此其结合强度、耐磨性能、抗接触疲劳性能、耐高温性能等均比相应的金属电刷镀镀层好。

5.2.1　结合强度

在电刷镀前,为了提高电刷镀镀层的结合强度,在刷镀工作镀层前一般均需打底层。在纳米颗粒复合电刷镀技术中,也必须进行打底层。同时,通过试验测得纳米复合电刷镀镀层的结合强度大于普通金属电刷镀镀层。

采用涂层压入仪测试特镍打底层的电刷镀镀层与基体间的结合强度。测试时,对涂层表面施加载荷,在镀层表面形成环形压痕凹坑,随载荷增加,在涂层/基体界面处产生环状开裂,通过光学显微镜观察压痕周围的镀

层表面,以镀层出现剥落时的临界载荷衡量镀层结合强度。

图 5.5 所示为采用压入法测得的 3 种电刷镀镀层的临界载荷。临界载荷越大,说明镀层的结合强度越大。由图 5.5 可知,纳米颗粒复合电刷镀镀层的结合强度明显大于普通电刷镀镀层;复合电刷镀镀层的结合强度还与加入的纳米颗粒种类有关,如 n－SiC/Ni 纳米复合电刷镀镀层的结合强度大于 n－Al_2O_3/Ni 纳米复合电刷镀镀层的结合强度。

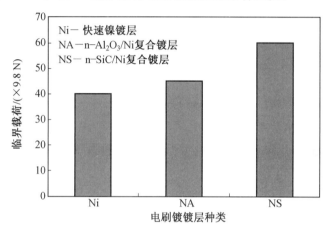

图 5.5　采用压入法测得的 3 种电刷镀镀层的临界载荷

5.2.2　耐磨性能

纳米复合电刷镀镀层在耐磨减摩方面的应用较广泛。在实际应用中,除了结合强度,耐磨性能是决定复合电刷镀镀层实用性的关键。复合电刷镀镀层的耐磨性与刷镀工艺参数(刷镀电压、刷镀温度、刷镀速度等)、基质镀液种类和纳米颗粒种类及质量浓度等因素有关。

图 5.6 所示为 n－Al_2O_3/Ni 纳米复合电刷镀镀层的磨损失重与镀液中纳米颗粒质量浓度的关系。磨损失重越小,电刷镀镀层的耐磨性越好。由图 5.6 可以看出,由于纳米颗粒的加入,复合电刷镀镀层的耐磨性明显优于快速镍电刷镀镀层。镀液中 n－Al_2O_3 纳米颗粒质量浓度为 20 g/L 时,n－Al_2O_3/Ni 纳米复合电刷镀镀层的耐磨性最好,比快速镍电刷镀镀层提高约 1.5 倍。

快速镍电刷镀镀层及几种纳米颗粒复合电刷镀镀层的相对耐磨性见表 5.2。其中,定义快速镍电刷镀镀层的相对耐磨性为 1.0,通过计算其他复合电刷镀镀层的磨损失重与快速镍电刷镀镀层磨损失重的比值得到其

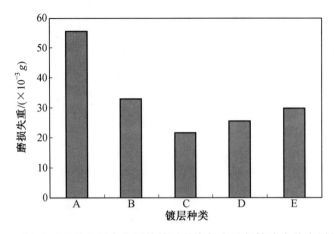

图 5.6　n—Al_2O_3/Ni 纳米复合电刷镀镀层的磨损失重与镀液中纳米颗粒质量浓
度的关系

A—快速镍镀层；B、C、D、E—镀液中 n—Al_2O_3 纳米颗粒质量浓度分别为 10 g/L、
20 g/L、30 g/L、40 g/L 时的复合镀层

相对耐磨性。由表 5.2 中数据可以看出，纳米颗粒复合电刷镀镀层的耐磨
性比快速镍电刷镀镀层明显提高，其中 n—Al_2O_3/Ni 和 n—SiO_2/Ni 纳米
复合电刷镀镀层的耐磨性最好。

表 5.2　快速镍电刷镀镀层及几种纳米颗粒复合电刷镀镀层的相对耐磨性

镀层体系	快速镍	n—Al_2O_3/Ni	n—ZrO_2/Ni	n—TiO_2/Ni	n—SiO_2/Ni	n—Diam/Ni	n—SiC/Ni
相对耐磨性	1.0	2.3～2.6	1.5～2.0	1.9～2.2	2.0～2.4	1.4～1.8	1.6～2.0

5.2.3　抗接触疲劳性能

电刷镀镀层的抗接触疲劳性能是指电刷镀镀层在循环载荷作用下抵
抗破坏的能力。它与电刷镀镀层的结合强度、内聚强度、应力状态均有密
切关系。从工艺方面考虑，纳米复合电刷镀镀层的抗接触疲劳强度也与刷
镀工艺参数（刷镀电压、刷镀温度、刷镀速度等）、基质镀液种类和纳米颗粒
种类及含量等因素有关。图 5.7 为 n—Al_2O_3/Ni 纳米复合电刷镀镀层的
抗接触疲劳特征寿命（载荷为 300 kgf/mm^2（1 kgf/mm^2 = 9.8 N/mm^2 =
9.8×10^6 N/m^2））与镀液中纳米颗粒质量浓度的关系。纳米颗粒质量浓度
为 0 g/L 的电刷镀镀层为普通快速镍电刷镀镀层。抗接触疲劳特征寿命
越长，说明复合电刷镀镀层的抗接触疲劳性能越好。从图 5.7 中可以看

出,普通快速镍电刷镀镀层的抗接触疲劳性能在 $1.2×10^6$ 周次左右,镀液中含 10 g/L、20 g/L n$-$Al$_2$O$_3$ 的 n$-$Al$_2$O$_3$/Ni 复合电刷镀镀层的抗接触疲劳寿命分别为 $1.33×10^6$ 周次、$1.98×10^6$ 周次,但是随着纳米颗粒质量浓度的增加,其抗接触疲劳性能急剧下降。同样,在 300 kgf/mm^2 的载荷下,分别在镀液中加入 20 g/L 的 n$-$SiO$_2$、n$-$TiO$_2$,它们的抗接触疲劳特征寿命都能达到 $1.4×10^6$ 周次;在 400 kgf/mm^2 的载荷下,快速镍镀层的抗接触疲劳特征寿命为 $0.92×10^6$ 周次,而在镀液中分别加入质量浓度为 20 g/L 的 n$-$Al$_2$O$_3$、n$-$SiO$_2$ 获得的纳米复合电刷镀镀层的特征寿命分别为 $1.19×10^6$ 周次和 $1.34×10^6$ 周次。试验结果表明:一定质量浓度的纳米颗粒复合电刷镀镀层具有优良的抗接触疲劳性能;在低载荷下,n$-$Al$_2$O$_3$/Ni 复合电刷镀镀层的抗接触疲劳性能较好;在高载荷下,n$-$SiO$_2$/Ni 复合电刷镀镀层的抗接触疲劳性能较好。

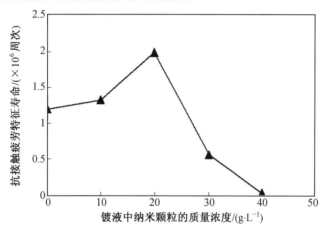

图 5.7　n$-$Al$_2$O$_3$/Ni 纳米复合电刷镀镀层抗接触疲劳特征寿命与镀液中纳米颗粒质量浓度的关系

5.2.4　耐高温性能

当服役的零部件处于较高温度时,要求其表面涂层具有良好的耐高温性能。纳米颗粒复合电刷镀镀层中大量纳米颗粒的存在,使得复合电刷镀镀层组织更加细小、均匀和致密,同时纳米颗粒对位错运动和晶界运动的阻碍作用,使得复合电刷镀镀层的组织更加稳定,能够承受更高的温度。

图 5.8 所示为 4 种电刷镀镀层的显微硬度与温度的关系。由图 5.8 可知,在各个温度下 n$-$Al$_2$O$_3$/Ni、n$-$SiC/Ni 和 n$-$Diam/Ni 3 种复合电刷镀镀层的硬度均高于快速镍电刷镀镀层。当温度高于 200 ℃时,快速镍

电刷镀镀层的硬度快速降低;当温度达 300 ℃时,其硬度仅为 HV250 左右;当温度达到 400 ℃时,3 种复合电刷镀镀层的硬度才表现出下降趋势;当温度达到 500 ℃时,n－Al$_2$O$_3$/Ni 复合电刷镀镀层的硬度仍为 HV450 左右。

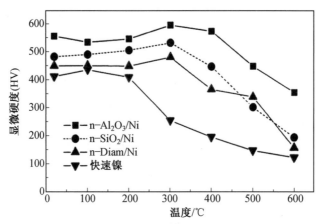

图 5.8　4 种电刷镀镀层的显微硬度与温度的关系

在相同试验条件下,快速镍电刷镀镀层和 3 种纳米颗粒复合电刷镀镀层的磨痕深度随温度的变化曲线,如图 5.9 所示。由图 5.9 可知,在同一温度下纳米颗粒复合电刷镀镀层的磨痕深度比快速镍电刷镀镀层的磨痕深度更浅。由此可知,纳米颗粒的存在能够改善纳米颗粒复合电刷镀镀层的高温耐磨性能。当温度为 400 ℃时,纳米颗粒复合电刷镀镀层的磨痕深度浅于室温和 200 ℃条件下的磨痕深度,这是因为在 400 ℃条件下复合电刷镀镀层发生了再强化现象。纳米颗粒复合电刷镀镀层的高温耐磨性能还与纳米颗粒种类有关。由图 5.9 可知,不同纳米颗粒复合电刷镀镀层的耐磨性能由高到底的顺序排列为:n－Al$_2$O$_3$/Ni、n－SiC/Ni 和 n－Diam/Ni。综上所述,纳米颗粒复合电刷镀镀层具有良好的高温耐磨性能。

5.2.5　纳米颗粒复合电刷镀镀层的磨损失效分析

在本小节中,结合纳米颗粒复合电刷镀镀层的组织特征和性能测试结果与失效镀层表面的微观结构,分析纳米颗粒复合电刷镀镀层的滑动磨损和接触疲劳磨损失效机理。

(1)滑动磨损失效机理。

图 5.10 所示为快速镍电刷镀镀层与纳米颗粒复合电刷镀镀层滑动磨损后的表面形貌,其中图 5.10(a)所示为快速镍电刷镀镀层,图 5.10(b)和

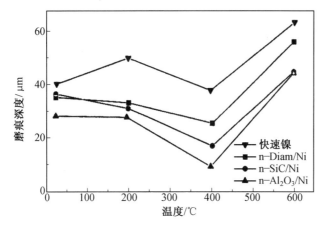

图 5.9 电刷镀镀层磨痕深度随温度的变化曲线

图5.10(c)所示分别为镀液中 n—Al$_2$O$_3$ 纳米颗粒质量浓度为 20 g/L 和 40 g/L时所得到的纳米颗粒复合电刷镀镀层。

由图 5.10(a)可知,在快速镍镀层磨损表面上平行排列着比较深而连续分布的犁沟,并有一定程度的黏着撕裂现象。可见在相同试验条件下,快速镍镀层由于较低的硬度,且镀层中的微裂纹较多,使镀层的抗剪切力较低,因此在磨损过程中,其发生了严重的黏着磨损。

由图 5.10(b)可知,纳米颗粒复合电刷镀镀层的磨损表面有少量不连续的磨痕,具有鳞片状花样特征。图 5.10(c)为脆性断口特征。从前面的组织形貌分析知道,具有高硬度的 n—Al$_2$O$_3$ 颗粒在基质金属 Ni 中起着支撑强化作用,可细化基质金属晶粒,提高镀层的硬度;且使镀层中微裂纹等缺陷的数量大大减少,能减少磨损过程中裂纹萌生源的数量并抑制裂纹在镀层中的扩展,使抗磨损性能得到改善。在磨损过程中,一部分磨屑在磨痕上起到磨粒的作用,在磨损表面上形成了划痕。而在接触载荷和摩擦力的作用下,裂纹在镀层的亚表面或表面形成并沿亚表面扩展,应力的循环作用使已形成的裂纹面相互摩擦,从而形成鳞片花样。因此纳米复合电刷镀镀层的磨损表面有少量不连续的磨痕(图 5.10(b)),明显的鳞片花样和层状剥落,在稳定磨损阶段纳米颗粒复合电刷镀镀层的磨损机制主要为疲劳磨损。但当镀液中纳米颗粒质量浓度达到 40 g/L 时,镀层的基质金属与纳米颗粒形成一种简单的机械结合,造成镀层的内聚力下降,镀层的脆性增大,在滑动磨损过程中出现脆性剥落(图 5.10(c))。镀层在接触应力与摩擦力的循环剪切作用下,很容易被切削下来形成磨粒,这些磨粒会导致镀层的磨损量增大,从而使复合电刷镀镀层的耐磨性下降。因此,在实际应用时应当合理控制纳米颗粒复合电刷镀镀层中纳米颗粒的质量浓度。

  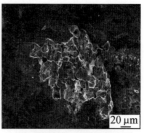

| (a) 快速镍镀层 | (b) 镀液中n-Al₂O₃颗粒的 质量浓度为20 g/L | (c) 镀液中n-Al₂O₃颗粒的 质量浓度为40 g/L |

图 5.10　快速镍电刷镀镀层与纳米颗粒复合电刷镀镀层滑动磨损后的表面形貌
（载荷为 3 N,滑行距离为 500 m）

在复合电刷镀镀层磨损过程中,纳米颗粒即使脱落,但由于其尺寸很小,也可以自动填补到摩擦表面微小的缝隙和凹坑处,起到自修复作用,同时可增加实际接触面积,减小单位面积上的载荷。脱落下的纳米硬颗粒在摩擦面中间可以起"微滚珠"的减摩作用。而微米硬颗粒多为机械碾压制成,粉粒形状极不规则,表面有尖锐的棱角。它在镀层中虽然也会提高硬度和承载能力,但一旦脱落,就会成为磨粒介入摩擦面之间,反而加速磨损。从这个意义上讲,纳米硬颗粒比微米硬颗粒更有利于镀层耐磨性的提高。

（2）接触疲劳磨损失效机理。

抗接触疲劳性能是衡量电刷镀镀层综合性能的重要指标,它反映了电刷镀镀层的强度、韧性、结合强度及抗复杂载荷能力等综合性能。测试电刷镀镀层的抗接触疲劳性能是对其进行的严格考核。通过分析纳米颗粒复合电刷镀镀层的接触疲劳失效机理,可以为纳米颗粒复合电刷镀镀层设计和实践应用提供理论指导。下面简要分析纳米颗粒在复合电刷镀镀层磨损和接触疲劳过程中的作用。

图 5.11(a)所示为接触疲劳失效后 $n-Al_2O_3/Ni$ 复合电刷镀镀层亚表面的变形特征。由图 5.11(a)可知,在接触疲劳载荷作用下复合电刷镀镀层发生了塑性变形,$n-Al_2O_3/Ni$ 镀层的塑性变形条带上均匀弥散分布着 $n-Al_2O_3$ 纳米颗粒(如箭头所示),它们与基质金属结合紧密,并且与位错相互作用。在接触应力导致的塑性变形过程中,弥散分布的纳米颗粒通过阻碍位错滑移的作用,增强复合电刷镀镀层的抗变形能力,抑制疲劳裂纹的萌生和扩展,从而提高复合电刷镀镀层的接触疲劳寿命。图 5.11

(b)所示为热处理后 n－ZrO$_2$/Ni 复合电刷镀镀层接触疲劳滚道亚表层的变形,图中的白色条带为接触疲劳过程产生的裂纹。由图 5.11(b)可知,一些纳米颗粒位于裂纹的两侧及裂纹扩展的前端。疲劳裂纹在接触应力的循环作用下,尖端发生塑性变形而不断向前扩展,这些分布在裂纹扩展前端和两侧的纳米颗粒通过阻碍位错的滑移来抑制裂纹尖端塑性变形的发生,延缓裂纹的扩展。因此,纳米颗粒可以使复合电刷镀镀层在热处理后仍具有较长的接触疲劳寿命。

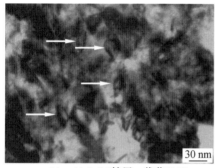 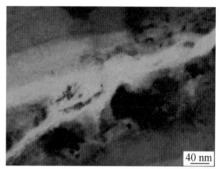

(a) n-Al$_2$O$_3$/Ni镀层,载荷60 N　　　(b) 热处理后n-ZrO$_2$/Ni镀层,载荷140 N

图 5.11　接触疲劳失效后复合电刷镀镀层亚表面的变形特征(TEM)

在纳米颗粒复合电刷镀镀层接触疲劳失效过程中,纳米颗粒对基质金属的弥散强化及其阻碍位错滑移的作用抑制塑性变形的发生,从而阻碍疲劳裂纹的萌生和扩展,使纳米颗粒复合电刷镀镀层具有优良的接触疲劳性能。

5.2.6　纳米颗粒复合电刷镀镀层强化机制分析

性能评价已表明纳米颗粒复合电刷镀镀层硬度、耐磨性能、抗接触疲劳性能及耐高温性能等均得到明显提高。下面结合复合电刷镀镀层微观组织分析,研究纳米颗粒复合电刷镀镀层性能强化机制,探讨纳米颗粒在复合电刷镀镀层性能强化中的作用。

(1)细晶(晶界)强化。

对比分析快速镍电刷镀镀层和纳米颗粒复合电刷镀镀层的表面形貌和显微组织表明,纳米颗粒可以显著细化复合电刷镀镀层的组织,使其组织更加致密、均匀。因此复合电刷镀镀层基质金属晶界增多,晶界可以阻碍位错移动和微裂纹,从而使得复合电刷镀镀层得到强化。

(2)纳米颗粒硬质点弥散强化。

n－Al$_2$O$_3$、n－SiC 等纳米硬颗粒本身具有较高的硬度和很好的热稳定性,可以有效地提高镀层的硬度和耐磨性等性能,并能抑制镀层的高温软化。图 5.12 所示为 n-Al$_2$O$_3$/Ni 复合电刷镀镀层的 TEM 微观组织，图中箭头所指颗粒为 n-Al$_2$O$_3$ 颗粒。由图 5.12 可知，纳米颗粒弥散分布在复合电刷镀镀层基质金属及其晶界处，与镀层基质金属结合紧密。在复合电刷镀镀层受载变形过程中，纳米颗粒可以有效阻碍复合电刷镀镀层内位错移动和微裂纹扩展。在热处理过程中，纳米颗粒可以有效阻碍晶界移动，阻碍晶粒长大和再结晶进程。图 5.13 所示为退火处理后 n-SiO$_2$/Ni 复合电刷镀镀层晶界附近的 n-SiO$_2$ 颗粒分布情况。从图 5.13 中可以看出，晶粒长大过程中纳米颗粒阻碍晶界的迁移。当复合电刷镀镀层再结晶时，纳米颗粒可以提高再结晶的形核率，使得复合电刷镀镀层再结晶，晶粒更加细小。由此表明，纳米颗粒可以改善复合电刷镀镀层的常温性能和高温性能。

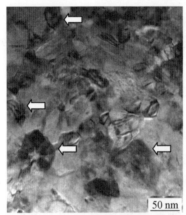

图 5.12　n-Al$_2$O$_3$/Ni 复合电刷镀镀层的 TEM 微观组织

图 5.13　退火后处理 n-SiO$_2$/Ni 复合电刷镀镀层晶界附近的 n-SiO$_2$ 颗粒分布情况

(3)高密度位错强化。

图 5.14 所示为热处理后 $n-SiO_2/Ni$ 复合电刷镀镀层中的位错和层错等组织缺陷。分析结果表明,纳米颗粒复合电刷镀镀层中含有大量的位错以及层错等晶体缺陷。纳米颗粒的加入不仅增大了镀层的形核率,同时在其周围引起基质金属应力应变场,导致位错密度增加,并且高密度位错相互缠结在一起形成位错胞。在热处理及受载变形过程中,复合电刷镀镀层内部的位错与弥散分布的纳米颗粒及大量细小晶界相互作用,造成位错塞积,使得位错驱动力增大。综上所述,纳米颗粒改善了复合电刷镀镀层的常温综合机械性能、高温硬度和高温耐磨性等性能。

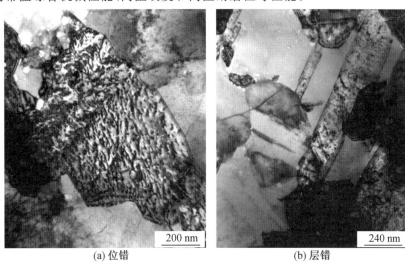

200 nm	240 nm
(a) 位错	(b) 层错

图 5.14 热处理后 $n-SiO_2/Ni$ 复合电刷镀镀层中的位错和层错等组织缺陷

5.3 纳米颗粒复合电刷镀镀层在含磨粒油润滑条件下的摩擦学特性

在含磨粒油润滑条件下,影响材料摩擦学性能的因素可以归纳为 4 类:①材料因素,包括纳米颗粒种类及镀液中纳米颗粒的质量浓度;②摩擦学条件,包括载荷和滑动速度;③环境条件,包括润滑油中的沙粒质量浓度和沙粒尺寸;④物理条件,包括镀层表面状态和摩擦副材质。本章主要开展基于纳米颗粒复合电刷镀镀层在含细沙油润滑条件下摩擦学因素的基础理论研究,以优化纳米颗粒复合电刷镀镀层的制备工艺,探求其变化规律和磨损特征,从而明确镀层的应用领域和使用条件,寻求控制磨损和提高耐磨性的措施,为其在工程上的广泛应用提供试验依据。

5.3.1　材料因素对纳米颗粒复合电刷镀镀层摩擦磨损性能的影响

纳米颗粒种类及镀液中纳米颗粒的质量浓度是影响复合电刷镀镀层摩擦磨损性能的两个重要因素,本节开展相应的优化试验。

(1)不同纳米颗粒复合电刷镀镀层的摩擦磨损性能。

45 钢、快速镍电刷镀镀层和分别含有 Al_2O_3、SiO_2、SiC、ZrO_2、TiO_2、Si_3N_4、金刚石纳米颗粒的复合电刷镀镀层在含细沙油润滑条件下的摩擦磨损性能,如图 5.15 所示。其中图 5.15(a)所示为摩擦系数随滑动距离的变化曲线,图 5.15(b)和图 5.15(c)所示为磨损稳定阶段镀层的摩擦系数和磨损体积。

由图 5.15(a)可知,几种材料的摩擦系数随滑动距离的变化趋势基本相同。摩擦系数的初始值较低,开始阶段材料的摩擦系数迅速上升,之后逐渐趋于稳定。这是由于材料表面总有一些吸附边界膜,磨损开始时一定程度上阻碍了摩擦副的直接接触,摩擦系数较小。当滑动距离增加时,这些吸附边界膜逐渐被破坏,摩擦副间的接触面积逐渐增加,摩擦系数增大,最终润滑油膜形成,摩擦系数趋于稳定。

通过图 5.15(b)和图 5.15(c)中几种材料的摩擦系数和磨损体积的对比,可以发现:①除 n－ZrO_2/Ni 复合电刷镀镀层外,绝大多数纳米颗粒复合电刷镀镀层的摩擦系数小于快速镍电刷镀镀层。②7 种纳米颗粒复合电刷镀镀层中,n－Al_2O_3/Ni、n－TiO_2/Ni、n－Si_3N_4/Ni、n－Diam/Ni 复合电刷镀镀层的磨损体积小于快速镍镀层,而 n－SiO_2/Ni、n－SiC/Ni、n－ZrO_2/Ni复合电刷镀镀层的磨损体积大于快速镍镀层。③n－Al_2O_3/Ni 和 n－Diam/Ni 复合电刷镀镀层具有较小的摩擦系数和较小的磨损体积,其耐磨性比快速镍镀层分别提高了 65％和 73％,与 45 钢相比分别提高了 99％和 107％。

7 种纳米颗粒复合电刷镀镀层和快速镍镀层的增强体材料的硬度、镀层的组织、硬度及镀层中纳米颗粒的质量分数见表 5.3。通过对比可知,复合电刷镀镀层的摩擦磨损性能是以上几个因素综合作用的结果。当增强体硬度高、纳米颗粒质量浓度多时,镀层组织细小致密、均匀性好,此时n－Al_2O_3/Ni 和 n－Diam/Ni 复合电刷镀镀层的耐磨性能良好,这是因为镀层硬度增加,使得沙粒压入镀层表面的深度减小,有利于减小磨损,同时

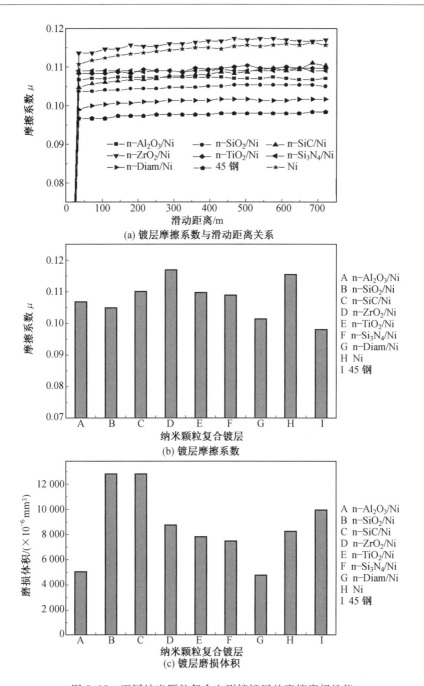

(a) 镀层摩擦系数与滑动距离关系

(b) 镀层摩擦系数

(c) 镀层磨损体积

图 5.15 不同纳米颗粒复合电刷镀镀层的摩擦磨损性能

细小均匀的镀层组织有利于提高镀层的承载能力,能够减少镀层在磨损过程中的开裂及疲劳裂纹的扩展,也有利于减小镀层的磨损。7 种纳米颗粒复合电刷镀镀层中 n－Diam/Ni 复合电刷镀镀层的耐磨性能最好,但从经济学考虑,n－Al$_2$O$_3$/Ni 复合电刷镀镀层与 n－Diam/Ni 复合电刷镀镀层的耐磨性能相差不大,但 Al$_2$O$_3$ 纳米颗粒的成本大概只有金刚石纳米颗粒成本的 1/3,因此 n－Al$_2$O$_3$/Ni 复合电刷镀镀层具有最优的性价比。

表 5.3　7 种纳米颗粒复合电刷镀镀层和快速镍镀层的性能

	增强体材料的硬度	增强体材料价格	组织	颗粒的质量分数/%	硬度(HV)
n－Al$_2$O$_3$/Ni			组织细小,致密,均匀性一般	2.6	692
n－SiO$_2$/Ni			组织较粗,较疏松,均匀	1.44	640
n－SiC/Ni	Diam＞SiC＞	Diam＞Si$_3$N$_4$＞	组织较细,疏松,均匀性一般	1.11	630
n－ZrO$_2$/Ni	Al$_2$O$_3$＞Si$_3$N$_4$＞ZrO$_2$＞	SiC＞ZrO$_2$＞TiO$_2$＞	组织粗大,较疏松,均匀性较差	1.57	620
n－TiO$_2$/Ni	SiO$_2$＞＞TiO$_2$	Al$_2$O$_3$＞SiO$_2$	组织较细,致密,均匀性一般	1.22	615
n－Si$_3$N$_4$/Ni			组织较细,疏松,均匀性较差	0.95	630
n－Diam/Ni			组织较细,较致密,均匀	2.19	635
Ni			组织粗大,较致密,均匀性较差	—	440

　　几种典型的纳米颗粒复合电刷镀镀层、快速镍电刷镀镀层及 45 钢基体在含细沙油润滑条件下磨损后的磨痕形貌,如图 5.16 所示。由图 5.16 可见,几种材料表面都分布着平行于滑动方向的犁沟,这是润滑油中沙粒作用的结果。与磨损性能相对应,耐磨性能较好的 n－Al$_2$O$_3$/Ni 和 n－Diam/Ni 复合电刷镀镀层磨损表面的犁沟稀疏且平浅,而耐磨性能最差的 n－SiC/Ni 复合电刷镀镀层和 45 钢不仅表面犁沟较深,而且发生了严重的塑性变形,45 钢表面还发生了撕裂。

　　(2)镀液中含不同质量浓度纳米颗粒时复合电刷镀镀层的摩擦磨损性能。

　　在快速镍镀液中添加不同质量浓度 Al$_2$O$_3$ 纳米颗粒时所得到的 n－Al$_2$O$_3$/Ni 复合电刷镀镀层的摩擦磨损性能曲线,如图 5.17 所示。由图 5.17 可知:①随着镀液中纳米颗粒质量浓度增加,复合电刷镀镀层的摩擦

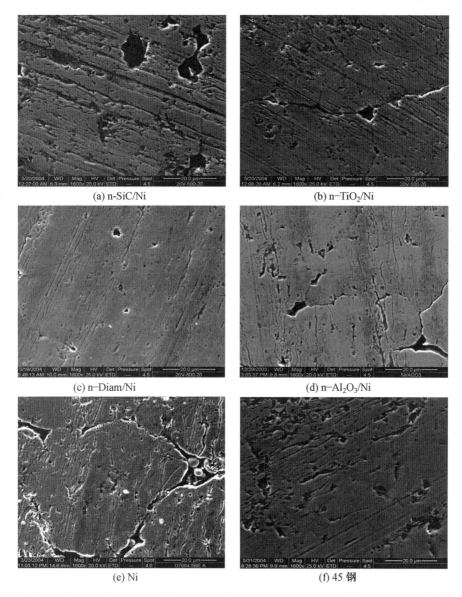

(a) n–SiC/Ni

(b) n–TiO$_2$/Ni

(c) n–Diam/Ni

(d) n–Al$_2$O$_3$/Ni

(e) Ni

(f) 45 钢

图 5.16 不同纳米颗粒复合电刷镀镀层、快速镍电刷镀镀层及 45 钢基体磨损后的
磨痕形貌

系数减小。当镀液中纳米颗粒的质量浓度达到 20 g/L 时,复合电刷镀镀
层的摩擦系数最小,持续增加镀液中 Al$_2$O$_3$ 纳米颗粒的质量浓度,复合电
刷镀镀层的摩擦系数不断增大,这说明纳米颗粒在镀层中起到了一定的减
摩作用,但其质量浓度不宜过大。②随着镀液中纳米颗粒质量浓度的增

121

加,复合电刷镀镀层的磨损体积先急剧减小,当纳米颗粒的质量浓度为 20 g/L 时,磨损体积达到最小。随着镀液中纳米颗粒质量浓度的进一步增加,镀层的磨损体积开始缓慢增大,并且趋于一个稳定值,当镀液中纳米颗粒的质量浓度为 20 g/L 时,n－Al₂O₃/Ni 复合电刷镀镀层具有最佳的耐磨性,其耐磨性是快速镍镀层的 1.8 倍。

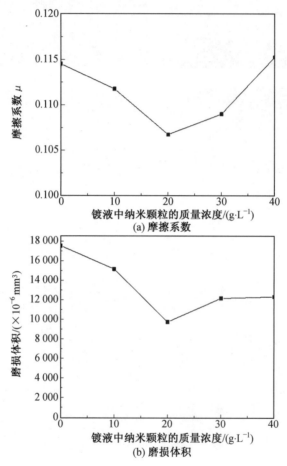

图 5.17　镀液中含不同质量浓度纳米颗粒时复合电刷镀镀层的摩擦磨损性能曲线

在镀液中分别添加 0 g/L(即快速镍镀层)、20 g/L 和 40 g/L Al₂O₃ 纳米颗粒所得复合电刷镀镀层磨损后的磨痕形貌,如图 5.18 所示。随着镀液中的纳米颗粒数量增加,镀层中的纳米颗粒质量浓度增加,镀层组织细化、硬度提高。当镀液中纳米颗粒质量浓度为 20 g/L 时,复合电刷镀镀层具有良好的机械性能和表面组织,这时磨料难以压入镀层表面对其起犁削作用,同时均匀致密的镀层组织增加了摩擦副间的接触面积,减少了它们的相互作用压力,另外弥散分布于镀层内的纳米颗粒还能够起到一定的减摩作用,纳米颗粒复合电刷镀镀层的磨损体积较小,摩擦系数较小,磨损表面犁沟稀疏且平浅(图 5.18(b))。当镀液中 Al_2O_3 纳米颗粒质量浓度过高时,纳米颗粒容易发生团聚,使得强化作用减弱,复合电刷镀镀层的硬度降低,表面粗化,应力增加,抵抗磨料犁削的能力减弱,最终导致复合电刷镀镀层的摩擦学性能下降,磨痕表面犁沟数量增加(图 5.18(c))。

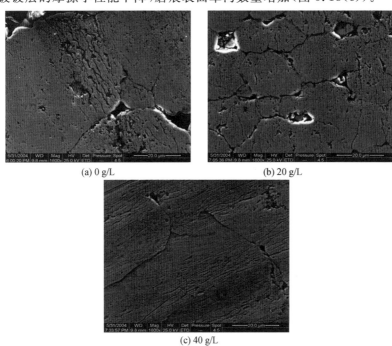

(a) 0 g/L   (b) 20 g/L

(c) 40 g/L

图 5.18　镀液中添加不同质量浓度 Al_2O_3 纳米颗粒所得复合电刷镀镀层
　　　　磨损后的磨痕形貌

经过以上工艺优化可以得出,在快速镍镀液中添加 20 g/L Al_2O_3 纳米颗粒所得到的 n－Al_2O_3/Ni 复合电刷镀镀层具有较好的摩擦学性能。

5.3.2　摩擦学条件对纳米颗粒复合电刷镀镀层摩擦磨损性能的影响

在磨损过程中,除了材料因素外,滑动速度和载荷等外部条件不仅影响磨损量的大小,而且可能影响磨损失效机理,使得磨损失效机理发生转变。

（1）滑动速度。

快速镍镀层和 n－Al₂O₃/Ni 复合电刷镀镀层在不同滑动速度时的摩擦磨损性能曲线，如图 5.19 所示。由图 5.19 可知：①随着滑动距离的增加，镀层的摩擦系数增加，并且滑动速度越大，摩擦系数随距离的增幅越大，最终摩擦系数达到稳定阶段所需的滑动距离越长。②随着滑动速度的增加，快速镍镀层和纳米颗粒复合电刷镀镀层的摩擦系数都减小。③随着滑动速度的增加，两种镀层的磨损体积先减小后增加，滑动速度为 0.6 m/s 时，两种镀层的耐磨性都最好。④当滑动速度较大时，纳米颗粒复合电刷镀镀层的磨损体积增幅要小于快速镍镀层。

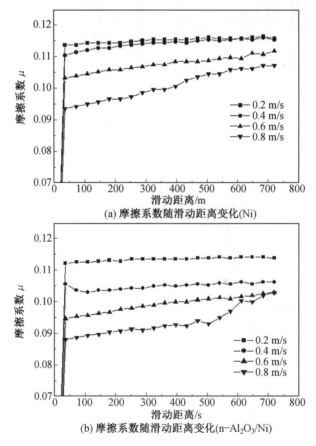

(a) 摩擦系数随滑动距离变化(Ni)

(b) 摩擦系数随滑动距离变化(n-Al₂O₃/Ni)

图 5.19　不同速度时镀层的摩擦磨损性能曲线

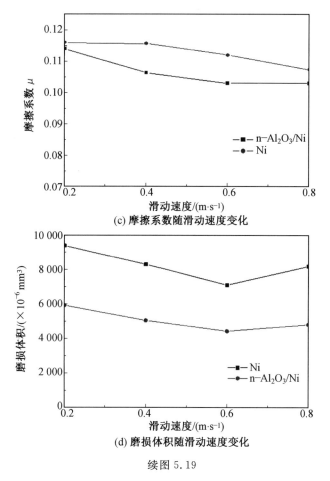

(c) 摩擦系数随滑动速度变化

(d) 磨损体积随滑动速度变化

续图 5.19

随着滑动速度的增加,润滑油膜变厚,并减少了摩擦副间的直接接触,因此摩擦系数减小。但是滑动速度增加,随着磨损时间延长,摩擦热引起润滑油的温升增加,润滑油的黏度下降,油膜厚度变薄,接触面积增加,摩擦系数增加。

快速镍镀层和 n−Al_2O_3/Ni 复合电刷镀镀层在滑动速度分别为 0.2 m/s 和 0.8 m/s 时的磨损表面,如图 5.20 所示。在较低的滑动速度下(图 5.20 (a)和(b)),镀层表面犁沟均匀分布,镀层的失效以磨粒磨损为主。随着速度的增加,油膜厚度增加,此时更多的磨粒可以直接通过而不对镀层表面产生犁削作用,因此镀层磨损体积减小。随着滑动速度的进一步增加,摩擦产生的热量增大,摩擦面温度显著升高,当油温高于润滑油的极限温度时,边界膜将分解破裂而失去保护作用,磨粒或摩擦副与镀层表面直接接触,产生瞬时高温的热点,引起镀层软化甚至进入熔融状态,并与磨粒或摩擦副焊合在一起,分离的瞬间接点被撕裂,镀层磨损。此时镀层的主要磨损机制由磨粒磨损转化为黏着磨损(图 5.20(c)和(d))。

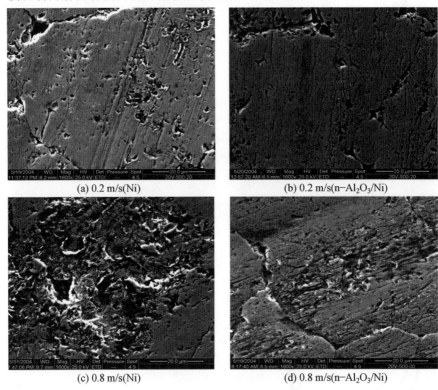

(a) 0.2 m/s(Ni)

(b) 0.2 m/s(n−Al₂O₃/Ni)

(c) 0.8 m/s(Ni)

(d) 0.8 m/s(n−Al₂O₃/Ni)

图 5.20　不同滑动速度时镀层的磨损表面

复合电刷镀镀层中纳米颗粒弥散分布,能够有效阻碍镀层晶粒在高温下的长大,具有较高的高温硬度,因此阻止磨损引起的"热软化"的能力增强,所以复合电刷镀镀层发生黏着磨损倾向较小。

(2)载荷。

45 钢、快速镍镀层及 n−Al₂O₃/Ni 复合电刷镀镀层 3 种材料在不同载荷下的摩擦磨损性能曲线,如图 5.21 所示。由图 5.21 可知:①3 种材料的摩擦系数随载荷的变化规律性都不太强,大体上有下降的趋势。②相同条件下,45 钢的摩擦系数最小,其次是 n−Al₂O₃/Ni 复合电刷镀镀层,快速镍镀层的摩擦系数最大。③3 种材料的磨损体积由小到大为:n−Al₂O₃/Ni 复合电刷镀镀层、快速镍镀层和 45 钢。④3 种材料的磨损体积随载荷变化的规律基本相同。在小载荷下,随着载荷增加,材料的磨损体积增加较为平缓,基本上呈线性关系,当载荷超过某一临界值后,随着载荷增加,材料的磨损体积急剧增加。$n-Al_2O_3/Ni$ 复合电刷镀镀层的临界载荷为40 N,高于快速镍镀层和45 钢的临界载荷(30 N)。

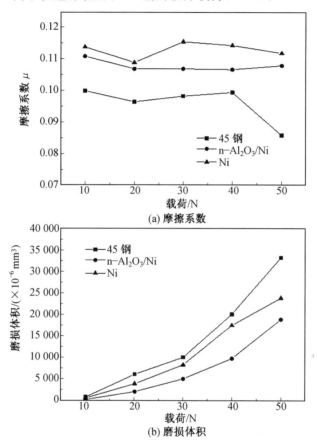

图 5.21　不同载荷时材料的摩擦磨损性能曲线

摩擦系数主要由润滑油膜厚度决定,由于载荷对油膜厚度影响不大,因此摩擦系数随载荷的变化规律不强。45 钢摩擦系数最小,磨损体积却最大,这与其硬度较低、在磨损过程中易于被摩擦副和磨粒剪切有关。

快速镍镀层和 $n-Al_2O_3/Ni$ 纳米颗粒复合电刷镀镀层在载荷分别为20 N 和50 N 时的磨损表面,如图 5.22 所示。在小载荷下,由于固体颗粒犁削的作用,材料表面形成微观犁沟,此时的磨损机理以磨粒磨损为主(图5.22(a)和(b))。随着载荷进一步加大,作用在沙粒和接触面间的压力增加,镀层的磨损体积增加。此时镀层磨损表面的犁削痕迹微弱,并且呈现相当程度的塑性变形迹象,其磨损特征主要表现为源于塑性流变的材料流失(图 5.22(c)和(d)),磨损机理的转变导致镀层磨损体积急剧增加。纳米颗粒复合电刷镀镀层由于具有较高的抵抗塑性变形的能力,大载荷下镀层磨损体积的增加低于快速镍镀层。

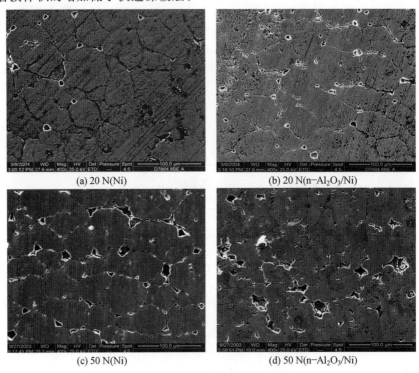

(a) 20 N(Ni)

(b) 20 N(n$-$Al$_2$O$_3$/Ni)

(c) 50 N(Ni)

(d) 50 N(n$-$Al$_2$O$_3$/Ni)

图 5.22　不同载荷下镀层的磨损表面

　　对比以上两组试验可以发现,载荷变化对磨损体积的影响比滑动速度变化对镀层磨损体积的影响程度更甚,而滑动速度变化对摩擦系数的影响比载荷变化对摩擦系数的影响却更大。这主要是因为,滑动速度和载荷主要通过改变油膜厚度和作用在沙粒及摩擦副上的压力来影响镀层的摩擦系数和磨损体积。滑动速度减小,油膜厚度变薄,会促进金属接触及沙粒作用,从而使摩擦系数增幅更大,但是接触的金属和沙粒增多,接触点及沙粒上的压力增加却不显著,因此磨损体积变化较小。随着载荷的增加,油膜厚度变化较小,因此摩擦系数变化较小,虽然接触的金属和沙粒数量变化较小,但是作用在已接触的点及沙粒上的压力增幅显著,因此磨损体积变化较大。综上可知,n$-$Al$_2$O$_3$/Ni 纳米颗粒复合电刷镀镀层在中速、低载条件下具有较高的工作寿命。

5.3.3 油润滑条件下沙粒对纳米颗粒复合电刷镀镀层摩擦磨损性能的影响

润滑油中含有各种不同质量浓度、不同尺寸的沙粒,而沙粒也是造成零部件磨损的重要因素之一。本节通过研究沙粒尺寸和质量浓度对摩擦学性能的影响,从而选择适宜的过滤装置,达到减少材料磨损、延长机器寿命的目的。

(1)沙粒尺寸。

在润滑油中含不同沙粒尺寸(沙粒质量浓度相同)时,45 钢、快速镍镀层和 n−Al_2O_3/Ni 复合电刷镀镀层 3 种材料的摩擦磨损性能曲线,如图 5.23 所示。由图 5.23 可见:①当润滑油中沙粒尺寸较大时,材料的摩擦

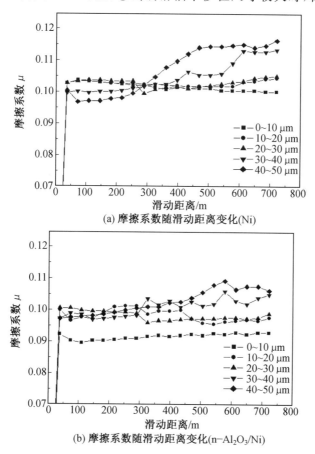

(a) 摩擦系数随滑动距离变化(Ni)

(b) 摩擦系数随滑动距离变化(n−Al_2O_3/Ni)

图 5.23 不同沙粒尺寸时材料的摩擦磨损性能曲线

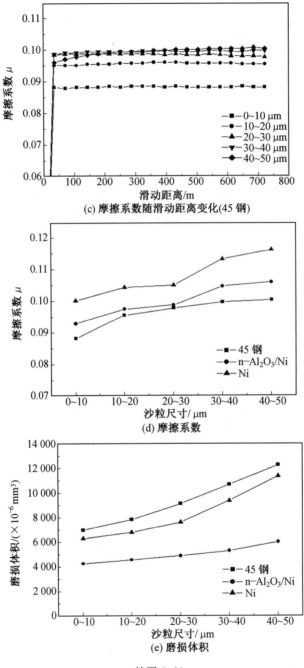

(c) 摩擦系数随滑动距离变化(45 钢)

(d) 摩擦系数

(e) 磨损体积

续图 5.23

系数随滑动距离的变化波动较为剧烈。②3 种材料的摩擦系数都随沙粒尺寸的增加而增加。③3 种材料的磨损体积都随沙粒尺寸的增加而增加,并且在沙粒尺寸大于 30 μm 时,快速镍镀层磨损体积急剧增加,而 n$-$Al$_2$O$_3$/Ni 复合电刷镀镀层磨损体积的变化趋势较为平缓,不存在急剧增加的现象。④当沙粒尺寸从 0~10 μm 增加到 40~50 μm,n$-$Al$_2$O$_3$/Ni 复合电刷镀镀层的磨损体积增加了 41%。

在沙粒质量浓度相同的条件下,沙粒尺寸减小必然导致沙粒数量增加,作用在每个沙粒上的载荷均减小,同时小尺寸的沙粒易于在润滑油中滚动,减小了对镀层的犁削作用。n$-$Al$_2$O$_3$/Ni 复合电刷镀镀层和快速镍镀层在润滑油中沙粒尺寸为 0~10 μm 时的磨损表面形貌,如图 5.24 所示,由图可见,在沙粒尺寸较小时尽管镀层表面的犁沟数量较多,但是非常浅。随着沙粒尺寸增加,沙粒对镀层表面的犁削作用增强,由此引起摩擦系数明显增大,且磨损体积明显增加。

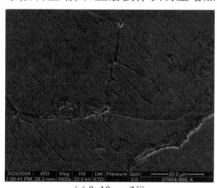
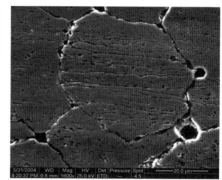

(a) 0~10 μm(Ni)　　　　　　(b) 0~10 μm(n–Al$_2$O$_3$/Ni)

图 5.24　不同沙粒尺寸时镀层的磨损表面形貌

(2)沙粒质量浓度。

在不同质量浓度沙粒的润滑油中,45 钢、快速镍镀层和 n$-$Al$_2$O$_3$/Ni 复合电刷镀镀层 3 种材料的摩擦磨损性能曲线,如图 5.25 所示。由图 5.25可知,3 种材料的摩擦系数和磨损体积随润滑油中沙粒质量浓度变化的规律基本相同。①3 种材料的摩擦系数随润滑油中沙粒质量浓度增加而增加,当达到某一临界值时,摩擦系数随沙粒质量浓度增加反而减小。②3 种材料的磨损体积随沙粒质量浓度增加单调递增。③当润滑油中的沙粒质量浓度超过某一临界值时,3 种材料的磨损体积急剧增加,45 钢和快速镍镀层的磨损体积急剧增加所对应的润滑油中沙粒质量浓度临界值为 200 mg/L,而 n$-$Al$_2$O$_3$/Ni 复合电刷镀镀层的磨损体积急剧增加的临界值为润滑油中的沙粒质量浓度为 400 mg/L 时,要高于 45 钢和快速镍镀层。④ 润滑油中的沙粒质量浓度从 0 mg/L 增加到 800 mg/L,$n-Al_2O_3/Ni$ 复合电刷镀镀层的磨损体积增加了 2.7 倍。

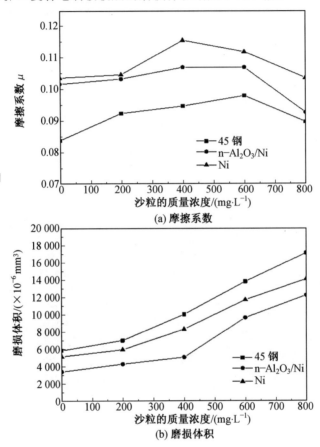

图 5.25　不同质量浓度沙粒时材料的摩擦磨损性能曲线(试验载荷 30 N,滑动速度 0.4 m/s)

快速镍镀层和 $n-Al_2O_3/Ni$ 复合电刷镀镀层在润滑油中沙粒质量浓度为 0 mg/L(不含沙粒)和 800 mg/L 磨损后的磨痕形貌,如图 5.26 所示。由图 5.26 可见,当油中不含沙粒时,镀层的磨损表面光亮且平滑,没有观察到沙粒对其表面切削产生的犁沟(图 5.26(a)和(b));随着润滑油中沙粒质量浓度增加,沙粒数量增多,沙粒与材料表面作用的次数增多,因此镀层摩擦系数增加,磨损体积增大,此时镀层表面可以看到大量的犁沟(图 5.26(c)和(d))。但是当沙粒质量浓度达到饱和浓度时,沙粒在润滑油中滚动而不是滑动,这时增大润滑油中沙粒的质量浓度反而有利于摩擦力的下降。

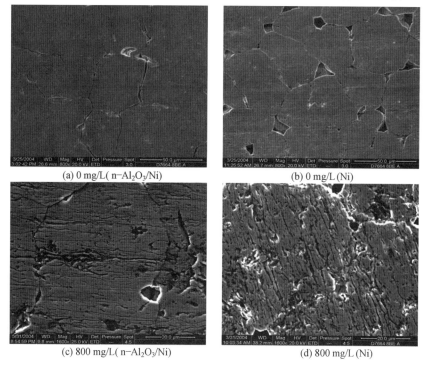

(a) 0 mg/L(n–Al₂O₃/Ni)　　　　　　(b) 0 mg/L (Ni)

(c) 800 mg/L(n–Al₂O₃/Ni)　　　　　(d) 800 mg/L (Ni)

图 5.26　不同质量浓度沙粒时镀层的磨损表面形貌

对比沙粒质量浓度和沙粒尺寸对镀层摩擦磨损性能的影响,可以发现沙粒尺寸变化对镀层摩擦系数的影响较大,特别是当沙粒尺寸较大时,镀层的摩擦系数变化比较剧烈。而沙粒质量浓度则对镀层磨损体积的影响较大,因此复合电刷镀镀层使用过程中应尽量控制润滑油中的污染物,特别是沙粒质量浓度。当润滑油中沙粒尺寸较大、沙粒质量浓度较高时,纳米颗粒复合电刷镀镀层的磨损体积急剧增加,这说明相对于快速镍镀层,纳米颗粒复合电刷镀镀层可以应用于更苛刻的服役条件。

5.4　纳米颗粒复合电刷镀镀层的微动磨损特性

5.4.1　纳米颗粒复合电刷镀镀层的运行工况微动图

微动条件下,摩擦副接触界面的摩擦力(F_t)－位移(D)－循环次数(N)的变化关系是微动最基本和最重要的信息,它反映了微动接触的动态过程,体现了微动过程中摩擦副的相对运动状态,而微动过程取决于正压力(F_n)和位移幅(D)两个机械因素(图 5.27)。不同的正压力和位移幅组合,摩擦副具有不同的相对运动状态。运行工况微动图反映的就是摩擦副相对运动状态与正压力和位移幅的关系,并且材料响应微动图与运行工况图是对应的。因此,微动图的建立除了可根据正压力和位移幅的关系确定摩擦副相对运动状态外,还可为材料的微动摩擦学特性及其损伤机理研究奠定一定基础。

图 5.27 所示为室温下 $n-Al_2O_3/Ni$ 复合电刷镀镀层在不同正压力和位移幅下的微动 F_t-D 回路。由图 5.27(a)、图 5.27(b)、图 5.27(d)、图 5.27(h)和图 5.27(i)可知,在相应的正压力和位移幅下,它们的 F_t-D 回

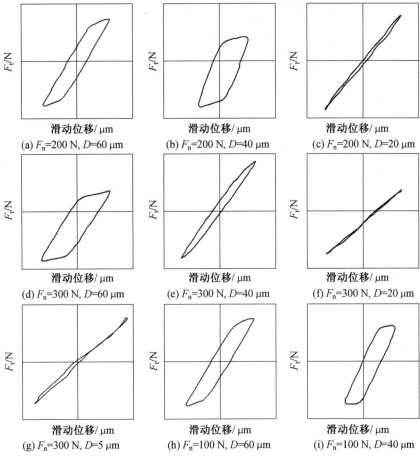

(a) $F_n=200$ N, $D=60$ μm (b) $F_n=200$ N, $D=40$ μm (c) $F_n=200$ N, $D=20$ μm

(d) $F_n=300$ N, $D=60$ μm (e) $F_n=300$ N, $D=40$ μm (f) $F_n=300$ N, $D=20$ μm

(g) $F_n=300$ N, $D=5$ μm (h) $F_n=100$ N, $D=60$ μm (i) $F_n=100$ N, $D=40$ μm

图 5.27　室温下 $n-Al_2O_3/Ni$ 复合电刷镀镀层在不同正压力和位移幅下的微动 F_t-D 回路

路都呈近似平行四边形,因此在对应工况下,摩擦副的相对运动处于完全滑移状态,材料的损伤形式是微动磨损。由图 5.27(c)和图 5.27(e)可知,在相应的正压力和位移幅下,它们的 F_t-D 回路都呈近似椭圆状,摩擦副的相对运动状态处于混合区,其损伤形式为微动疲劳。由图 5.27(f)和图 5.27(g)可知,在相应的正压力和位移幅下,它们的 F_t-D 回路都呈近似直线状,摩擦副的相对运动状态为部分滑移,在该区域材料基本无损伤。根据不同正压力和位移幅下摩擦副的相对运动状态,建立了室温下 n— Al_2O_3/Ni 复合电刷镀镀层的微动磨损运行工况图,如图 5.28 所示。

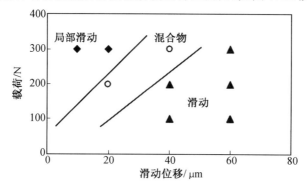

图 5.28 室温下 n—Al_2O_3/Ni 复合电刷镀镀层的微动磨损运行工况图

由图 5.28 可知,在高载荷和低位移幅下,n—Al_2O_3/Ni 复合电刷镀镀层无损伤;在较高位移幅下,n—Al_2O_3/Ni 复合电刷镀镀层的损伤形式属微动磨损。试验中所选的正压力和位移幅分别为 50 N 和 60 μm,根据运行工况微动图,镀层的微动形式应属于微动磨损。图 5.29 所示为 n—Al_2O_3/Ni 复合电刷镀镀层和快速镍镀层的摩擦力(F_t)—位移(D)—循环次数(N)三维图。由图 5.29(a)和图 5.29(b)可知,室温下 n—Al_2O_3/Ni 复合电刷镀镀层和快速镍镀层的 F_t-D 回路都呈平行四边形,属微动磨损特征,与运行工况图是一致的。在高温下,两种镀层的 F_t-D 回路也呈平行四边形,属微动磨损特征。n—SiO_2/Ni 和 n—ZrO_2/Ni 复合电刷镀镀层的摩擦力(F_t)—位移(D)—循环次数(N)曲线与 n—Al_2O_3/Ni 复合电刷镀镀层和快速镍镀层是相同的,也属微动磨损特征。

5.4.2 纳米颗粒复合电刷镀镀层的高温微动磨损性能

图 5.30 所示为不同温度下 n—Al_2O_3/Ni、n—SiO_2/Ni、n—ZrO_2/Ni 3 种复合电刷镀镀层和快速镍镀层的磨痕深度随温度的变化曲线。由图 5.30 可知,随着试验温度的升高,3 种复合电刷镀镀层及快速镍镀层的磨

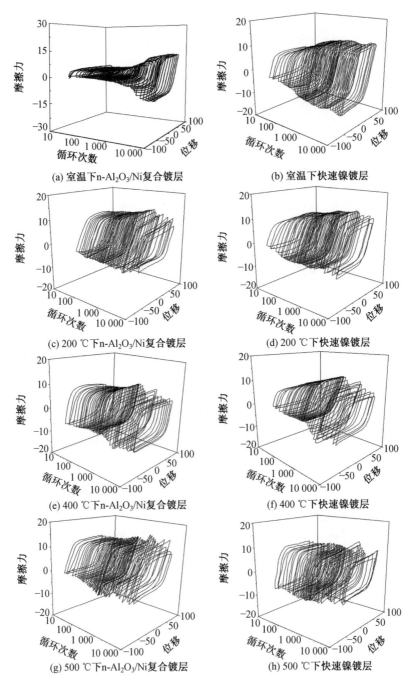

(a) 室温下n-Al₂O₃/Ni复合镀层

(b) 室温下快速镍镀层

(c) 200 ℃下n-Al₂O₃/Ni复合镀层

(d) 200 ℃下快速镍镀层

(e) 400 ℃下n-Al₂O₃/Ni复合镀层

(f) 400 ℃下快速镍镀层

(g) 500 ℃下n-Al₂O₃/Ni复合镀层

(h) 500 ℃下快速镍镀层

图 5.29　n－Al₂O₃/Ni 复合电刷镀镀层和快速镍镀层的摩擦力－位移－循环次数三维图

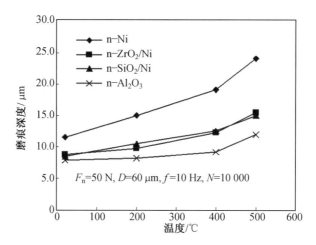

图 5.30　不同温度下 n－Al₂O₃/Ni、n－SiO₂/Ni、n－ZrO₂/Ni 3 种复合
电刷镀镀层和快速镍镀层的磨痕深度随温度的变化曲线

痕深度的变化规律基本相同。在低温时磨痕深度缓慢增大,当试验温度增至 500 ℃时,磨痕深度的增幅变大,这表明随着温度的增加,n－Al₂O₃/Ni、n－SiO₂/Ni 和 n－ZrO₂/Ni 复合电刷镀镀层及快速镍镀层的抗微动磨损性能逐渐降低,并且在 500 ℃时达到最低。在室温下,n－Al₂O₃/Ni、n－SiO₂/Ni和 n－ZrO₂/Ni 3 种复合电刷镀镀层的抗微动磨损性能基本相同,它们的磨痕深度约为 8.5 μm。n－SiO₂/Ni 和 n－ZrO₂/Ni 镀层在 4 个试验温度下的磨痕深度比较接近,表明它们的抗微动磨损性能差异较小。在相同试验温度下,n－Al₂O₃/Ni 镀层的磨痕深度最小,表明它具有良好的抗微动磨损性能。

通过对 3 种复合电刷镀镀层与快速镍镀层的磨痕深度对比可知,在室温、200 ℃、400 ℃和 500 ℃下,复合电刷镀镀层的磨痕深度均比快速镍镀层要小。随着试验温度的升高,由于复合电刷镀镀层组织结构细小及纳米颗粒的强化作用,而快速镍镀层晶粒粗大,3 种复合电刷镀镀层磨痕深度的增加趋势与快速镍镀层相比缓慢,表明纳米颗粒复合电刷镀镀层具有较高的抗高温微动磨损性能。

5.4.3　纳米颗粒复合电刷镀镀层的微动磨损形貌

从上述试验结果可知,不同镀层在不同试验温度下的微动磨损特性具有差异性。为了解释差异现象,必须观察微动磨损形貌,分析纳米颗粒复合电刷镀镀层的抗微动磨损机理。

（1）纳米颗粒复合电刷镀镀层微动磨损面形貌。

室温下 $n-Al_2O_3/Ni$、$n-SiO_2/Ni$ 和 $n-ZrO_2/Ni$ 复合电刷镀镀层的微动磨痕形貌，如图 5.31 所示。由图 5.31 可知，镀层菜花头顶端已被磨平，在 3 种镀层的磨损面内还存在大量呈白色的较松散的磨屑，这些磨屑分布在菜花头之间，使菜花头呈岛状分布。通过对 EDS 形貌分析可知，这些磨屑主要是由铁的氧化物和镍的氧化物组成，一部分磨屑堆积在磨损面边缘，形成比较松散的团聚体（图 5.31(b)），在磨损面中央的另一部分磨屑已被压制成断续的块状物（图 5.31(d)）。

200 ℃下 $n-Al_2O_3/Ni$、$n-SiO_2/Ni$ 和 $n-ZrO_2/Ni$ 复合电刷镀镀层的微动磨痕形貌，如图 5.32 所示。由图 5.32 可见，在 200 ℃下，$n-Al_2O_3/Ni$ 和 $n-SiO_2/Ni$ 复合电刷镀镀层的磨损面边缘仍有较多的白色松散磨屑堆积，这些磨屑分布在菜花头之间，在磨损面中部磨屑呈比较连续的氧化物层并有轻微剥落，在这些层上可见轻微的犁削，而在 $n-ZrO_2/Ni$ 复合电刷镀镀层的磨损面上可见到呈暗色的氧化物层及氧化物层脱落后露出的较新鲜的磨损面，磨损面上可见到较浅的犁沟。

400 ℃下 $n-Al_2O_3/Ni$、$n-SiO_2/Ni$ 和 $n-ZrO_2/Ni$ 复合电刷镀镀层磨损面的 SEM 形貌，如图 5.33 所示。由图 5.33 可知，在室温和 200 ℃下呈白色的松散磨屑完全消失，较紧密的黑色氧化物区域增多。在 3 种镀层磨损面的边缘，可见被烧结成熔融状的磨屑堆积。在 3 种复合电刷镀镀层的磨损面上，位于中部的磨屑已呈暗色的氧化物块状，并有小块的氧化物层剥落后露出的新鲜的磨损面，磨损面上有大量的犁削特征。$n-Al_2O_3/Ni$ 和 $n-ZrO_2/Ni$ 复合电刷镀镀层有明显的黏着特征，而 $n-SiO_2/Ni$ 镀层的中部比较光滑，黏着程度相对轻一些，磨屑层相对完整，因此摩擦系数较低。

在 500 ℃下 $n-Al_2O_3/Ni$、$n-ZrO_2/Ni$ 和 $n-SiO_2/Ni$ 复合电刷镀镀层磨损面的 SEM 形貌，如图 5.34 所示。由图 5.34 可见，3 种镀层的磨损面上都有严重的黏着现象，以及大量的呈暗色的铁的氧化物层及其较浅色的大块的剥落露出部分，磨损面上有比较严重的撕裂和犁削特征，因此摩擦系数呈增大趋势。

由图 5.31～5.34 的 EDS 形貌分析可知，从室温到高温，磨损面上的氧化物以铁的氧化物为主，镍的氧化物较少。随着试验温度的升高，磨损面中镍的氧化物逐渐减少，铁的氧化物逐渐增多，当温度升高到 400 ℃以后，氧化物基本上都以铁的氧化物为主。表明在微动磨损过程中存在显著的摩擦副之间的材料转移。

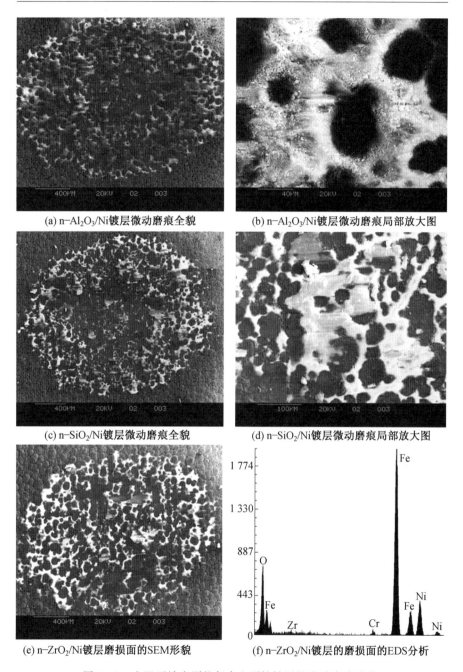

(a) n–Al₂O₃/Ni镀层微动磨痕全貌

(b) n–Al₂O₃/Ni镀层微动磨痕局部放大图

(c) n–SiO₂/Ni镀层微动磨痕全貌

(d) n–SiO₂/Ni镀层微动磨痕局部放大图

(e) n–ZrO₂/Ni镀层磨损面的SEM形貌

(f) n–ZrO₂/Ni镀层的磨损面的EDS分析

图 5.31 室温下纳米颗粒复合电刷镀镀层的微动磨痕形貌

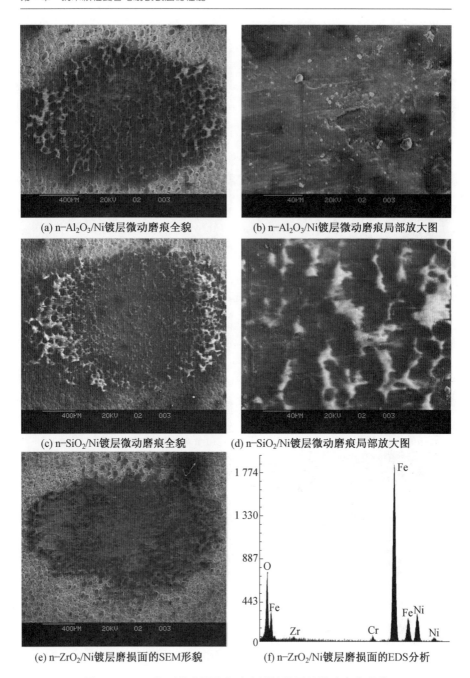

(a) n–Al₂O₃/Ni镀层微动磨痕全貌　　　(b) n–Al₂O₃/Ni镀层微动磨痕局部放大图

(c) n–SiO₂/Ni镀层微动磨痕全貌　　　(d) n–SiO₂/Ni镀层微动磨痕局部放大图

(e) n–ZrO₂/Ni镀层磨损面的SEM形貌　　　(f) n–ZrO₂/Ni镀层磨损面的EDS分析

图 5.32　200 ℃下纳米颗粒复合电刷镀镀层的微动磨痕形貌

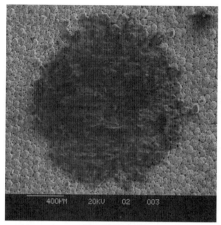

(a) n–Al$_2$O$_3$/Ni镀层磨损面的SEM形貌

(b) n–SiO$_2$/Ni镀层磨损面的SEM形貌

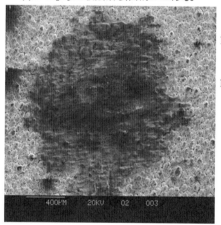

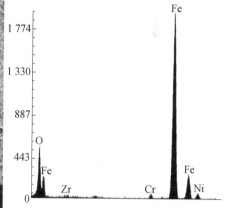

(c) n–ZrO$_2$/Ni镀层磨损面的SEM形貌

(d) n–ZrO$_2$/Ni镀层磨损面的EDS分析

图 5.33　400 ℃下纳米颗粒复合电刷镀镀层磨损面的 SEM 形貌

由图 5.31～5.34 可知,复合电刷镀镀层在低温下和高温下的磨损形貌有较大的差异。在室温下,磨损面上磨屑呈松散的分布或断续的小块状。随着温度的升高,磨损面上的磨屑经塑性变形和由摩擦热导致的焊合烧结后,呈连续的氧化物层形态,因此摩擦系数减小。当温度为 500 ℃时,磨损面的黏着现象逐渐严重并起主导作用,氧化物层发生大块脱落,导致摩擦系数和磨痕深度呈增大趋势,耐磨性下降。复合电刷镀镀层在室温下的微动磨损失效机理以表面剥层为主,而在 200 ℃以后,以犁削和剥层磨损为主。

图 5.35 所示为快速镍镀层在室温、200 ℃、400 ℃和 500 ℃下的微动

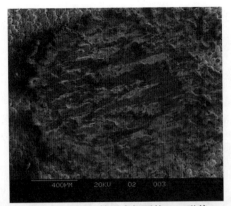

(a) n–Al$_2$O$_3$/Ni镀层磨损面的SEM形貌

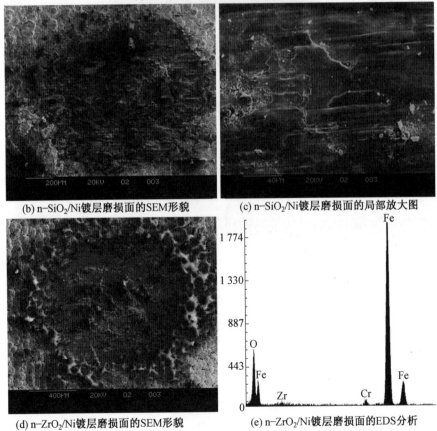

(b) n–SiO$_2$/Ni镀层磨损面的SEM形貌　　　(c) n–SiO$_2$/Ni镀层磨损面的局部放大图

(d) n–ZrO$_2$/Ni镀层磨损面的SEM形貌　　　(e) n–ZrO$_2$/Ni镀层磨损面的EDS分析

图 5.34　500 ℃下纳米颗粒复合电刷镀镀层磨损面的 SEM 形貌

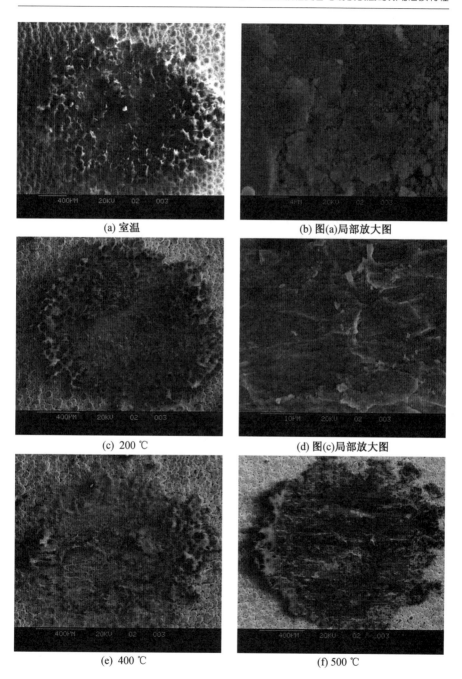

(a) 室温

(b) 图(a)局部放大图

(c) 200 ℃

(d) 图(c)局部放大图

(e) 400 ℃

(f) 500 ℃

图 5.35　快速镍镀层在室温、200 ℃、400 ℃和 500 ℃下的微动磨损 SEM 形貌

磨损 SEM 形貌。由图 5.35 可见,在室温时,虽然磨痕边缘有一些磨屑颗粒的堆积,但在磨痕中部(图 5.35(b)和图 5.35(d)),可以看到层片状的磨屑堆积,磨损面已发生非常明显的塑性变形。在 200 ℃下,磨痕边缘的磨屑堆积明显减少,磨损面发生强烈的塑性变形,并伴有一定程度的黏着。在 400 ℃和 500 ℃下,磨损面发生严重的黏着,有明显的犁沟和剥落特征。在磨损面上也存在热压烧结的特征。

(2)纳米颗粒复合电刷镀镀层微动磨损截面形貌。

图 5.36 所示为 n－ZrO₂/Ni 复合电刷镀镀层在室温、200 ℃、400 ℃ 和 500 ℃下的微动磨损截面 SEM 形貌。由图 5.36 可见,在 4 种温度下磨屑堆积在菜花头之间的空隙内,被压成块状,镀层亚表层的微裂纹都沿着氧

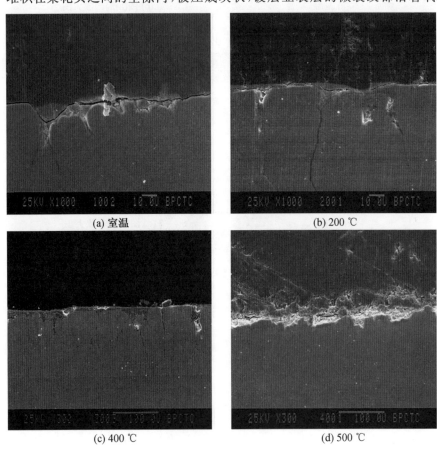

(a) 室温　　　　　　　　　　　　(b) 200 ℃

(c) 400 ℃　　　　　　　　　　　(d) 500 ℃

图 5.36　n－ZrO₂/Ni 复合电刷镀镀层在室温、200 ℃、400 ℃和 500 ℃下的微动磨损截面 SEM 形貌

化物磨屑层的亚表层扩展,之后磨屑层脱落,构成剥层磨损的特征。在室温下,磨屑层呈不连续的薄层,而随着温度的升高,磨屑层变得连续,比较平整,厚度逐渐增加,并将菜花头状单元顶端被磨平的部分覆盖,在 500 ℃下可见由犁削造成的挤出脊。但由于黏着逐渐起主导作用,氧化物层容易脱落,导致复合电刷镀镀层的耐磨性随着温度的升高而降低。

图 5.37 所示为 n-Al₂O₃/Ni 复合电刷镀镀层在室温、200 ℃、400 ℃ 和 500 ℃下的微动磨损截面 SEM 形貌。其特征与图 5.36 所示基本相同,从图 5.37(a)和(b)还可见处于菜花头状单元之间因挤压和烧结作用而形成的磨屑,这是典型的微区热压烧结的结果。

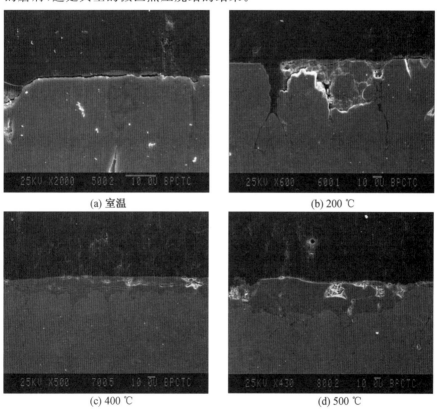

(a) 室温　　　　　　　　　　　(b) 200 ℃

(c) 400 ℃　　　　　　　　　　(d) 500 ℃

图 5.37　n-Al₂O₃/Ni 复合电刷镀镀层在室温、200 ℃、400 ℃和 500 ℃下的微动磨损截面 SEM 形貌

5.4.4　纳米颗粒复合电刷镀镀层的高温微动磨损过程

从磨损面和截面的 SEM 形貌分析可知,复合电刷镀镀层在微动磨损

过程中材料的损耗,实际上是氧化物磨屑颗粒的不断形成,这些颗粒一部分被排除磨损面外,另一部分被挤压黏结成氧化物磨屑层,这些磨屑层又不断剥落而被排出磨损面外的过程。本节在微动磨损 SEM 观察的基础上,分析复合电刷镀镀层的微动磨损过程,为复合电刷镀镀层的抗微动磨损机理研究奠定基础。

1. 磨屑颗粒的形成

(1)磨损面附近应力分布。

从接触形式、受力方式、运动形式和破坏形式分析可知,微动磨损属于典型的接触问题。当钢球上的每一个微凸体滑过磨损面时,表层材料都要经历压缩—拉伸的循环应力作用,其中当微动形式为完全滑移时,切应力随时间变化的关系图如图 5.38 所示。由图 5.38 可知,微动磨损过程中磨损面承受的切应力属于交变应力,因此微动磨损的失效过程实际上是一个疲劳过程。钢球与镀层的接触属于球与平面接触方式,接触半宽为

$$a_e = \left[\frac{3PR}{4}\left(\frac{1-\nu_1^2}{E_1} + \frac{1-\nu_2^2}{E_2}\right)\right]^{1/3} \tag{5.1}$$

式中,P 为试验载荷;R 为钢球半径;ν_1 和 ν_2 分别为钢球和镀层的泊松比;E_1 和 E_2 分别为钢球和镀层的弹性模量。

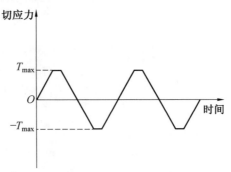

图 5.38　微动磨损过程中切应力随时间变化的关系图

最大接触压力为

$$p_{max} = \frac{3P}{2\pi a^2} \tag{5.2}$$

式中,a 为接触面半径。

当泊松比都为 0.3 时,考虑到表面摩擦力的作用,接触面上的最大综合切应力为

$$\tau_{max} = 0.43 P_{max} \tag{5.3}$$

在只有法向载荷的情况下,最大切应力位于接触中心 $0.786a$ 以下。

接触面存在显著的摩擦力时,摩擦力引起的表面切应力与法向载荷引起的切应力叠加为综合切应力,且综合切应力的位置更靠近表面。当摩擦系数大于 0.3 时,综合切应力将位于表面。综合切应力随距表面距离的变化如图 5.39 所示。在本研究中,几种复合电刷镀镀层在室温和高温下的摩擦系数均大于 0.4,因此由摩擦力引起的表面切应力比较大,将对镀层的磨损起到重要的作用。

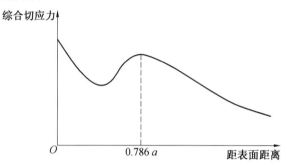

图 5.39　综合切应力随距表面距离的分布示意图

(2)磨屑颗粒的形成。

从磨损面和截面磨损 SEM 形貌,以及磨损面的应力分布来看,在给定试验条件下,纳米颗粒复合电刷镀镀层的微动磨损机理以疲劳剥层为主,同时存在一定的黏着。在接触应力及切应力的共同作用下,镀层菜花头单元与钢球接触而发生塑性变形,随着循环次数的增加,塑性变形加剧而发生加工硬化,裂纹在菜花头单元亚表层萌生并扩展,最后发生颗粒脱落,形成磨屑颗粒。一部分磨屑颗粒排出磨损面外,另一部分堆积在菜花头单元之间的空隙内。而被磨平的菜花头单元在接触应力和切应力的共同作用下,经历同样的过程而发生颗粒脱落,形成磨屑颗粒。

2. 磨屑层的形成

(1)微动磨损过程中磨损面的动态氧化行为。

动态氧化是指在摩擦的作用下磨屑及新露出的磨损面被氧化。在摩擦状态下,摩擦化学反应所需的热激活能比热化学反应小,如 Fe 氧化成 Fe_2O_3 的化学激活能只需 $0.7\ kJ\cdot mol^{-1}$,而激活能达到 $54\ kJ\cdot mol^{-1}$ 时热化学反应才能进行。摩擦过程中产生的摩擦热及摩擦面受到接触应力的反复作用而发生晶格畸变和塑性变形等物理化学变化起到了关键的作用,这些变化使接触面产生活化,易与周围介质进行氧化反应。因此,摩擦氧化的速率较静态氧化反应大 1~2 个数量级。

环境温度和闪点温度共同作用形成的高温环境加之摩擦力和接触应力的共同作用,使钢球和镀层的接触面被氧化,在磨损面上形成以 Fe 和 Ni 的氧化物为主的氧化物磨屑,并形成磨屑层(图 5.30～5.33)。当形成的磨屑层在接触应力和摩擦力的作用下脱落后,新露出的磨损面又重复前面的过程而发生氧化。

(2)热压烧结形成磨屑。

在微动磨损过程中,摩擦副产生的磨屑一部分排出磨损面,另一部分在摩擦的作用下变形,碎化及动态氧化并发生热压烧结而形成氧化物磨屑层,在一定程度上减小摩擦系数。图 5.40 所示为 n－ZrO$_2$/Ni 镀层在 500 ℃下和 n－Al$_2$O$_3$/Ni 镀层在 200 ℃下磨损面磨屑层的 SEM 形貌。由磨屑层表面可知,磨屑层是由许多细小颗粒挤压黏结而成,与图 5.36(a)和(b)一样,是典型的微区热压烧结特征。

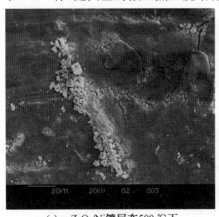 

(a) n–ZrO$_2$/Ni镀层在500 ℃下　　　　(b) n–Al$_2$O$_3$/Ni镀层在200 ℃下

图 5.40　纳米颗粒复合电刷镀镀层高温磨损面磨屑层的 SEM 形貌

热压烧结是指颗粒在一定温度($0.7T_m$,T_m 为颗粒材料熔点)和压力等环境条件下,颗粒之间因塑性流动和扩散而发生黏结。微动磨损过程中,磨屑层的形成可分为两个阶段:

①磨屑的形成和演化。接触表面因黏着、塑性变形和加工硬化而发生颗粒剥落。颗粒随后被碾碎并发生迁移,在这个过程中,磨屑被逐步氧化,粒度也逐步减小,达到亚微米量级,约为几百纳米(图 5.41)。

②氧化物颗粒的挤压黏结。载荷在磨损面产生类似等静压力的作用,以及在环境温度和闪点温度产生的高温共同作用下,使这些细小颗粒之间发生塑性流动而黏结在一起。

(a) n-Al$_2$O$_3$/Ni镀层在500 ℃下   (b) n-ZrO$_2$/Ni镀层在200 ℃下

图 5.41　纳米颗粒复合电刷镀镀层高温磨损面磨屑层的 SEM 形貌

图 5.42 所示为微动磨损过程中磨屑层的形成过程示意图。经热压烧结而成的磨屑层覆盖在磨损面上后,部分磨屑层在应力(包括热应力、接触压应力和切向应力等)的作用下脱落,露出一些新鲜的磨屑颗粒。这些颗粒在随后的微动磨损过程中又将发生破碎氧化,一部分被热压烧结成磨屑层。

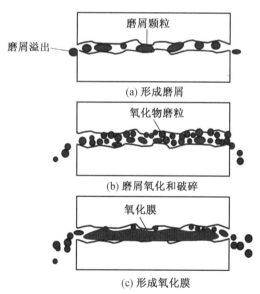

图 5.42　微动磨损过程中磨屑层的形成过程示意图

3. 磨屑层的脱落

磨损面上通过热压烧结而动态形成的磨屑层,在摩擦磨损过程中将发生开裂和脱落(图 5.40 和图 5.43)。引起开裂和脱落的主要原因是磨屑层受到 3 类应力的作用,即磨屑层内部应力、磨屑层与基体间的热应力和摩擦应力。

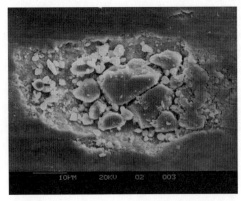

图 5.43　在 400 ℃下 n−Al$_2$O$_3$/Ni 镀层磨屑层

(1)磨屑层内部应力。

磨屑层内部应力是在热压烧结过程中产生的应力,其主要有:因磨屑层和形成氧化物磨屑所消耗金属的体积不同而产生的应力,因磨屑层内发生固相反应、再结晶及相变而产生的应力,因磨屑层内晶格缺陷而产生的应力,因磨屑层内成分变化而产生的应力及因磨损面的粗糙度而产生的应力。

(2)磨屑层与基体间的热应力。

磨屑层与基体间的热应力是由于基体(磨损材料)和磨屑层之间的热膨胀系数不同而产生的应力。在高温磨损过程中,磨损面上的局部瞬时温度很高,磨屑层和基体因受热程度不同、热膨胀系数不同,从而在磨屑层与基体间产生热应力。其应力大小与两者热膨胀系数之差成正比。

(3)摩擦应力。

摩擦应力是指在摩擦磨损过程中,由于法向载荷、摩擦力和摩擦冲击、振动而在磨屑层内部产生的应力。在摩擦应力的作用下,磨屑层因塑性变形积累而发生加工硬化,由于亚表层的交变剪切应力较大,塑性变形最严重,微裂纹首先在磨屑层的亚表面萌生,并不断在亚表层扩展,当裂纹连通时,磨屑层发生脱落,并被接触应力和摩擦力的作用碾碎。

摩擦应力的大小及最大切应力的位置对磨屑层的开裂和脱落起决定性的作用。随着试验温度的升高,磨损面的温度呈上升趋势,在摩擦作用下,磨损面将发生再结晶过程,磨损面上的晶粒长大。随着温度的升高,再结晶过程更加完全,晶粒也将更大。因此,随着温度的升高,磨损面的强度下降,钢球与镀层的接触半径变大,最大切应力位置变深。在 3 种应力的共同作用下,磨屑层更容易脱落,导致微动磨损性能随试验温度升高而下降。

5.4.5 纳米颗粒提高镀层抗微动磨损性能的机理

1. 镀层组织结构与微动磨损性能的关系

不同的组织结构,使镀层具有不同的强度和硬度,从而表现出不同的微动磨损特性。从室温到高温,快速镍镀层的初始摩擦系数均大于复合电刷镀镀层的初始摩擦系数;随着温度的升高,复合电刷镀镀层的抗微动磨损性能呈下降趋势,但在相同试验温度下,复合电刷镀镀层的抗微动磨损性能比快速镍镀层要高得多,且随温度升高而下降的趋势比较缓慢。复合电刷镀镀层在室温和高温下与快速镍镀层的微动磨损性能出现较大差异,是由它们的组织结构差异决定的。

在室温下,纳米颗粒在复合电刷镀镀层生长过程中阻碍晶粒的长大,增加形核率,起到细化镀层晶粒的作用,纳米颗粒复合电刷镀镀层的组织比较细小均匀,表面形貌平整细腻。在高温下,快速镍镀层的晶粒已急剧长大,而纳米颗粒复合电刷镀镀层的初始晶粒细小,且在晶粒内的位错处和晶界附近存在大量弥散分布的纳米颗粒,这些纳米颗粒镀层晶粒再结晶的过程中增加再结晶形核率并阻碍晶粒的长大,使复合电刷镀镀层晶粒尺寸细小,加之纳米颗粒本身具有高的硬度,使纳米颗粒复合电刷镀镀层在高温下仍然具有较高的硬度。因此,随着温度的上升复合电刷镀镀层的耐磨性降低缓慢,而快速镍镀层的耐磨性降低显著。

虽然在室温下,镀态 $n-ZrO_2/Ni$ 镀层呈现一定程度的脆性,但在微动过程中产生的摩擦热使镀层中的镍晶粒发生一定程度的再结晶而使镀层的内应力得到一定程度的消除,镀层脆性降低。同时,摩擦热使纳米颗粒与基质金属镍结合更紧密。因此,从室温到高温,$n-ZrO_2/Ni$ 镀层具有较好的抗微动磨损性能。

2. 微动磨损过程中纳米颗粒对磨屑层的强化

镀层中纳米颗粒的存在,使复合电刷镀镀层在微动磨损过程中表现出与快速镍镀层不同的特征。由图 5.11 可知,快速镍镀层在室温、200 ℃、400 ℃和500 ℃下的微动磨损面发生了强烈的塑性变形和严重的黏着,有明显的犁沟和剥落特征。与5.4.3 节中复合电刷镀镀层的微动磨损面特征相比,可见在相同条件下复合电刷镀镀层微动磨损面的塑性变形程度要轻得多,黏着程度也较轻。

纳米颗粒特有的理化性能使其在磨屑的形成和脱落过程中起着重要的作用。磨屑中的纳米颗粒具有很高的扩散系数,使磨屑颗粒在烧结时可形成更紧密的磨屑层。同时,纳米颗粒的硬质强化作用及其阻碍磨屑层晶粒长大的作用,使复合电刷镀镀层的磨屑层具有更高的强度。在热压烧结过程中,通过添加硬质纳米颗粒,可使磨损面上磨屑层的显微硬度大幅度提高(最高可达 65%),而快速镍镀层磨损面上磨屑层由于塑性变形而发生加工硬化,显微硬度也有一定程度的提高,但幅度较小(约为 45%),因此复合电刷镀镀层中的硬质纳米颗粒在微动磨损过程中可显著提高磨屑层的显微硬度。纳米颗粒的作用,使磨屑层不容易发生塑性变形,提高了磨损面的承载能力,降低了材料的黏着和转移,从而改善微动磨损性能。

3. 纳米颗粒复合电刷镀镀层抗微动磨损的机理

复合电刷镀镀层具有较高的抗微动磨损性能,是其组织结构和镀层强度所决定的。快速镍镀层的表面形貌比较粗大,在微动磨损的初期,摩擦系数较高,使其承受的切向摩擦力较大。同时,粗糙表面的微凸体首先与钢球接触而承受了较大的接触载荷。两方面的作用使快速镍镀层很快发生塑性变形,并且快速镍镀层的硬度较低,使塑性变形程度非常严重。虽然在磨损稳定阶段,快速镍镀层的摩擦系数在一定程度上比复合电刷镀镀层小,但严重的塑性变形使磨损面上很容易发生黏着和材料的转移,裂纹萌生的时间较短,且扩展速度较快,因此抗微动磨损性能较差。

在相同条件下,复合电刷镀镀层的表面形貌均匀、平整、细腻,镀层表面承受的载荷比较均匀并得到分散,镀层在磨损初期的摩擦系数较小,摩擦力较小,综合切应力较小。同时,复合电刷镀镀层从室温到高温都具有较高的硬度,抵抗塑性变形的能力较强,并且在塑性变形的过程中,弥散分布的硬质纳米颗粒可阻碍位错的滑移,纳米颗粒与位错的相互作用也抑制了位错的运动,从而抑制裂纹的萌生和扩展。在裂纹的扩展过程中,复合电刷镀镀层的细小晶粒使裂纹的扩展路径曲折,从而降低裂纹扩展速率。

复合电刷镀镀层在稳定磨损阶段,经热压烧结而成的磨屑层因纳米颗粒的再强化而具有较高硬度,可减轻黏着,抑制塑性变形的发生,从而降低磨损。

随着温度的升高,快速镍镀层晶粒因再结晶而急剧长大,而复合电刷镀镀层中镍晶粒由于纳米颗粒的作用而比较细小,加之纳米颗粒的硬质强化作用,复合电刷镀镀层微动磨损性能降低的趋势较快速镍镀层缓慢。

总之,磨损初期较小的摩擦系数、较高的显微硬度、弥散分布的纳米颗粒及其在微动磨损过程中对磨屑层的再强化使复合电刷镀镀层磨损面的塑性变形抗力较高,黏着程度较轻,使复合电刷镀镀层具有较高的抗微动磨损,以及优良的抗高温微动磨损性能。

5.5 含两种纳米材料复合电刷镀镀层的高温摩擦学性能

目前对于纳米复合电刷镀技术的研究主要集中在镀层的制备工艺、常温性能及相关机理的研究方面,而对其高温性能的研究相对较少。本节的主要研究目标之一是改善纳米复合电刷镀镀层的耐高温磨损性能,拓展复合电刷镀镀层的应用范围。基于此,本节针对 $n-(Al_2O_3-SiC)/Ni$ 和 $n-(Al_2O_3-CNTs)/Ni$ 复合电刷镀镀层,探讨了试验条件(试验温度、试验载荷和滑动速度)对纳米复合电刷镀镀层高温摩擦学性能的影响,同时结合摩擦面温度的理论计算及镀层磨痕的 SEM 和 EDAX 分析,研究了纳米复合电刷镀镀层的高温磨损机理,提供了两种纳米材料复合电刷镀镀层的试验依据,对明确其实际应用环境具有非常重要的理论指导意义。

5.5.1 $n-(Al_2O_3-SiC)/Ni$ 复合电刷镀镀层的摩擦磨损性能

摩擦磨损试验在 SRV 型多功能摩擦磨损试验机上进行,磨损试验采用往复振动模式。上试样为 $\phi 10$ mm 的 SiC 陶瓷球,下试样为电刷镀镀层试样。在此,主要考察试验温度、试验载荷和滑动速度等因素对 $n-(Al_2O_3-SiC)/Ni$ 复合电刷镀镀层摩擦磨损性能的影响。

(1)试验温度。

试验条件为:载荷 5 N;频率 50 Hz;振幅 2 mm;滑动距离 300 m;滑动速度 0.4 m/s;温度为室温至 500 ℃;点接触;干摩擦。

纯镍、$n-Al_2O_3/Ni$ 和 $n-(Al_2O_3-SiC)/Ni$ 3 种电刷镀镀层摩擦系数和磨损体积随试验温度的变化曲线,如图 5.44 所示。由图 5.44(a)可知,随着试验温度的升高,3 种镀层的摩擦系数均表现出先增大后减小再增大的变化趋势,但不同镀层摩擦系数之间的变化并不明显。当温度达到 300 ℃时,3 种电刷镀镀层的摩擦系数达到极小值,分别为 0.213、0.243 和 0.205。由图 5.44(b)可知,3 种电刷镀镀层的磨损体积随着试验温度的增加均逐渐增大,在相同温度下,$n-(Al_2O_3-SiC)/Ni$ 复合电刷镀镀层的磨损体积小于纯镍电刷镀镀层和 $n-Al_2O_3/Ni$ 复合电刷镀镀层,表明 $n-SiC$ 的加入,有效提高了 $n-Al_2O_3/Ni$ 复合电刷镀镀层的耐磨性。这是因为 $n-SiC$ 提高了镀层中纳米颗粒的共沉积量及镀层的显微硬度,从而使得纳米复合电刷镀镀层耐磨损性能进一步增强。另外,纯镍电刷镀镀层的磨损体积在温度超过 200 ℃时开始急剧增大,而其他两种纳米复合电刷镀镀层的磨损体积在温度超过 300 ℃后才开始表现出急剧增大的趋势,这表明纳米颗粒能够提高纯镍电刷镀镀层的耐高温磨损性能。

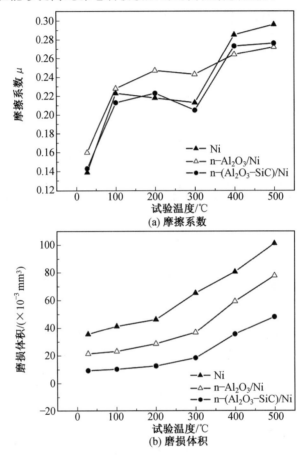

(a) 摩擦系数

(b) 磨损体积

图 5.44　电刷镀镀层摩擦系数和磨损体积随试验温度的变化曲线

图 5.45 所示为 n－(Al₂O₃ － SiC)/Ni 复合电刷镀镀层在室温和 400 ℃时的磨痕表面形貌。由图 5.45 可知:①在室温和高温下镀层的磨痕形貌截然不同,这表明不同温度下镀层的磨损机制存在差异。②室温下(图 5.45(a)和(b)),复合电刷镀镀层的磨痕表面较为粗糙,存在大量的犁沟现象,这是典型的磨粒磨损形貌,说明此时复合电刷镀镀层的主要磨损机制是磨粒磨损导致的材料流失。犁沟现象的产生是由于磨损过程中产生的磨屑在正压力的作用下被压入镀层表面后,又在切向力的作用下犁削镀层表面,同时镀层的磨痕表面覆盖着一层不连续的氧化物薄膜,这表明

氧化磨损也是镀层的磨损机理之一。③在高温下（图 5.45(c)和(d)），镀层磨痕表面较为光滑平整，犁沟现象不再明显，在较高的放大倍数下能够发现少量的涂抹和微切削现象出现。目前镀层的磨痕表面被一层氧化物层所覆盖，这说明纳米复合电刷镀镀层的主要磨损机制为氧化磨损，同时对镀层磨痕表面的 EDAX 分析也证实了这种氧化磨损的存在。

(a) 室温25 ℃（低倍SEM）

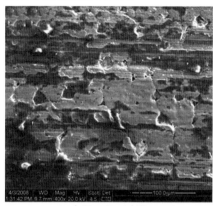

(b) 室温25 ℃（高倍SEM）

(c) 高温400 ℃（低倍SEM）

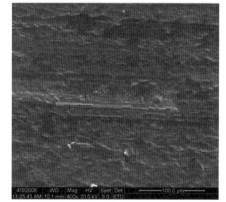

(d) 高温400 ℃（高倍SEM）

图 5.45　n−(Al₂O₃−SiC)/Ni 复合电刷镀镀层在室温和 400 ℃时的磨痕表面形貌

　　采用 EDAX 对 400 ℃磨损试验结束后复合电刷镀镀层磨痕区域元素进行分析，如图 5.46 所示。由图 5.46 可知，在复合电刷镀镀层的磨痕区域出现了 O 元素的富集。摩擦过程中产生的摩擦热导致磨损面温度的升高，使得镀层发生氧化，生成的氧化物覆盖在磨损面上，从而导致了磨损面 O 元素的富集。因此可以推断，n−(Al₂O₃−SiC)/Ni 复合电刷镀镀层在 400 ℃磨损试验时的主要磨损失效机制是氧化磨损，同时伴随少量的磨粒磨损。

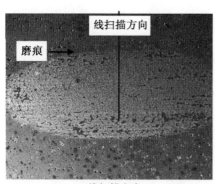
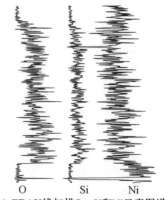

(a) 线扫描方向　　　　　(b) EDAX线扫描O、Si和Ni元素图谱

图 5.46　400 ℃磨损试验后 n−(Al₂O₃−SiC)/Ni 复合电刷镀镀层磨痕的 EDAX 分析图

400 ℃磨损试验后 n−(Al₂O₃−SiC)/Ni 复合电刷镀镀层磨痕的截面形貌如图 5.47 所示。由图 5.47 可以看出,在镀层的截面上出现了剥落坑,表明此时疲劳剥落也是镀层的磨损机制之一。

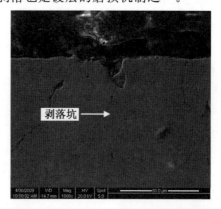

图 5.47　400 ℃磨损试验后 n−(Al₂O₃−SiC)/Ni 复合电刷镀镀层磨痕的截面形貌

(2)试验载荷。

本部分的试验条件为:载荷 5～50 N;频率 50 Hz;振幅2 mm;滑动距离 300 m;滑动速度 0.4 m/s;温度为 400 ℃;点接触;干摩擦。

图 5.48 所示为 3 种电刷镀镀层摩擦系数和磨损体积随试验载荷的变化曲线。由图 5.48 可知,随着试验载荷的增加,3 种镀层的摩擦系数变化并不明显,而磨损体积随着试验载荷的增加逐渐增大。3 种镀层的磨损体积随载荷变化的规律基本相同。在小载荷下,随载荷增大,材料的磨损体积增加较为平缓,当载荷超过某一临界值后,随载荷增大,材料的磨损体积

急剧增大。$n-(Al_2O_3-SiC)/Ni$ 复合电刷镀镀层的临界载荷为 30 N,明显高于纯镍电刷镀镀层和 $n-Al_2O_3/Ni$ 复合电刷镀镀层的临界载荷(分别为 10 N 和 20 N)。而在相同试验载荷条件下,$n-(Al_2O_3-SiC)/Ni$ 复合电刷镀镀层的耐磨性均要明显优于其他两种镀层。低载条件下(载荷 5 N),$n-(Al_2O_3-SiC)/Ni$ 复合电刷镀镀层的耐磨性约为 $n-Al_2O_3/Ni$ 复合电刷镀镀层的 1.7 倍;而在高载条件下(50 N),$n-(Al_2O_3-SiC)/Ni$ 复合电刷镀镀层的耐磨性是 $n-Al_2O_3/Ni$ 复合电刷镀镀层的 1.9 倍左右。这说明 $n-SiC$ 颗粒的加入,有效提高了 $n-Al_2O_3/Ni$ 复合电刷镀镀层的抗载能力,这是由于 $n-(Al_2O_3-SiC)/Ni$ 复合电刷镀镀层具有比 $n-Al_2O_3/Ni$ 复合电刷镀镀层更高的显微硬度和最致密的组织结构,该镀层的耐磨性得到了一定程度的提高。

$n-(Al_2O_3-SiC)/Ni$ 复合电刷镀镀层在低载(5 N)和高载(50 N)条件下的磨痕表面形貌(试验温度为 400 ℃),如图 5.49 所示。由图 5.49(a)可知,$n-(Al_2O_3-SiC)/Ni$ 复合电刷镀镀层在低载条件下的主要磨损机制为氧化磨损、疲劳剥落和少量的磨粒磨损。由图 5.49(b)可知,在高载条件下镀层表面的氧化物剥落,镀层表面出现大量的犁沟,这是由于摩擦面内的磨屑嵌入镀层表面进而切削镀层表面形成的。这说明,在温度为 400 ℃的高载条件下,磨粒磨损也是 $n-(Al_2O_3-SiC)/Ni$ 复合电刷镀镀层的主要磨损机制之一。综合上面的分析可知,无论是在低载还是高载条件下,当温度为 400 ℃时,氧化磨损、疲劳剥落和磨粒磨损均为 $n-(Al_2O_3-SiC)/Ni$ 复合电刷镀镀层的磨损机理,并且随着载荷的增加,磨屑对镀层表面的切削作用增强,使得镀层的磨粒磨损加剧。

(3)滑动速度。

试验条件为:载荷 5 N;振幅 2 mm;滑动距离 300 m;滑动速度 0.1～0.8 m/s;温度为 400 ℃;点接触;干摩擦。

3 种电刷镀镀层的摩擦系数和磨损体积随滑动速度的变化曲线,如图 5.50 所示。由图 5.50(a)可知,不同的滑动速度,镀层的摩擦系数变化并不明显。由图 5.50(b)可知,3 种电刷镀镀层的磨损体积随着滑动速度的增大不断减小,并且在不同的滑动速度条件下,$n-(Al_2O_3-SiC)/Ni$ 复合电刷镀镀层的磨损体积均小于纯镍电刷镀镀层和 $n-Al_2O_3/Ni$ 复合电刷镀镀层。随着滑动速度的增大,摩擦表面摩擦热增加,提高了摩擦表面的温度,特别是摩擦表面微凸体的温度远大于环境温度,促进了摩擦氧化的发生,有利于形成具有润滑作用的平滑薄膜层,从而改善了摩擦环境,减小了磨损体积,从而提高纳米复合电刷镀镀层的耐磨损性能。纳米硬质颗粒

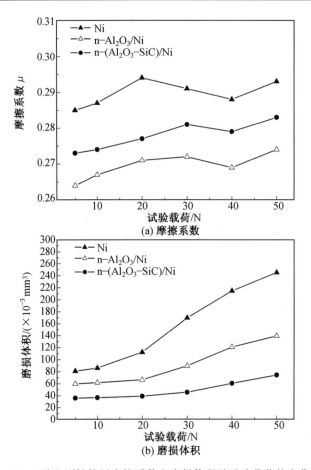

图 5.48　3 种电刷镀镀层摩擦系数和磨损体积随试验载荷的变化曲线

增强复合电刷镀镀层耐磨性主要有两个方面的原因,一是纳米颗粒通过细晶强化和弥散强化提高复合电刷镀镀层的硬度来提高其耐磨损性能;二是硬质纳米颗粒会在磨损过程中暴露出来,起到承载作用。由于在 n－Al_2O_3/Ni 复合电刷镀镀液中加入 n－SiC 颗粒后,提高了镀层中的纳米颗粒共沉积量,颗粒对镀层的上述强化作用进一步增强,因此在不同的滑动速度条件下,n－(Al_2O_3－SiC)/Ni 复合电刷镀镀层的磨损体积较小,耐磨性较好。

　　400 ℃时 n－(Al_2O_3－SiC)/Ni 复合电刷镀镀层在低速(0.1 m/s)和高速(0.8 m/s)条件下的磨痕表面形貌,如图 5.51 所示。由图 5.51 可知,400 ℃时高速磨损条件下比低速磨损条件下复合电刷镀镀层磨痕表面的粗糙度增加,这是随着滑动速度的增加,单位时间内粗糙峰和微凸体等实

(a) 低载，5 N

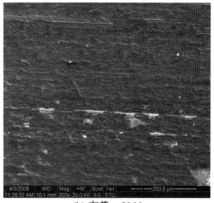
(b) 高载，50 N

图 5.49 不同试验载荷下 n－(Al₂O₃－SiC)/Ni 复合电刷镀镀层的磨痕形貌

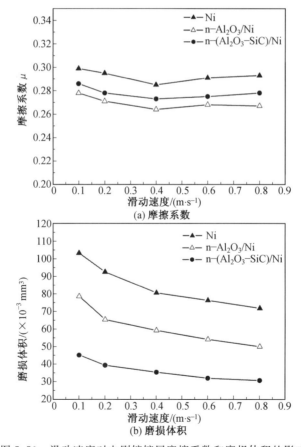

图 5.50 滑动速度对电刷镀镀层摩擦系数和磨损体积的影响

际接触点的摩擦学行为如挤压、犁削和碰撞等增加造成的。由纳米复合电刷镀镀层的磨痕形貌可以推断，在本试验条件下，滑动速度的增加并没有造成镀层磨损失效机制发生根本改变。无论低速还是高速条件下，镀层的主要磨损失效机制均为氧化磨损。

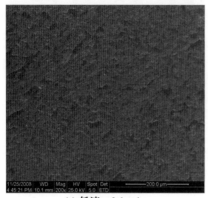

(a) 低速，0.1 m/s　　　　　　　(b) 高速，0.8 m/s

图 5.51　不同滑动速度下 n−(Al_2O_3−CNTs)/Ni 复合电刷镀镀层的磨痕表面形貌

5.5.2　n−(Al_2O_3−CNTs)/Ni 复合电刷镀镀层的摩擦磨损性能

(1)试验温度。

试验条件为：载荷 5 N；频率 50 Hz；振幅 2 mm；滑动距离 300 m；滑动速度 0.4 m/s；温度为室温至 500 ℃；点接触；干摩擦。

3 种电刷镀镀层的摩擦系数和磨损体积随试验温度的变化曲线，如图 5.52 所示。由图 5.52(a)可知，当试验温度在 25～300 ℃时，n−(Al_2O_3−CNTs)/Ni 复合电刷镀镀层的摩擦系数随着试验温度的升高而增大；当试验温度在 300～400 ℃时，摩擦系数逐渐减小；当试验温度超过 400 ℃后，摩擦系数又开始增大。摩擦系数出现上述变化的原因是随着试验温度的升高，镀层摩擦面的氧化加剧，生成的氧化物具有一定的减摩作用，从而使得镀层的摩擦系数减小，当试验温度超过一定值时，氧化物的生成速度加剧，氧化物容易从镀层表面脱落而成为磨屑，从而导致了摩擦系数的增大。对比纯镍电刷镀镀层和 n−Al_2O_3/Ni 复合电刷镀镀层的摩擦系数，它们的摩擦系数也表现出相同的变化趋势，但是这两种镀层摩擦系数出现减小和增大拐点时的温度分别为 100 ℃和 300 ℃，均比 n−(Al_2O_3−CNTs)/Ni 复合电刷镀镀层摩擦系数变化的拐点温度提前约 100 ℃，这说明 CNTs

的加入进一步提高了 n－Al_2O_3/Ni 复合电刷镀镀层的耐高温性能。在相同的试验温度条件下,n－(Al_2O_3－CNTs)/Ni 复合电刷镀镀层的摩擦系数均比 n－Al_2O_3/Ni 复合电刷镀镀层的要小,这是 CNTs 具有一定的自润滑性能,在磨损过程中脱落的 CNTs 覆盖在摩擦副表面,改善了摩擦环境所致,这也说明 CNTs 的加入对 n－Al_2O_3/Ni 复合电刷镀镀层能起到一定的减摩作用。

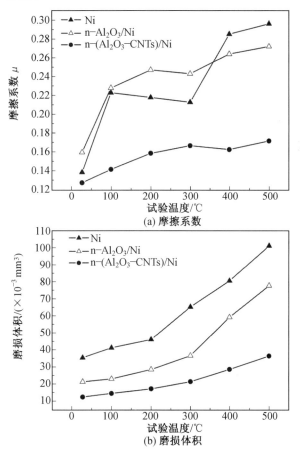

图 5.52　3 种电刷镀镀层的摩擦系数和磨损体积随试验温度的变化曲线

由图 5.52(b)可知,随着试验温度的升高,镀层的磨损体积逐渐增大,3 种镀层中 n－(Al_2O_3－CNTs)/Ni 磨损体积的增加趋势比较平缓,并且在相同的试验温度下,该镀层也具有最小的磨损体积,这说明 CNTs 的加入提高了 n－Al_2O_3/Ni 复合电刷镀镀层的耐磨损性能。纳米复合电刷镀镀层耐磨性的增加是 CNTs 的加入具有下述 3 个作用造成的:①提高了镀层中纳米材料的共沉积量,使得纳米材料对复合电刷镀镀层的强化作用增强,镀层的显微硬度增加,镀层的抗塑性变形的能力得到提高;②由于CNTs具有较大的长径比,对磨损时在镀层中产生的微裂纹扩展的阻碍作用增强;③由于CNTs本身具有一定的自润滑性能,它的加入使得纳米复合电刷镀镀层具有了一定的减摩作用。这3方面的原因使得纳米复合电刷镀镀层的耐磨损性能得到了进一步的提高。

图5.53所示为不同试验温度下 n－(Al_2O_3－CNTs)/Ni 复合电刷镀镀层的磨痕表面形貌。由图5.53(a)和(b)可知,镀层的磨痕表面存在明显的犁沟现象,说明此时镀层的主要磨损机制是磨粒磨损。由图5.53(c)和(d)可知,400 ℃时镀层表面的磨粒磨损特征已经消失,镀层表面覆盖着一层层状物质,这是复合电刷镀镀层在摩擦磨损过程中经由摩擦氧化反应而动态形成的。停留于磨损表面的磨屑在对偶件 SiC 陶瓷球的反复碾压及摩擦热的共同作用下发生断裂、碎化及动态氧化,进而形成氧化物粉状磨屑,氧化物粉状磨屑经由微区热压烧结形成氧化物层并黏附于镀层磨损表面,形成了如图5.53(d)所示的薄片状的磨痕形貌,这表明随着试验温度的升高,n－(Al_2O_3－CNTs)/Ni 复合电刷镀镀层的主要磨损失效机制逐渐由磨粒磨损转变成为氧化磨损。而由图5.54所示的磨痕表面成分的EDAX分析图谱可知,在复合电刷镀镀层的磨痕区域,出现了 O 元素的富集,也从另外一方面证实了氧化磨损的存在。

图5.55所示为 400 ℃磨损试验后 n－(Al_2O_3－CNTs)/Ni 复合电刷镀镀层磨痕的截面形貌。由图5.55可知,镀层的截面上出现了裂纹扩展贯穿后形成的剥落坑现象,这表明此时疲劳剥落也是镀层的磨损机制之一。

(2)试验载荷。

试验条件为:载荷 5～50 N;频率 50 Hz;振幅 2 mm;滑动距离 300 m;滑动速度 0.4 m/s;温度为 400 ℃;点接触;干摩擦。

图5.56所示为3种电刷镀镀层的摩擦系数和磨损体积随试验载荷的变化曲线。由图5.56(a)可知,电刷镀镀层的摩擦系数随试验载荷的增加变化并不明显,不同载荷下 n－(Al_2O_3－CNTs)/Ni 复合电刷镀镀层的摩擦系数最小(0.17 左右),较 n－Al_2O_3/Ni 复合电刷镀镀层的摩擦系数减小了 37%,这是 CNTs 的自润滑性能使得复合电刷镀镀层具有了一定的减摩性能所致。由图5.56(b)可知,随着试验载荷的增加,3种镀层的磨损体积逐渐增大,但 n－(Al_2O_3－CNTs)/Ni 复合电刷镀镀层磨损体积的增大趋势比较平缓,载荷为 50 N 时的磨损体积仅比 10 N 时增加了 85%,而

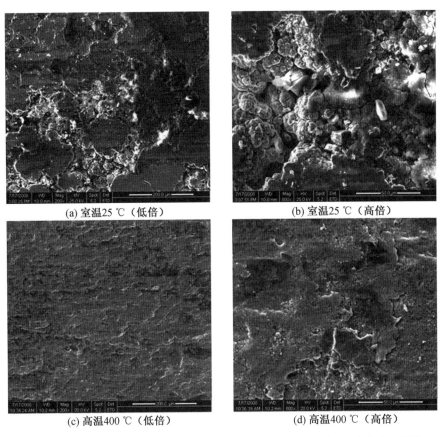

(a) 室温25 ℃（低倍）　　　　　　　(b) 室温25 ℃（高倍）

(c) 高温400 ℃（低倍）　　　　　　　(d) 高温400 ℃（高倍）

图 5.53　不同试验温度下 n－(Al₂O₃－CNTs)/Ni 复合电刷镀镀层的磨痕表面形貌

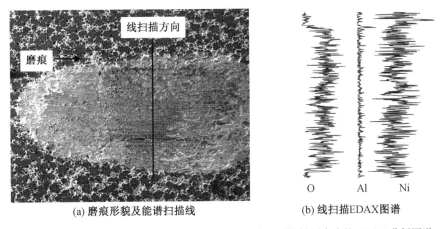

(a) 磨痕形貌及能谱扫描线　　　　　　(b) 线扫描EDAX图谱

图 5.54　400 ℃磨损后 n－(Al₂O₃－CNTs)/Ni 复合电刷镀镀层磨痕的 EDAX 分析图谱

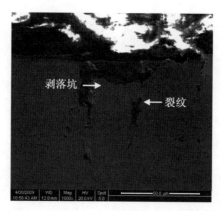

图 5.55　400 ℃磨损试验后 n－(Al$_2$O$_3$－CNTs)/Ni 复合电刷镀镀层磨痕的截面形貌

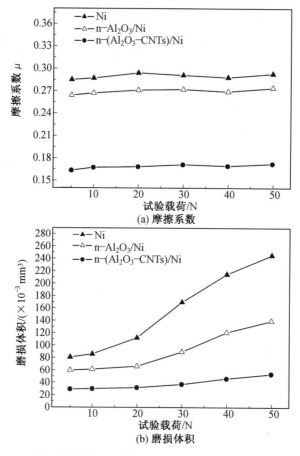

图 5.56　3 种电刷镀镀层的摩擦系数和磨损体积随试验载荷的变化曲线

纯镍电刷镀镀层和 n－Al_2O_3/Ni 复合电刷镀镀层则分别增加了 204％ 和 134％。这说明 n－（Al_2O_3－CNTs）/Ni 复合电刷镀镀层具有比其他两种电刷镀镀层更为优异的耐高载磨损性能，这是由于 n－（Al_2O_3－CNTs）/Ni 复合电刷镀镀层具有更为平整致密的表面形貌和更高的显微硬度，使得镀层的承载能力增加，从而提高了其高载下的耐磨损性能。

图 5.57 所示为不同试验载荷下 n－（Al_2O_3－CNTs）/Ni 复合电刷镀镀层的磨痕表面形貌。由图 5.57 可知，低载下（载荷为 5 N），n－（Al_2O_3－CNTs）/Ni 复合电刷镀镀层表面较为粗糙，这是由于磨损过程中镀层表面产生的氧化物脱落后形成的，说明此时镀层的主要磨损机制为氧化磨损；而高载下（载荷为 50 N），镀层磨痕表面被一层较厚的氧化物层所覆盖，表面变得更为光滑，说明随着载荷的增加，镀层的氧化磨损加剧。

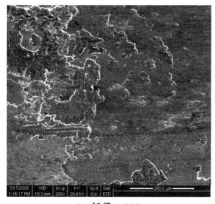

(a) 低载，5 N   (b) 高载，50 N

图 5.57　不同试验载荷下 n－（Al_2O_3－CNTs）/Ni 复合电刷镀镀层的磨痕表面形貌

（3）滑动速度。

试验条件为：载荷 5 N；振幅 2 mm；滑动距离 300 m；滑动速度 0.1～0.8 m/s；温度为 400 ℃；点接触；干摩擦。

图 5.58 所示为 3 种电刷镀镀层的摩擦系数和磨损体积随滑动速度的变化曲线。由图 5.58(a) 可知，①随着滑动速度的增大，3 种电刷镀镀层的摩擦系数均有所减小，但是变化并不明显；②不同的滑动速度条件下，n－（Al_2O_3－CNTs）/Ni 复合电刷镀镀层均具有最小的摩擦系数。随着滑动速度的增加，产生的摩擦热量增加，镀层结合面的温度（特别是摩擦表面微凸体瞬时温度）升高，镀层表面的氧化加剧，生成的氧化物具有一定的润滑作用，从而使得镀层的摩擦系数减小。而磨损过程中脱落的 CNTs 覆盖在磨痕表面，CNTs 本身具有自润滑性能，使得 n－（Al_2O_3－CNTs）/Ni 复合

电刷镀镀层的摩擦系数较小。由图 5.58(b)可知,①随着滑动速度的增大,3 种镀层的磨损体积均逐渐减小;②不同温度下,n－(Al_2O_3－CNTs)/Ni 复合电刷镀镀层的磨损体积比纯镍镀层和 n－Al_2O_3/Ni 复合电刷镀镀层的磨损体积均要小。由前面的分析可知,随着滑动速度的增大,镀层表面的氧化加剧,生成的具有一定润滑性能的氧化物覆盖在镀层磨痕表面,改善了摩擦环境,从而使得磨损体积减小。

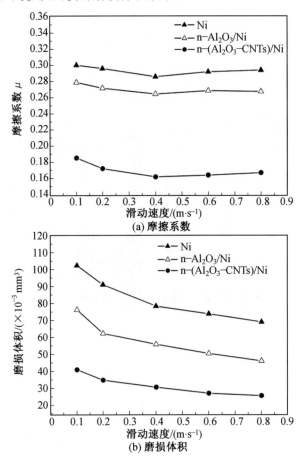

图 5.58　3 种电刷镀镀层的摩擦系数和磨损体积随滑动速度的变化曲线

图 5.59 所示为不同滑动速度下 n－(Al_2O_3－CNTs)/Ni 复合电刷镀镀层磨痕的表面形貌。由图 5.59 可知,高速和低速条件下镀层的磨痕表面形貌变化不大,这说明镀层的主要磨损机制是氧化磨损和磨粒磨损。比较低速和高速条件下镀层的磨痕形貌可以发现,高速条件下镀层的磨痕形貌显得更为粗糙,这是在高速条件下,单位时间内摩擦面间的实际接触点

（如粗糙峰和微凸体等）的摩擦学行为如挤压、犁削和碰撞等增加造成的。

(a) 低速，0.1 m/s　　　　　　　　(b) 高速，0.8 m/s

图 5.59　不同滑动速度下 n－（Al$_2$O$_3$－CNTs）/Ni 复合电刷镀镀层磨痕的表面形貌

5.5.3　n－（Al$_2$O$_3$－SiC）/Ni 和 n－（Al$_2$O$_3$－CNTs）/Ni 复合电刷镀镀层摩擦学性能比较

5.5.1 节和 5.5.2 节分别对 n－（Al$_2$O$_3$－SiC）/Ni 和 n－（Al$_2$O$_3$－CNTs）/Ni 复合电刷镀镀层的摩擦学特性进行了试验研究。结果表明，在 n－Al$_2$O$_3$/Ni 复合电刷镀镀层中加入 n－SiC 和 CNTs 后，在不同的试验温度、试验载荷和滑动速度等条件下镀层的耐磨损性能均得到明显的提高，为拓展纳米复合电刷镀镀层的应用范围提供了试验依据。为了进一步明确上述含两种纳米材料复合电刷镀镀层各自适宜的应用范围，本节主要对 n－（Al$_2$O$_3$－SiC）/Ni 和 n－（Al$_2$O$_3$－CNTs）/Ni 两种纳米复合电刷镀镀层在不同条件下的耐磨损性能进行比较研究。

不同试验温度、试验载荷和滑动速度条件下 n－（Al$_2$O$_3$－SiC）/Ni 和 n－（Al$_2$O$_3$－CNTs）/Ni 复合电刷镀镀层磨损体积的对比，如图 5.60 所示。由图 5.60(a) 可以看到，在较低的温度时（≤300 ℃），n－（Al$_2$O$_3$－SiC）/Ni 复合电刷镀镀层的磨损体积小于 n－（Al$_2$O$_3$－CNTs）/Ni 复合电刷镀镀层的磨损体积，在较高的温度时（≥400 ℃），n－（Al$_2$O$_3$－SiC）/Ni 复合电刷镀镀层的磨损体积大于 n－（Al$_2$O$_3$－CNTs）/Ni 复合电刷镀镀层。这说明在低温时 n－（Al$_2$O$_3$－SiC）/Ni 复合电刷镀镀层具有较好的耐磨性，而 n－（Al$_2$O$_3$－CNTs）/Ni 复合电刷镀镀层的高温耐磨性较好，这是因为 CNTs 具有较大的长径比，对高温磨损时镀层晶粒长大及镀层中微裂纹扩展的阻碍作用比球形纳米颗粒要强得多，所以 n－（Al$_2$O$_3$－

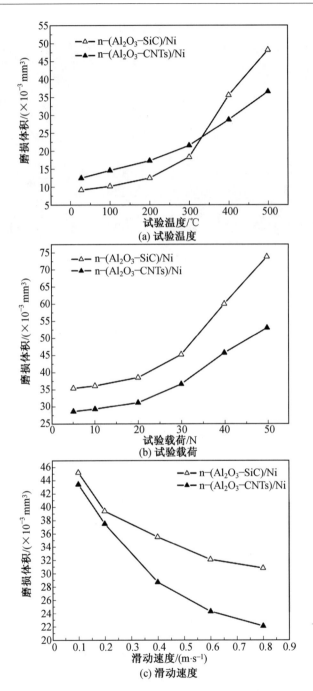

图 5.60　n-(Al₂O₃-SiC)/Ni 和 n-(Al₂O₃-CNTs)/Ni 复合电刷镀镀层磨损体积的比较

CNTs)/Ni 复合电刷镀镀层具有较好的高温耐磨性。而由图 5.60(b)和(c)可以看到,400 ℃时,无论在何种试验载荷及何种滑动速度条件下,n－$(Al_2O_3－CNTs)$/Ni 复合电刷镀镀层均具有比 n－$(Al_2O_3－SiC)$/Ni 复合电刷镀镀层更为优异的耐磨损性能。

由上述不同试验条件下 n－$(Al_2O_3－SiC)$/Ni 和 n－$(Al_2O_3－CNTs)$/Ni 复合电刷镀镀层的耐磨性的对比研究可以知道,在 n－Al_2O_3/Ni 复合电刷镀镀层中分别加入 n－SiC 和 CNTs 后,都能够提高镀层在常温和高温条件下的耐磨损性能,但所得到的两种复合电刷镀镀层的适用条件各不相同,n－$(Al_2O_3－SiC)$/Ni 复合电刷镀镀层适用于低温低载条件(温度≤300 ℃,载荷 5 N),而 n－$(Al_2O_3－CNTs)$/Ni 复合电刷镀镀层适用于高温(温度≥400 ℃)条件。

第6章 自动化纳米颗粒复合电刷镀技术

纳米颗粒复合电刷镀技术具有设备轻便、工艺灵活、镀覆速度快、镀层种类多、结合强度高、适应范围广、对环境污染小、省水省电等一系列优点，是一项先进再制造技术，特别适用于修复零部件局部损伤，但由于拟再制造修复零部件损伤部位和形状的多样性等，纳米颗粒复合电刷镀技术一般采用手工操作，存在劳动强度大、生产效率低、镀层质量受人为因素影响等不足。随着再制造产业化发展，这种手工操作纳米复合电刷镀技术已难以满足批量废旧零部件的再制造工业化生产需求，因此，实现纳米复合电刷镀过程的自动化已成为其发展的必然趋势，是促进纳米复合电刷镀技术在废旧零部件再制造生产中应用的有效途径之一。而实现纳米复合电刷镀技术自动化的前提条件是要实现纳米复合电刷镀过程中各个工艺参数的实时监控，工艺参数包括镀层厚度、镀覆区域温度、镀笔压力和刷镀电压、刷镀电流、刷镀电流密度等。这些工艺参数的实时监控是保证自动化纳米电刷镀再制造产品质量的重要保证。

本章主要介绍自动化电刷镀设备系统的设计要求、自动化纳米复合电刷镀过程中镀层厚度的监控原理、实现自动化纳米复合电刷镀工艺过程的立式刷镀中心和卧式刷镀中心、自动化纳米复合电刷镀镀层的组织和性能及镀层成形过程和强化机理等内容。

6.1 自动化电刷镀设备系统的设计要求

根据电刷镀工艺的特点，自动化电刷镀工艺过程要完成工件和电刷镀镀笔的运动控制及电刷镀工艺参数检测、工序控制和工艺参数调整等。下面，以旋转类零部件（圆柱体和圆锥体等）外表面自动化电刷镀为例，介绍自动化电刷镀设备系统的设计思路和设计要求。

6.1.1 运动控制

为了实现圆柱体工件和圆锥体工件表面的镀覆，至少要提供3个基本运动，即工件的旋转运动、镀笔沿工件的径向运动（横向运动）和镀笔沿工件的轴向运动（纵向运动），并实现镀笔和工件之间相对运动速度、相对运动轨迹控制及镀笔压力调节。

(1)相对运动速度控制。

工件与镀笔的相对运动速度太小,易引起基体或镀层金属氧化或烧焦,镀层表面出现裂纹;反之,若相对运动速度太大,会引起电流效率降低,阳极包套磨损加剧,镀液消耗增加,因此相对运动速度应保持在合理的范围内,该范围可通过工艺试验确定。起镀时相对运动速度较慢,后面随着镀液温度升高再逐渐增大。

(2)相对运动轨迹控制。

为了获得厚度均匀分布的镀层,镀笔在工件镀覆表面停留的时间应均匀,对于圆柱体和圆锥体工件表面的镀覆,镀笔与工件之间的相对运动轨迹应为螺旋线。

(3)镀笔压力调节。

通过控制镀笔相对于工件的径向位置可以改变镀笔与工件之间的压力,即改变阳极与阴极之间的距离,从而可以改变刷镀电流和电流密度。若镀笔与工件之间距离缩短,则镀笔压力增大,因镀液电阻减小,电流和电流密度增大,从而可以提高镀层沉积速度;但当镀笔压力过大时,包套内的镀液容易被挤出,包套磨损加速,镀液温度升高,镀层表面易出现干斑和腐蚀。因此镀笔与工件之间的压力应控制在合适的范围内。

6.1.2 工艺参数检测

通过对刷镀电压、刷镀电流、刷镀电流密度、镀层沉积速度、镀覆区域镀液温度、镀笔和工件之间压力的检测,显示当前的刷镀状态,从而为工艺参数调整提供参考。

6.1.3 工序控制

(1)工序和镀液自动切换。

自动化刷镀也要完成表 2.1 所示典型的刷镀工序,包括电净、活化 2、活化 3、打底和工作层镀覆,工序之间要清洗工件,并实现工序和镀液的自动切换。

(2)电源极性自动切换。

在表 2.1 所示的刷镀工序中,只有电净和活化存在极性选择问题,即选择正接还是反接,其余工序都为正接。

当基体材料为高强度钢时,电净应选择反接(阳极电净),否则阴极会产生大量氢气,并渗入基体中,发生氢脆破坏;其余类型的基体材料宜采用正接(阴极电净)。

大多数基体材料的活化采用反接(阳极活化),当基体材料表面腐蚀性要求低时,宜采用正接(阴极活化);当零部件尺寸要求严格时,可以采用交替活化,即先进行阴极活化,再进行阳极活化。

(3)镀覆时间控制。

镀覆时间影响刷镀作业效率和镀层质量,自动化刷镀可以精确控制作业时间。

①电净时间控制。电净时间应根据工件表面状况确定,以表面除油干净为准,一般应控制在 15～60 s。

②活化时间控制。活化时间可根据镀覆面积确定,实际不宜过长。一般以零部件表面 3～8 个往复(15～50 s)为宜;对于难以活化的材料,可增加到 15 个往复,但应控制在 90 s 内。

③打底时间控制。打底时间一般为 3～5 s,零部件尺寸大时,以镀覆表面颜色改变为准。

④镀工作层时间控制。工作层的镀覆时间视镀层厚度而定。

6.1.4　工艺参数调整和控制

(1)刷镀电压控制。

刷镀电压直接影响镀层质量,尽管各种镀液都提供刷镀电压的使用范围,但实际刷镀时要根据工件尺寸、环境温度及镀覆状态加以调整。

①工件镀覆面积大时,刷镀电压宜选择大些,否则电压取低值。

②镀笔与工件相对运动速度慢时,电压宜取低值,否则可取高值。

③工件与镀液温度低时,电压宜取低值,随镀液温度升高再逐渐增大;当镀覆区域镀液温度高,接近 50 ℃时,电压应降低。

④采用特殊镍打底时,先用 18 V 闪镀 3～5 s,然后降至正常范围;采用快速镍镀覆时,一般以 14 V 起镀,当尺寸接近目标值时,电压应降至12 V。

⑤镀覆合金时,电压应在规定的范围内选择,且在镀覆过程在中应保持稳定。

(2)镀液流量控制。

镀液流量要根据刷镀工艺参数,特别是镀覆区域镀液温度加以调整。镀覆区域温度较低时,镀液流量低;当镀液温度接近 50 ℃时,镀液流量加大,要加快镀笔和镀液冷却速度。

(3)镀笔和工件相对运动速度调整。

当镀液温度低和沉积速度小时,镀笔和工件之间应采用较小的相对运动速度,反之应增大相对运动速度。

6.1.5 自动化电刷镀工艺过程的总体控制方案

根据电刷镀工艺的特点,图 6.1 给出了一种自动化电刷镀工艺过程的总体控制方案。在该方案中,应用 LabVIEW 开发平台开发一系列虚拟仪器以实现刷镀电压、刷镀电流、刷镀电流密度、镀层沉积速度、镀液温度及镀笔和工件之间压力的检测;应用 LabVIEW 开发数控系统,实现工件旋转运动、镀笔沿工件轴向和径向移动的控制;也开发了模糊控制器,以便根据镀液温度、镀层沉积速度及电流密度实现刷镀电压、工件转速、镀笔纵向移动速度和镀液流量的调整。最终将上述虚拟仪器集成,构成一个集刷镀工艺参数检测和控制于一体的综合控制系统。

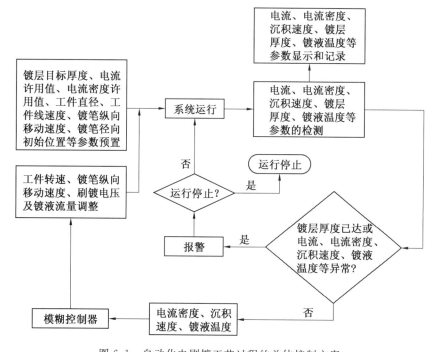

图 6.1 自动化电刷镀工艺过程的总体控制方案

6.2 自动化纳米颗粒复合电刷镀过程中镀层厚度的虚拟监控

为实现自动化纳米颗粒复合电刷镀过程中镀层厚度的实时监控,利用

LabVIEW 软件平台,基于法拉第电解定律和涡流效应,研发了纳米颗粒复合电刷镀镀层厚度虚拟监控系统,该监控系统可以较精确地检测自动化纳米颗粒复合电刷镀镀层的厚度,实现镀层的实时监控,且基于涡流效应监控方法的测量精度优于基于法拉第电解定律的监控方法。这为自动化纳米颗粒复合电刷镀技术再制造生产零部件提供了必要的质量保证。

6.2.1 基于法拉第电解定律的纳米颗粒复合电刷镀镀层厚度虚拟检测

(1)镀层厚度检测原理。

纳米颗粒复合电刷镀镀层成形过程实质上是一种电化学沉积结晶过程。根据法拉第第一定律,纳米复合电刷镀过程中镀件表面沉积的金属质量(M) 和消耗的电量(Q_t)在理论上可以表示为

$$Q_t = \frac{M}{c} = \frac{S_m \cdot \delta_m \cdot \rho}{10^4 c} \tag{6.1}$$

式中,S_m 为工件上的平均刷镀面积,cm^2;δ_m 为平均镀层厚度,μm;ρ 为沉积金属的密度,g/cm^3;c 为电化学当量。

但实际上,不是所有通过电极的电量都用于金属沉积,其中析氢要消耗一部分电量,而一部分电量又转化成热能。因此,需要引入电流效率 η_k 来修正式(6.1)。电流效率 η_k 定义为沉积一定质量的电刷镀镀层所需要的理论电量与通过电极的总电量的比值,或者为当电极通过一定电量时实际沉积的电刷镀镀层量与理论上能沉积的电刷镀镀层量的比值,即

$$\eta_k = \frac{Q}{Q_r} \cdot 100\% = \frac{M_r}{M} \cdot 100\% \tag{6.2}$$

式中,Q 为理论上沉积质量为 M 的金属所需要的电量,$A \cdot h$;Q_r 为考虑电流效率时沉积质量为 M 的金属所需要的电量,$A \cdot h$;M_r 为考虑电流效率时电极通过电量为 Q 时实际沉积的金属量,g;M 为电极通过电量为 Q 时理论上所能沉积的金属量,g。

电流效率是刷镀电流密度的函数,而电流密度又受到多种因素的影响,尤其是影响析氢的因素,如基体材料类型、镀覆表面的状态、电极上的电流密度、镀液成分及镀液温度等。因此,当考虑电流效率的影响时,镀层厚度 δ_m 可表示为

$$\delta_m = \frac{10^4 Q c \eta_k}{\rho S_m} = \frac{10^4 c \eta_k}{\rho S_m} \int_0^t i \mathrm{d}t = \frac{1}{k S_m} \int_0^t i \mathrm{d}t \tag{6.3}$$

式中,k 为耗电系数,$A \cdot h/(cm^2 \cdot \mu m)$,$k = \frac{10^{-4} \rho}{c \eta_k}$。

(2)虚拟监测系统的硬件。

基于法拉第电解定律的自动化纳米颗粒复合电刷镀镀层厚度虚拟监测系统的硬件组成如图 6.2 所示,主要包括:刷镀电源、计算机、数据采集卡(DAQ)、信号调理器、霍尔电流传感器和霍尔电压传感器。在此系统中刷镀电流和刷镀电压分别由霍尔电流传感器和霍尔电压传感器检测,以转换成合适的电压信号。这些信号由信号调理器滤波,然后经 A/D 转换器转换成数字信号,再进入计算机进行相应的处理。

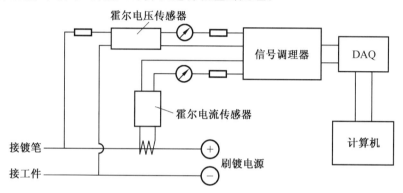

图 6.2 基于法拉第电解定律的自动化纳米颗粒复合电刷镀镀层厚度虚拟监测系统的硬件组成

(3)虚拟检测系统的软件。

自动化纳米颗粒复合电刷镀工艺过程的软件算法如图 6.3 所示。图中 δ_{obj}、S_m、S_c、k、i_{max}、d_{max}、γ_{max}、S_r、$\cdots$ 为预置参数,它们分别为:镀层的目标厚度、工件的平均刷镀面积、镀笔包套和工件平均接触面积、耗电系数、刷镀电流的最大许用值、电流密度的最大许用值、沉积速度的最大许用值及采样率等。由式(6.3)可知,镀层厚度的检测精度与耗电量的数值密切相关,因此采用电流矩形积分来提高耗电量计算的精确度,即

$$Q = \int_0^t i\mathrm{d}t \approx \sum_{n=0}^N i_n \Delta t \tag{6.4}$$

式中,Q 为耗电量,$A \cdot h$;N 为采样总数;i_n 为电流的采样值,A;Δt 为采样间隔,s。

利用虚拟仪器开发平台 LabVIEW 可高效地实现图 6.3 所示的基于法拉第电解定律测量镀层厚度的算法。根据图 6.3 所示的算法,在仪器前面板上放置所需要的控件和指示器等,从而实现仪器控制和数据输入输出功能;同时根据需要,将各种功能图标和连接器放置于流程框图面板,并根据测试算法将图标和连接器按照合适的方式组合并连接起来,利用数据流

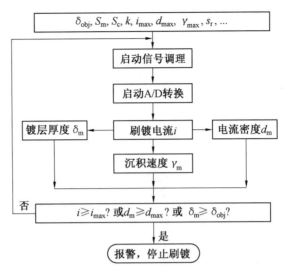

图 6.3　自动化纳米颗粒复合电刷镀工艺过程的软件算法

编程即可实现该虚拟仪器的监控功能。

6.2.2　基于涡流效应的镀层厚度虚拟检测

基于涡流效应的镀层厚度检测方法属于非接触测量,在自动化纳米复合电刷镀过程中不会污染刷镀溶液,也无须考虑绝缘、密封等问题,因此其具有显著优势。

(1)镀层厚度检测原理。

基于涡流效应的镀层厚度虚拟检测方法的原理可以表述如下:高频交流信号会在测头线圈中产生电磁场,当测头靠近导体时,就在其中形成涡流。涡流探头离导电基体越近,则涡流越大,反射阻抗也越大。这个反馈作用量表征了测头与导电基体之间距离的大小,也就是导电基体上非导电覆层厚度的大小。涡流传感器就是基于该原理,在刷镀过程中,镀层厚度变化比较缓慢,理论上该变化可以用涡流传感器检测到,再结合虚拟仪器技术就可以经济而有效地实现镀层厚度的实时检测。

(2)虚拟检测系统的硬件。

基于涡流效应的镀层厚度虚拟检测系统的硬件组成如图 6.4 所示,它主要由计算机、DAQ、位移测量仪、涡流传感器等组成。

(3)虚拟检测系统的软件。

基于涡流效应进行纳米复合电刷镀镀层厚度检测的算法如图 6.5 所示。图中预置参数包括 δ_{obj} ,b_s ,s_r ,$\cdots$,它们分别代表镀层的目标厚度、缓冲

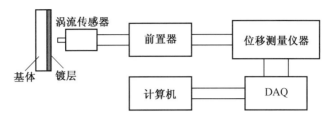

图 6.4 基于涡流效应的镀层厚度虚拟检测系统的硬件组成

区大小、采样率。由于涡流传感器的灵敏度受到电阻率、被测导体的磁导率及基体磁性的影响,因此采用了非模型校正算法来补偿测量误差,如图6.6所示。非模型校正算法是针对一定种类的镀液、一定基体材料和一定尺寸的工件通过试验修正镀层厚度。当刷镀标准试件时,镀层的厚度可以用微米千分尺每隔 30 s 测量一次,同时记录仪器的读数,直至刷镀到目标厚度。这样可以获得镀层的实际厚度 y_i 和仪器测量值 x_i 的关系曲线。通过重复试验可以获得一系列这样的曲线,通过对这些曲线上的数据进行分析和处理,从而得到镀层厚度的修正曲线。

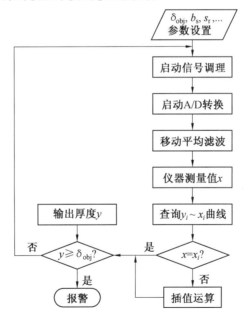

图 6.5 基于涡流效应进行纳米颗粒复合电刷镀镀层厚度虚拟检测的算法

根据图 6.5 所示的镀层厚度虚拟检测算法,在 LabVIEW 平台上进行基于涡流效应的纳米颗粒复合电刷镀镀层厚度虚拟监控的软件系统开发。

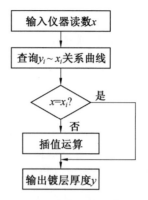

图 6.6　非模型校正算法

6.2.3　自动化纳米颗粒复合电刷镀镀层厚度检测试验

为检验所开发的虚拟仪器，针对上述两种镀层厚度监控方法，分别进行了 4 次试验。试验材料和方法如下：45♯钢基体，尺寸为 $\phi 50$ mm ×60 mm；n－Al_2O_3/Ni 复合电刷镀镀液；镀层的实际厚度采用微米千分尺测量。镀层厚度检测的试验结果见表 6.1，其中 a 为目标镀层厚度，b 为实际镀层厚度，c 为基于法拉第电解定律的监控结果。

表 6.1　镀层厚度检测的试验结果　　　　　　μm

试验编号	1	2	3	4
a	100	100	100	100
b	109	107	105	107
c	97	93	95	91

绝对测量误差 Δ_x 和相对误差 γ_x 为

$$\Delta_x = \frac{1}{n} \sum_{i=1}^{n} |x_i - y_i| \tag{6.5}$$

$$\gamma_x = \frac{1}{n} \sum_{i=1}^{n} \left| \frac{x_i - y_i}{y_i} \right| \times 100\% \tag{6.6}$$

式中，x_i 为镀层厚度的测量值，μm；y_i 为镀层实际厚度，μm。

将表 6.1 中的数据代入以上两式可得

$$\Delta_{xa} = 7.0; \quad \Delta_x = 13.0; \quad \gamma_{xa} = 7.0\%; \quad \gamma_x = 12.0\%$$

由测量绝对误差和相对误差可以看出，基于法拉第电解定律和基于涡流效应的两种虚拟监控系统均可应用于纳米复合电刷镀镀层的厚度监控，且基于涡流效应监控方法的测量精度优于基于法拉第电解定律的监控方法。分析其原因主要是刷镀时一直使用新鲜镀液,而式(6.3)中的系数 k 采用的是产品规范上提供的耗电系数,它是平均值,实际的耗电系数小于该值,基于法拉第定律的检测方法的结果要小于实际镀层厚度,但是基于涡流效应的检测方法除了仪器本身存在的误差外,不会存在上述系统误差。

综上所述,采用 LabVIEW 软件平台,分别基于法拉第电解定律和涡流效应原理研发了两种纳米颗粒复合电刷镀镀层厚度的虚拟监控系统,二者均可应用于自动化纳米复合电刷镀过程中镀层厚度的实时监控。试验结果表明,二者相比较,基于涡流效应的镀层厚度监控方法的测量精度较高,这主要是因为基于涡流效应的监控系统的测量结果与纳米复合电刷镀镀液的耗电系数无关。

所研发的镀层厚度虚拟监控系统得到的纳米颗粒复合电刷镀镀层厚度测量结果可以实时显示在虚拟仪器面板上,实现了纳米颗粒复合电刷镀工艺参数的实时监控,为纳米颗粒复合电刷镀实现自动化提供了前提条件。

6.3 孔类零部件自动化纳米颗粒复合电刷镀立式刷镀中心

济南复强动力有限公司在进行斯太尔发动机再制造中发现,大部分发动机的缸体(图 6.7)在使用后,缸体内壁都会受到不同程度的损伤,其损伤形式主要是磨损和变形导致的尺寸超差。另外,在新缸体机械加工过程中,有时会出现由于工人操作失误而导致的加工超差。而对这些尺寸超差的缸体一直缺少有效的修复方法。因此,济南复强动力有限公司向装备再制造技术国防科技重点实验室提出了开发斯太尔发动机缸体自动化电刷镀设备的需求。设备技术要求如下:

①能够实现对斯太尔发动机缸体内壁的自动化刷镀再制造。

②缸体内壁径向镀厚为 $0.10 \sim 0.15$ mm。

针对济南复强动力有限公司提出的技术要求,进行工艺方案分析后,确定采用立式加工中心专机设计方案,采用 KND 数控系统控制刷镀的工艺和动作,逐个缸体内壁进行刷镀。

立式刷镀中心设备由以下几个部分组成:

①立式加工中心。

②缸体刷镀专用安装平台、镀笔及密封圈。

③逆变数控电刷镀电源。

④溶液自动供给与回收系统。

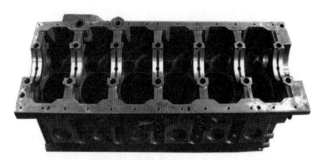

图 6.7 斯太尔发动机缸体

⑤冲洗水加温系统。

装备再制造技术国防科技重点实验室通过调研论证和设计,并外协委托专业公司研制出了专用的立式刷镀设备系统。

6.3.1 自动化电刷镀中心机床主体

(1)机床的结构。

本机床采用立式铣加工中心的基体,主要由底座、立柱、主轴箱、托板、工作台、绝缘台面、主轴导电绝缘装置、液体旋转分流机构、液体供液排液回收系统、自动润滑系统、冲洗系统、防护罩、电源、电气系统、计算机控制系统等组成。机床的主要技术参数见表 6.2,图 6.8 所示为立式刷镀中心机床的结构示意图。

表 6.2 机床的主要技术参数

序号	参数名称	单位	数值
1	刷镀孔直径	mm	ϕ130
2	主轴转速范围	r/min	5~250
3	主轴最大行程	mm	800
4	主轴升降最大速度	m/min	5
5	主轴端面距工作台面距离	mm	500~1 300
6	工作台面积	mm×mm	1 000×420
7	主轴电动机	kW	2.2
8	z 轴电机(抱闸步进电机)	N·m	16
	x 轴电机(步进电机)	N·m	12
	y 轴电机(步进电机)	N·m	12
	B 轴电机(步进电机)	N·m	36
9	防腐水泵	W	100
10	机床外形尺寸(主机)	mm×mm×mm	2 600×2 600×2 750
11	机床毛重	kg	4 000

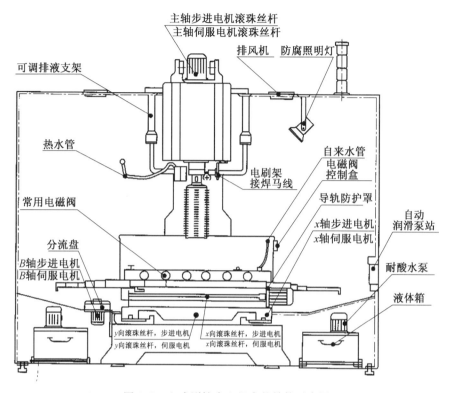

图 6.8 立式刷镀中心机床的结构示意图

（2）机床的电气系统。

机床的电气控制系统主要由 KND 数控系统、米格步进驱动器和步进电机、变频主轴及控制线路组成。米格步进驱动器与变频主轴集中安装于控制线路电器柜中。数控机床的所有操作器件均集中安装在电柜上，其中包含显示单元、系统操作面板和机床操作面板。

（3）机床的润滑系统。

机床采用自动润滑系统，定时定量进行脉冲分配润滑，使各润滑点可靠、充分，保证机床正常运转，保持机床精度和延长使用寿命。系统采用自动间歇润滑泵，每次间歇时间为 20 min，工作时间为 10 s（间歇时间和工作时间均可随意设定）。

（4）机床的供液及回收系统。

供液系统按清洗、电净、强活化、弱活化、刷镀等工艺要求进行供液。供液泵、电磁阀、回液箱均采用防腐材料制造。回液箱容积约为 50 L。机床台面上装有厚 80 mm 的尼龙板以起到绝缘的作用，板顶面加工的六沉孔与缸体孔及孔径相同,外侧钻 $\phi20$ 斜孔与沉孔相通,各孔口安装常闭电磁阀(图6.9)。自动化电刷镀过程中,液体可以畅通地排入不锈钢托盘斜槽内。工作中按指令分别打开电磁阀,将电净、强活化、弱活化、镀液经旋转分流盘(图6.10)排入各收集箱。注意保持液体的清洁度,及时清理刷镀过程中出现的沉淀物及污物。

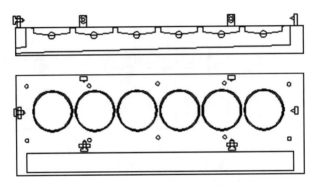

图 6.9　缸体的密封台面

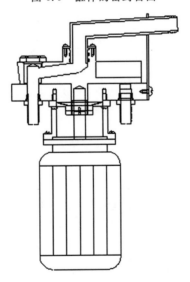

图 6.10　机床分流盘的结构图

(5)机床的冲洗系统。

冲洗系统是通过电热水器将自来水加热到一定温度,按指令经电磁阀控制进行冲洗。冲洗次数及时间由系统设置。冲洗后的废水流入废水池中待处理。

(6)刷镀清洗污水处理。

刷镀清洗污水进行收集,并进行集中处理,达到排放要求后进行排放或循环利用。

(7)机床防护装置。

为了防止加工过程中刷镀液飞溅,保证操作人员的安全,采用半封闭防护装置,装置配有推拉门。

缸体自动化纳米电刷镀专机(立式刷镀中心)如图 6.11 所示。

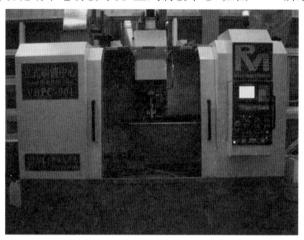

图 6.11　缸体自动化纳米电刷镀专机(立式刷镀中心)

6.3.2　电刷镀镀笔

电刷镀镀笔为旋转型电刷镀镀笔,一般包括金属连接柄、毛刷、金属板(棒)等。电刷镀镀笔的结构和尺寸可以根据待修复零部件需要进行设计。图 6.12 所示为改进后的内孔电刷镀镀笔的结构图及实物图。镀笔的最大外径为 138 mm(缸体内径为 130 mm)。金属板材质应当选用和复合电刷镀镀层基质金属相同的金属。采用镍基纳米复合电刷镀镀层修复发动机缸体内孔表面时,由于复合电刷镀镀层基质金属为镍,因此自动化电刷镀镀笔的金属板采用金属镍板。在自动化纳米刷镀修复缸体内壁表面的过程中,电刷镀镀液中的金属阳离子(镍离子)在电场作用下不断沉积到缸体内壁表面形成镀层,而同时电刷镀镀笔中的镍金属板在电场作用下不断电离溶解为镍离子进入溶液,补充电刷镀镀液中的镍离子,使得纳米复合电刷镀过程可以持续进行。针对发动机缸体内壁表面纳米电刷镀的需要,为了增强电刷镀镀笔在缸体内旋转的稳定性,对镀笔的结构进行了改进,将电刷镀镀笔的毛刷和镍板的条数由 2 条增加到 3 条。

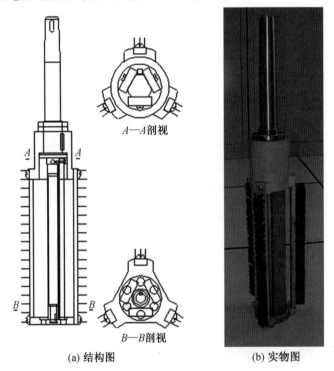

A—A剖视

B—B剖视

(a) 结构图　　　　　　　　　　(b) 实物图

图 6.12　改进后的内孔电刷镀镀笔的结构图和实物图

6.3.3　电刷镀电源

电刷镀电源采用装备再制造技术国防科技重点实验室自行研制的 NDSD－150A 型逆变电刷镀电源,并根据专机程序控制要求,进行了程控改造,使得电源的控制参数(电压、电流、正负极性、电量和时间)可通过专机上的数控系统进行调整和存储,提高其自动化程度。

6.3.4　电刷镀镀液

由于缸体内壁为非工作面,在使用时还需压入缸套,因此在保证镀层结合强度的前提下缸体内壁的修复以恢复尺寸为主,因此电刷镀镀液成分选用最为简单的基础镀液即可。如果拟在发动机缸体内壁表面制备镍基纳米颗粒复合电刷镀镀层,其电刷镀镀液选用快速镍电刷镀镀液即可。

6.4 卧式电刷镀系统

6.4.1 总体设计

卧式刷镀中心(卧式自动化柔性摩擦辅助电沉积系统)设计的总体目标是实现损伤轴类件或含轴构成部分工件表面的高效、优质、低成本和批量化再制造修复。卧式刷镀中心主要包括数控系统、逆变刷镀电源、卧式机床、镀笔、自动供液系统、自动回液系统、自动热水冲洗系统及照明和抽风等关键结构部件。设计系统设有手动程序和自动程序两部分,可满足程序调试、故障诊断和自动化操作等不同需求。基于自动化程序设置,输入待修复轴的直径和长度、镀液温度、沉积时间和电流密度等工艺参数,以及转速等信息,点击启动程序,一次可完成工件自动化再制造过程。对于未知直径工件,可通过预先手动程序调节后,完成自动化操作。另外,该系统还要满足实时反馈工艺实施进展、夜间作业及避免环境污染等需求。

卧式电刷镀系统总体设计要点如下:

(1)修复能力。

设计最大装夹轴类零部件直径为 400 mm,最大装卡零部件长度为 1 500 m。

(2)控制系统。

输入程序参数或过程指令,方便实现特定工艺动作。

(3)电源。

电源为通用的恒电位或恒电流电源即可,但需满足工艺量程、正负极性转换及数控系统连接功能。设计电源的最高电压为 30 V,最大电流为 100 A。

(4)卧式机床。

根据工件的最大修复能力,选择相应吨位和尺寸的卧式机床,但机床需加装臂架导轨和镀液溅射防护装置等。

(5)卧式自动化电刷镀镀笔。

传统电刷镀镀笔多采用石墨外裹棉花和涤棉,耐磨性和耐清洗性差,难以满足全程自动化电刷镀作业要求。因此,自动化操作的关键问题之一就是镀笔的结构设计。自动化镀笔的摩擦材质要满足容易清洗、不导电、耐磨性和韧性好的特点,而研究表明生物鬃适宜作为镀笔的柔性摩擦部分。此外,为了满足镀液循环利用的要求,镀笔采用钛蓝结构设计,内置若

185

干镍球,镍球可以在自动化刷镀过程中有效补充电刷镀镀液中镍离子的消耗。最为重要的是,钛蓝底部与工件表面之间要形成一相对密封的电解池,使溶液的流入量大于流出量,从而满足生产效率的要求。

(6)工艺过程。

轴类件的再制造工艺过程与平板或内孔类零部件的电刷镀再制造工艺过程相同,但还需解决前处理溶液和电沉积镀液的自动化供应、分液及回收等问题。这些溶液可通过蠕动泵供应,最大供应流量选用 11 L/min,并通过分液系统回收。此外,液位高度、镀液温度、电流、电压及电量等工艺过程参数需实时在面板显示。

(7)环保理念。

绿色环保、成分简单的 Watts 镀液,便于维护且可重复使用。冲洗废水积累到一定程度通过废水处理设备处理。设计废水存储容积约为300 L,日处理量为 10~20 t,去除镍离子不低于 90%,pH 调为 8~10,化学需氧量(Chemical Oxygen Demand, COD)低于 30 mg/L,出水悬浮物总量(TSS)低于 10 mg/L,氧化还原电位(ORP)约为 800 mV。

图 6.13 所示为卧式刷镀中心的效果图。

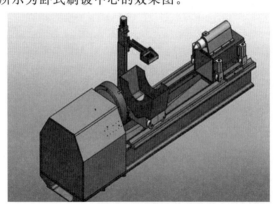

图 6.13　卧式刷镀中心的效果图

6.4.2　卧式刷镀中心系统主要构成

(1)数控系统和程序界面。

采用可编程逻辑控制器(Programmable Logic Controller, PLC)程序系统控制,实现特定工艺动作。人机交互界面的主菜单(图 6.14)和子菜单通过计算机触摸屏显示和操作,主菜单的最左侧显示电源极性、分步电机限位和冲洗水加热开启等状态。手动操作包括主轴转速、升降电机、左右电机、摆臂、蠕动泵、电源、分液及排风、照明、冲洗水部分,用于分步调试各个部分功能,也可以实施某些工序的单独操作。在参数设置一栏包括自动运行和温度输入模块。通过自动运行模块子界面输入相应的工艺过程参数(图 6.15);通过温度输入模块设定工作液温度范围,高于或低于设定的温度上、下限,会显示高温或低温报警。液位显示模块通过液位传感器显示各前处理液和工作液槽中的液面高度,待液面高度低于总高度的 1/3 时,需补充该溶液。最右侧显示自动运行监视,包括各工序的到位指示、运行时间及自动运行启动和自动运行停止。自动运行操作可一次完成所有工艺动作。

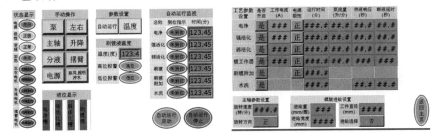

图 6.14　人机交互界面的主菜单　　　图 6.15　电沉积工艺参数子菜单

(2)电刷镀电源。

采用装备再制造技术国防科技重点实验室自行研制的逆变电刷镀电源,并根据系统程序控制要求,进行了程控改造,使得电源的控制参数(电压、电流、正负极性、电量)通过控制面板上相应的数字显示表实时显示和存储,自动化程度得到了极大的提高。

(3)卧式刷镀中心。

卧式刷镀中心的最大再制造修复轴类尺寸为 $\phi400$ mm×1 500 mm,主轴最大转速达 300 r/min,可实现正反方向无级变速。另外,在机床一侧底部安装导轨和立柱,在立柱上安装升降电机和摆动电机,可实现臂架的升降和旋转动作,同时也可满足长轴类损伤工件的再制造修复要求。

(4)电刷镀镀笔。

镀笔与可伸缩不锈钢臂架相连,并通过螺栓固定,便于安装和拆卸。镀笔为矩形结构,由纯钛板和钛网制成,内部用于放置镍球,中上部开溢流口,底部外套聚乙烯套,沿主轴转动方向两侧焊有刷板,刷条可通过刷板自由插入和拔出,便于其长时间使用磨损后的安装和更换。此外,沿主轴径运动方向的聚乙烯套一侧或两侧还要安装橡胶条,起到相对密封溶液的作用,使溶液的流入量大于流出量,从而在钛蓝底部与工件表面之间形成一个电解池,进而加快金属的电沉积速度。

(5)溶液供给与回收。

为了满足工艺需求,同时又充分利用各种前处理溶液及工作液,将电净、强活化、弱活化及工作液分别置于 4 个塑料桶储液槽(图 6.16(a))中,每个储液槽的容积达 50 L。每次通过程序控制蠕动泵(图 6.16(a))的启动,将相应储液槽中的溶液分别依次供到钛蓝内部,其中一部分溶液存储在钛蓝内部,用于满足前处理或电沉积工艺的需要,一部分溶液会在重力作用下流到工件表面,再通过工件下方的积液槽和分液盘控制(图 6.16(b)),使相应的液体分别通过对应的工序漏斗流到原先各自的储液槽中,进而避免了各溶液的交叉污染。而各个工序间的冲洗水则通过程序控制,自动调整分液盘的位置,使分液盘排液位置处于任意两漏斗之间,使废水溶液顺着回收盘中心孔流到废水处理槽中。

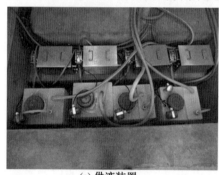

(a) 供液装置　　　　　　(b) 分液装置

图 6.16　供液装置和分液装置

(6)冲洗水加温。

为了保证工件的清洗效果和镀层沉积质量,采用温水对各个工序间的残留液进行冲洗,其中温水为加热器加热自来水所得。在温度较低的时候,冲洗水的温控系统的作用就显现出来了,既可以强化前处理效果,又可以避免工件与镀液温差太大,引发镀层起皮、开裂及结合不良等情况。

(7)照明和抽风。

为了便于夜间生产作业和减少挥发气体对人员的伤害,在系统内部上端侧壁和顶棚分别安装了照明系统和抽风装置。

(8)废水处理。

卧式刷镀中心运行一段时间后,废液储存槽中会产生大量的冲洗液废水。冲洗液废水由于重金属离子浓度较高,且含有少量有机物,因此不能直接排放,必须经过净化处理并达到一定标准后才可排放。

根据前处理液和工作液中金属离子、有机物的种类和特点,设计和研发了电沉积废水处理设备。设备分 3 个槽,一个入口槽,一个反应槽,还有一个出口槽。在废水处理过程中,首先将储存槽中的废水经气动泵泵入入口槽中,并检验初始废水溶液的电导率;然后使废水流到反应槽中,在反应槽中通过 pH 传感器检测调节溶液的 pH,使溶液的 pH 为 8~10,并添加适量絮凝剂和其他添加剂,使之与金属离子发生化学反应,反应完全后的物质可沉降到沉淀筒底部。在此过程中通过氧化还原传感器检测有机物处理情况,使 COD 低于 30 mg/L。最后,通过出口槽的电导率传感器检测废水的处理情况,达到处理标准后,废水进入过滤桶,再次过滤固体颗粒和少量沉降物后进行排放。

6.4.3 系统指标

设计组装完成的卧式刷镀系统,如图 6.17 所示,该系统主要的技术指标如下:

①设备外形尺寸:2 500 mm×1 500 mm×2 000 mm。

②主轴转速:0~300 r/min。

③臂架及镀笔沿工件轴向运动速度:0~20 m/min。

④最大装夹轴类零部件直径:400 mm。

⑤最大装卡零部件长度:1 500 mm。

图 6.17 卧式刷镀系统

6.5　自动化纳米复合电刷镀镀层的组织和性能

6.5.1　刷镀行为对镀层结合强度的影响

在研制的内孔电刷镀试验装置上进行试验。试验1：卸掉镀笔上的毛刷；试验2：仅在制备镀层工序中卸掉镀笔上的毛刷。两个试验采用相同的工艺参数（表6.3），然后对镀层的结合强度进行定性研究。

表6.3　内孔电刷镀的工艺参数

工序名称	选用镀液	电源极性	电流密度 /(A·dm⁻²)	处理时间 /min	镀笔转速 /(r·min⁻¹)
电净	电净液	正接	10	1	100
强活化	强活化液	反接	12	1	100
弱活化	弱活化液	反接	6	1	100
制备镀层	内孔电刷镀基础镍	正接	5	20	80～120

上述两个试验获得的镍镀层宏观表面形貌，如图6.18所示。图6.18（a）为前处理未使用毛刷镀层的宏观表面形貌。可以看出，镀层出现大面积的剥落和起泡现象，没有得到完整合格的镀层；没有剥落的镀层也很容易被刮掉。图6.18（b）为前处理使用毛刷后镍镀层的宏观表面形貌。虽然在制备镀层工序中拆掉了毛刷，但依然得到了完整的镀层。采用锉削和锯割的方法对镀层进行结合强度定性考察，均未出现剥落的现象。

(a) 未用毛刷　　　　　　　　　　(b) 使用毛刷

图6.18　毛刷对镍镀层宏观表面形貌的影响

图 6.19 为缸体内壁电刷镀镍镀层偏磨后的表面形貌。可以看出,在镀层与基体的过渡区域镀层逐渐变薄,磨痕的两条边线笔直完整,未出现崩落的现象,表明镀层的结合强度良好。

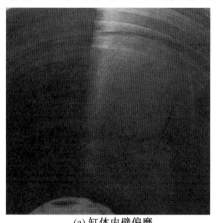
(a) 缸体内壁偏磨

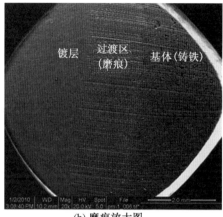
(b) 磨痕放大图

图 6.19 缸体内壁电刷镀镍镀层偏磨后的表面形貌

重复上述两个试验的前处理部分,对前处理的效果进行了观察,发现不安装毛刷的缸体内壁表面呈黑色,用棉球轻轻擦拭,棉球上黏附了很厚的炭黑。而装上毛刷处理过的缸体内壁呈均匀的灰白色,用棉球轻轻擦拭,棉球基本不变黑。这是因为铸铁是一种含碳量很高的金属,当对其进行强活化时,金属会发生溶解,金属内部的碳就会析出。析出的碳粒径很小,活性很高,极易吸附在金属表面并且很难去除干净。弱活化对析出碳的去除有一定的作用,这是因为溶液中的柠檬酸根离子易于吸附在碳颗粒的表面,对碳颗粒起到包覆作用,降低了它的表面活性,使其易于脱离阴极表面。如果无其他外力作用而仅靠液流很弱的冲刷作用仍不能有效去除析出碳。而这些碳覆盖在阴极表面,阻断了电沉积的金属原子与基体金属原子的接触,使其无法形成金属键。毛刷在前处理工序中不仅起到清除析出碳的作用,还表现出以下 3 方面的作用:

①搅拌作用。在缸体内部转动的毛刷起到搅拌溶液的作用,相比电镀中常采用的空气搅拌和机械搅拌等搅拌方式,毛刷对镀液的搅拌作用更强烈有效。采用其他的搅拌方式对阴极表面的溶液搅拌很弱,溶液中需消耗的成分无法及时输送到阴极表面,造成阴极表层的溶液出现浓差。相反,毛刷的搅拌触及阴极的表层液面,有效地削弱了浓差现象。

②撕裂作用。在电净过程中,毛刷起到帮助氢气泡撕裂和破坏金属表

面油膜的作用,即使是顽固的油脂膜和油泥膜,也能有效地去除。相比不采用毛刷,采用毛刷能够缩短电净时间,增强电净的效果,使电净的质量更均匀、更彻底。

③清洁作用。前面提到,在强活化过程中铁溶解后析出的碳活性很高,极易吸附在阴极表面,单靠液流的冲刷已无法有效去除。而紧贴阴极表面运动的毛刷会破坏析出碳颗粒在阴极表面的吸附,在弱活化工序中,使其更充分地吸附柠檬酸根离子并悬浮于溶液中,使析出碳清除更彻底。

总之,旋转的毛刷对前处理工序起到增强的作用,特别是针对含碳量较高和形状复杂的零部件,毛刷的作用更加突出。即使是针对含碳量很低和不含碳的金属,电刷镀纳米晶也表现出前处理液利用率高、速度快和处理充分、均匀等优点。

6.5.2　刷镀行为对镀层表面形貌的影响

按照表 6.6 中的工艺参数,利用电刷镀纳米晶试验装置进行电沉积 90 min,研究刷镀行为对镍镀层表面形貌的影响。为了能得到结合良好的镀层,前处理工序中镀笔上都装有毛刷,只是在制备镀层工序中分别选择装毛刷和不装毛刷,将其试验结果进行对比。

由图 6.18 所示的未用毛刷和使用毛刷的缸套内孔镀层的宏观表面形貌可以看出,两个缸套内孔都得到了结合良好的镀层,但外观质量却大不相同。未用毛刷的缸体内壁镀层(图 6.18(a))粗糙,没有光泽,并且镀层表面有很多的小坑,还有一些珊瑚状的凸起。使用了毛刷的缸体内壁镀层(图 6.18(b))光滑平整,有光泽,镀层表面没有小坑和凸起,只是沿毛刷运动方向增加了一道道条纹。

毛刷对镀层表面微观形貌的影响,如图 6.20 所示。可以看出,未用毛刷时镀层表面是典型凹凸不平的瓦特镍(Watts Ni)形貌,由于镀液中没有添加湿润剂(十二烷基硫酸钠),析氢反应产生的氢无法及时排出,聚集在阴极表面形成气泡,导致镀层表面出现大量的针孔(凹坑),更加凹凸不平。而使用毛刷的镀层表面平整光洁。

6.5.3　刷镀行为对镀层硬度的影响

将图 6.18 中的两个缸体内壁分别切块取样,测量其截面的显微硬度,并与瓦特镍的显微硬度对比,结果如图 6.21 所示。未使用毛刷的镀层的显微硬度为 HV215,与瓦特镍的硬度(HV190)接近,而使用毛刷后镀层的硬度达到 HV550,提高了 1.6 倍。这表明使用毛刷显著影响镀层的硬度,

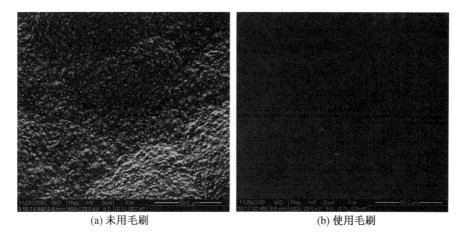

(a) 未用毛刷   (b) 使用毛刷

图 6.20　毛刷对镀层表面微观形貌的影响

这与在电沉积过程中镀层组织结构的改善有关。

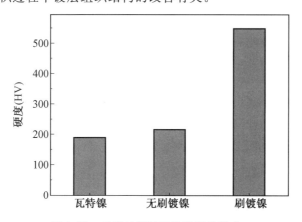

图 6.21　毛刷对镀层显微硬度的影响

6.5.4　刷镀行为对镀层组织的影响

图 6.22 所示为电沉积镍镀层生长初期的截面 TEM 组织照片。由图可见,两种镍镀层与基体结合紧密,靠近基体处晶粒尺寸均匀细小,但使用毛刷后镍镀层的晶粒尺寸更小。两镀层的晶粒生长形态和分布有所不同,未用毛刷镍镀层纵向分布趋势相对明显,在靠近基体约 100 nm 以内,存在堆垛层错(图 6.22(a)),表明基体表面存在一定程度的外延生长;使用毛刷作用下的镍镀层晶粒一部分沿基体横向分布,且在界面处很少观察到堆垛层错(图 6.22(b)),表明外延生长作用被减弱,界面应力被毛刷摩擦有

所缓解。

(a) 未用毛刷　　　　　　　　　　　　(b) 使用毛刷

图 6.22　电沉积镍镀层生长初期的截面 TEM 组织照片

图 6.23 所示为未用毛刷和使用毛刷所制备的镍刷镀层截面微观组织
照片。图 6.23(a)和 6.23(c)为未用毛刷的镀层,图 6.23(b)和图 6.23(d)
为使用毛刷的镀层。可以看出,未使用毛刷的镀层为柱状晶结构,且组织
比较粗大;而使用毛刷后的镀层为层状的纳米细晶结构。

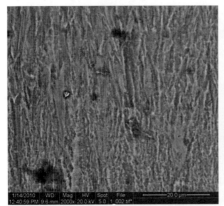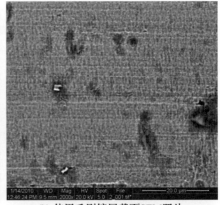

(a) 未用毛刷镀层截面SEM照片　　　　(b) 使用毛刷镀层截面SEM照片

(c) 未用毛刷镀层截面TEM明场像　　　　(d) 使用毛刷镀层截面TEM明场像

图 6.23　未用毛刷和使用毛刷所制备的镍刷镀层截面微观组织照片

图 6.24 所示为电沉积镍镀层的 TEM 像及选区电子衍射花样。从衍射花样图中可以看出,两种镀层均是镍的多晶体,但依据衍射环的连续程度判断镀层的晶粒尺寸差别很大。从 TEM 组织中可以看到,未用毛刷的镍镀层由很多形状不规则的晶粒组成,且晶粒尺寸粗大,同时纳米孪晶密度也较低;而使用毛刷镍镀层的晶粒为近似的等轴晶,且晶粒尺寸都在 100 nm 以下,主要集中在 20~30 nm 之间,同时纳米孪晶尺寸细小,纳米密度较高。因此,采用内孔电刷镀技术可以制备出含有较高纳米孪晶密度的层状纳米晶镍镀层,这种组织特征是其性能优异的结构基础。

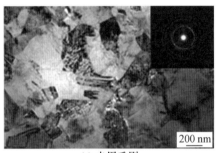

(a) 未用毛刷　　　　　　　　　　(b) 使用毛刷

图 6.24　电沉积镍镀层的 TEM 像及选区电子衍射花样

6.6　自动化纳米电刷镀镀层的成形过程及强化机理

自动化电刷镀纳米晶镍镀层相对于普通电沉积镍镀层组织更加细小,性能更优异。但毛刷在金属镀层的形成过程中究竟起怎样的作用? 自动化电刷镀纳米晶镀层的整个形成阶段又是怎样? 除了细晶强化外,电刷镀金属镀层是否还存在其他的强化机理呢? 为此,需探讨自动化纳米电刷镀镀层的形成过程及其强化机理。

6.6.1　毛刷的作用机理

电沉积理论认为,电沉积过程一般可以分为以下 4 个阶段:

第一阶段:水溶液中的金属离子到达阴极表面的过程,即物质迁移过程。

第二阶段:离子在阴极表面与电子结合,放电成为金属原子的过程,即电荷迁移,也即放电过程。

第三阶段:金属原子在电极表面扩散到达晶格位置(如弯折处)的过

程,即表面扩散过程。

第四阶段:参与晶格组织,成为结晶的过程,即参与晶格过程。

其中第三、四阶段为形成结晶的过程,由此可见在形成电镀层时,包括物质迁移、电荷迁移、晶化 3 个主要过程。这 3 个过程在电沉积过程中都非常重要。

电刷镀纳米晶技术之所以能显著提高镀层的性能,是因为镀笔上的两条毛刷对镀层的成形发挥了一定的作用。结合电沉积的 3 个过程可知,毛刷在电沉积过程中的作用可以归结为 5 种,即对镀液的搅拌作用、对镀层的整平作用、对晶粒的细化作用、对阴极表面析出气体的解吸作用和对镀层表面异物的清洁作用。

1. 搅拌作用

在电(刷)镀领域中,提高镀速(电沉积速度)最直接的办法就是增大电流密度。大量研究表明,增大电流密度对镀层的组织和性能都是有益的。但通常电镀 Watts Ni 的电流密度一般要求在 $1\sim3$ A/dm^2 之间。电沉积的 3 个过程决定了电镀 Watts Ni 要采用较低的电流密度。

电沉积的 3 个过程中,第一个过程就是物质迁移的过程,也就是镀液中的金属离子向阴极表面输送的过程。而这个过程是电沉积时,构成阴极反应的各个步骤中最慢的,因此,常常决定了阴极反应的速度。电沉积开始前,阴极表面上的镀液成分与镀液的本体成分相同。当基体上施加电位后,紧靠阴极表面的金属离子立即被阴极上的电子还原,形成晶粒细致的金属膜层均匀地覆盖在基体表面。同时,由于放电诱导和物质迁移过程的相对滞后,紧靠基体表面处形成了一层金属离子匮乏层,也有的文献称为扩散层(图 6.25)。在基体表面上,匮乏层厚度随处变动,厚薄取决于放电进行的程度大小(即电流密度的大小),电流密度越大则匮乏层越厚,匮乏层厚度的变动直接影响到后续的金属沉积。原因是匮乏层增厚时阴极浓差极化现象加剧,电流效率下降,非但不能提高镀速,多数情况下反而会恶化镀层质量(如造成氢脆、针孔和麻点、烧焦、起泡等)。解决的办法就是提高金属离子向阴极表面的输送速度,压缩匮乏层使其减薄。

电沉积时,金属离子传送到阴极表面有 3 种方式,即扩散、电迁移和对流。可选用的方法很多,如提高镀液的温度、增加电解液的浓度、缩小阴阳极间距离等,但最有效的方法就是加强对镀液的搅拌。

传统的搅拌方式主要有空气搅拌和机械搅拌等。但无论哪种搅拌方式,都需要很高的强度,否则很难解决阴极表面的层流现象(原因是液体都有黏性),即靠近阴极表面存在一个速度降低层(图 6.26),而且越靠近阴

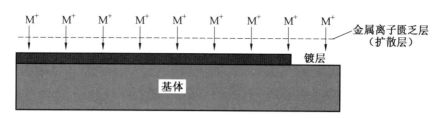

图 6.25　电沉积过程中阴极表面的镀液状态

极表面流速越低。并以此推算出圆筒内部的液流运动状态，靠近圆筒内壁的流速会大大降低(图 6.27(a))。这种现象大大削弱了搅拌的效果，不利于形成对金属离子匮乏层的压缩。

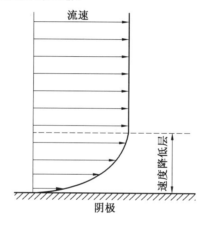

图 6.26　阴极表面的流速分布

　　当镍板两边装上毛刷后，情况就会发生改变(图 6.27(b))。不仅因为毛刷的加入增大了搅拌器的尺寸，而且毛刷是紧贴着阴极表面运动的，此时阴极表面液体就会在刷毛的带动下流动起来，毛刷部位的线速度最大，因此其流速还是整个圆筒内流速最大的部位。在毛刷经过的时候，金属离子匮乏层几乎被完全破坏；在毛刷离开后，虽然匮乏层会恢复并逐渐增厚，但相比无毛刷时依然很薄，毛刷再次经过时，匮乏层会再次被破坏(图 6.28)。

　　毛刷对镀液(特别是阴极表面的镀液)的强烈搅拌作用概括起来可归结为两点：一是较低的搅拌速度便可使镀液达到湍流的效果，加快了阳极附近金属离子向阴极附近输送的速度；二是使得金属离子匮乏层被不断破坏和压缩，使阴极附近的金属离子向阴极表面的扩散和电迁移变得容易。因此，镀笔(毛刷)的搅拌作用使电沉积的第一个过程——传质过程的速度大大加快，使得采用大电流密度电沉积成为可能。

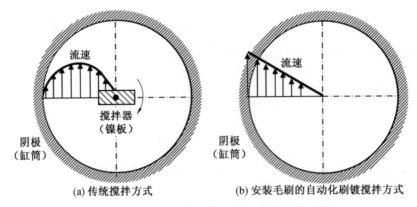

图 6.27　圆筒内液体搅拌时的流速分布示意图

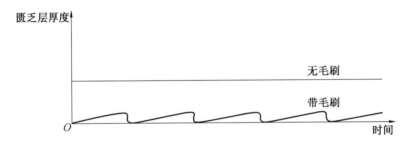

图 6.28　圆筒内任意点金属离子匮乏层厚度随时间变化示意图

2. 整平作用

镀笔不加毛刷时镀层十分粗糙,而加了毛刷之后镀层就变得十分平整,并具有较好的光亮效果,这充分表明毛刷对镀层具有整平作用。

试验在电刷镀纳米晶装置上进行,镀笔转速设为 100 r/min,电流密度为 10 A/dm²,分别制备不同电沉积时间的镀层,观察其表面形貌,并与不用毛刷的镀层(前处理工艺用毛刷)进行对比。

图 6.29 所示是铸铁缸体内壁经过前处理后的表面形貌,可以看到前处理后的铸铁表面组织十分杂乱,并且有很多凹坑和沟槽,这是因为铸铁组织不均匀。

图 6.30 所示是镀层表面形貌随电沉积时间的变化。在电沉积进行到 1 min 时,由于镀层很薄,尚不能掩盖住基体的特征,铸铁活化后的形貌还清晰可见,但两个镀层的沉积特点已有所不同。未用毛刷的镀层主要在组织的边界和凸出点处结晶,因此很容易通过基体的变化看出镍的沉积;但是使用毛刷的镀层却不十分明显,甚至很难看出已有镍的沉积。这表明,未用毛刷时电沉积初始阶段就已开始在基体的凸点处优先沉积,而用了毛

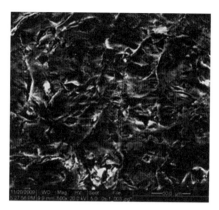

图 6.29 铸铁缸体内壁经过前处理后的表面形貌

刷的电沉积的结晶点比较分散,不仅在凸点处结晶,也会在凹点处结晶,电沉积过程在基体上进行得更加均衡。

当电沉积过程进行到 5 min 时,基体特征已基本被掩盖。未用毛刷的镀层表面被密集的小凸起覆盖,十分粗糙;使用毛刷的镀层虽然在凹坑处也可看到小凸起,但凸点处的凸起似乎被磨去了一样,相比未用毛刷的镀层平整了很多。

当电沉积过程进行到 20 min 时,未用毛刷的镀层表面已十分粗糙;而使用毛刷的镀层十分平整,基本看不到小凸起,但是依稀可见毛刷留下的"划痕"。

以上结果表明,由于毛刷对镀层直接接触的机会仅占整个电沉积过程的 10%,因此,虽然毛刷使得镀层的生长点更加平均,但就灰口铸铁基体来说,电刷镀纳米晶层的生长模式还是以凸点优先生长为主,特别是在电沉积的初始阶段。随着电沉积反应的进行,毛刷的整平作用才越来越突出,并最终制得平整的镀层。

分析毛刷的整平机理,认为毛刷主要有以下 3 方面的作用:①通过对金属离子匮乏层的破坏和压缩,抑制镀层的尖端优先生长机制,促进了镀层均匀生长;②通过对扩散原子(液态)施加外力,增加其扩散距离,使部分凸点处放电还原的原子在凹点处结晶,确保镀层均匀生长;③通过对依然发生尖端放电反应形成的枝晶施加外力,使其折断,以达到阻碍枝晶长大的目的。将第一个作用机理称为电化学整平,第二个作用机理称为物理整平,第三个作用机理称为机械整平。

(1)电化学整平机理。

电沉积过程中表面粗糙度随厚度增加而变化的机制如图 6.31 所示。

199

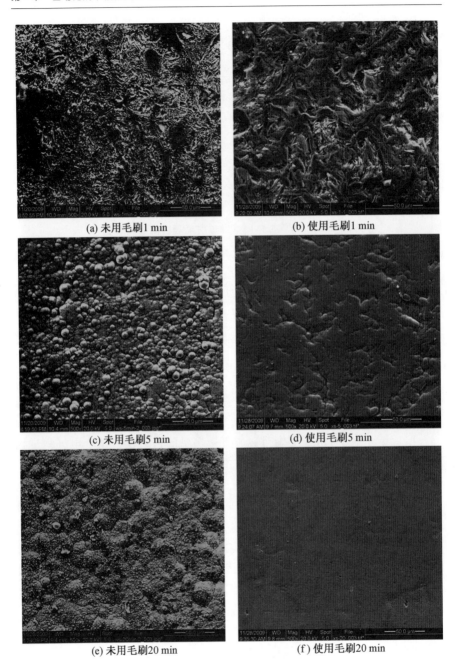

(a) 未用毛刷1 min　　　　　　(b) 使用毛刷1 min

(c) 未用毛刷5 min　　　　　　(d) 使用毛刷5 min

(e) 未用毛刷20 min　　　　　　(f) 使用毛刷20 min

图 6.30　镀层表面形貌随电沉积时间的变化

（电流密度 10 A/dm²，镀笔转速 100 r/min）

其中,图 6.31(a)所示为基体截面。电沉积开始后,最初形成的镀层沿着厚度方向是平整而均匀的,如图 6.31(b)所示。电镀开始前,阴极表面上的镀液成分与镀液的本体成分相同。当基体上施加电位后,紧靠阴极表面的金属离子立即被阴极上的电子所还原,形成晶粒细致的金属膜层均匀地覆盖在衬底表面。同时,由于放电诱导,紧靠衬底表面处形成了一层金属离子匮乏层(扩散层)。匮乏层厚度是随处变动的,厚薄取决于放电进行的程度大小,匮乏层厚度的变动直接影响到后续的金属沉积。于是金属离子的放电过程显然不再保持均匀,在基体的凸起点(凸点)优先发生放电。凸点上的增强放电诱生出热量,进而增强该处阴离子供给和阳离子发射而促进电极反应进程,更多的原子在这些促进点沉积,促成了厚度的局域性增长。而凹点处,金属离子匮乏,没有明显的放电发生,镀层的生长受到了抑

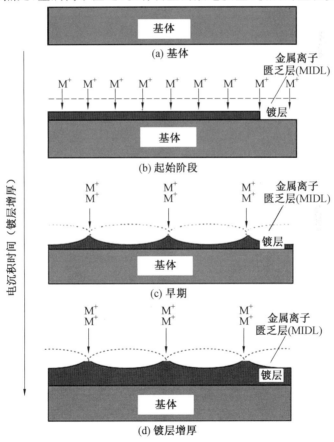

图 6.31 电沉积过程中表面粗糙度随厚度增加而变化的机制

制。金属离子的局域化放电随着时间加剧,进一步促成表面粗糙化。这与图 6.30 未用毛刷时的试验结果一致。

图 6.31(b)～图 6.31(d)中用虚线所示区域表示匮乏层。过去简单地认为金属离子通过所谓的扩散层供给,然而根据图示可以看出阴极表面上存在两个不同的区域,其中一个是金属离子得到供给的区域,即凸点;另一个是得不到金属离子的区域,即凹点。凹点处镀层的生长受到凸点处镀层生长和溶液流溢影响,凸点处发生原子流溢而补充凹点处镀层生长所需的金属离子。原子流溢距离等于吸附原子表面扩散的平均迁徙距离,该距离决定了凸点形状。扩散距离越短,尖锐凸点越多;反之,扩散距离越长,圆平凸点越多。

当在阳极上加装毛刷后,匮乏层厚度和状态就发生了变化(图 6.32),匮乏层在周期性地被毛刷破坏和压缩,这种变化规律不但发生在凸点处,同样也发生在凹点处。凹点处也发生电沉积反应,镀层的生长不再单靠凸点处的原子流溢。与此同时,凸点处的电沉积反应相应减弱。弱涨强消,趋向均衡,促进了镀层均匀生长,粗糙度降低。由于此作用机理是影响电沉积反应的过程,故称其为电化学整平。

需说明的是,仅靠此机理尚不能得到光滑平整的镀层。原因是虽然凹点处的电沉积得到加强,但凸点处依然还是有相对优势,所以镀层表面依然粗糙,粗糙度的降低也是相对的。

(2)物理整平机理。

电沉积过程中,从金属离子被还原到形成固态金属镀层这个过程,实质是个液态金属原子的快速凝固过程,称其为电沉积凝固理论。

研究表明,镀层并非只是一种金属材料,而是一种超冷固体。也就是说,从金属离子到金属镀层这个过程中包含一个液态金属的快速凝固过程。其原因是,单个金属离子还原为中性原子的过程是一个离子放电的过程,约需几个电子伏特,这个能量值从温度角度来衡量,相当于每个金属原子经历几万摄氏度的高温。每一个离子发生放电,就产生一个高温吸附原子。于是,一定量的高温吸附原子聚集在电极表面形成液态的原子级的金属膜或簇,并在表面扩散机制和外力的作用下在电极表面扩散和迅速凝固,最终形成固体膜。并用此解释了金属电沉积镀层晶粒的大小与其熔点的关系,即高熔点金属冷却速率高,倾向于多形核,导致晶粒细小;低熔点金属冷却速率慢,需用较长时间凝结,相应延长了表面扩散距离,形成较粗大的晶粒。

基于上述理论,施加一定的外力(如超重力、电磁力等),就有可能对电

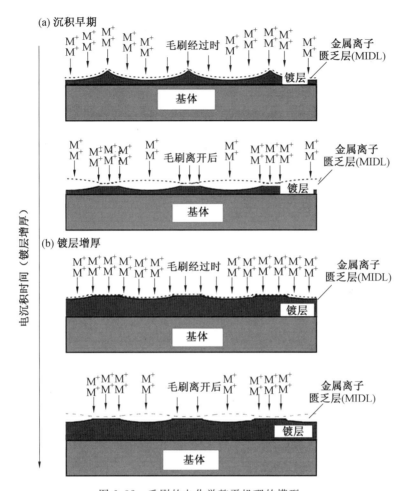

图 6.32 毛刷的电化学整平机理的模型

沉积过程产生作用,进而影响镀层的电结晶,改变镀层的生长、组织和性能。大量研究结果表明,超重力和电磁力等外力作用能对电沉积过程产生积极的影响。因此,更简单的机械外力(如毛刷施加的弹性摩擦力)也可能对电沉积过程产生重要的影响。

电刷镀纳米晶镍镀层的表面形貌分析表明,采用毛刷镀笔不仅能够得到光滑平整的镀层,而且在镀层的表面还留下了一条条"划痕"。由于镀层的硬度较高,柔软的毛刷不可能"划伤"镀层表面,只有当镀层的表层还处于液态的时候,才会产生这些"划痕"。

在进行电刷镀纳米晶镍镀层时,发现刷毛的头部会被镍包覆,并且包敷的颗粒随着刷镀时间的延长逐渐长大,形成镍瘤(图 6.33(a)),而且镍

瘤的表面形貌是典型的镍镀层的表面形貌。这表明在刷毛的头部发生了
电沉积过程。

　　但是刷毛材质为猪鬃,是不导电的,因此是不会在它的上面发生放电
和电沉积的。对镍瘤的界面观察如图 6.33(b)所示,从刷毛的边缘到镍瘤
的外沿,按组织结构可以将其分为两部分——A 区和 B 区。其中 B 区的
组织为层状组织,而 A 区镀层组织没有分层。而且可以判断 B 区是电沉
积的层状组织,而 A 区是金属的凝固组织。

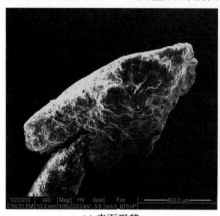
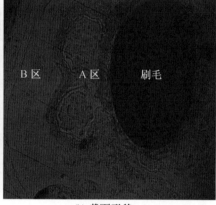

(a) 表面形貌　　　　　　　　　　　(b) 截面形貌

图 6.33　电沉积后刷毛头部镍瘤的形貌

　　在电沉积过程中,在电极表面存在由高温吸附原子聚集形成的液态的
原子级的金属膜或簇,毛刷在紧贴阴极进行滑动时,刷毛的头部就会浸入
这些金属膜或簇的内部。在润湿力的作用下,刷毛头部会黏附一些液态的
金属原子并凝固在刷毛的表面,随着电沉积反应的进行,这种黏附和凝固
过程也继续发生,并最终在刷毛头部形成一层镍的包覆层。被镍包覆的刷
毛继续在阴极表面滑动时,包覆镍与阴极接触,包覆镍变成了阴极表面移
动的凸起生长点,参与放电和电沉积过程,并逐渐长大,形成了镍瘤。

　　上面的两个试验现象均可通过电沉积凝固理论阐明。故依据电沉积
凝固理论提出了毛刷的物理整平作用机理,如图 6.34 所示。在不考虑毛
刷的电化学整平作用时,可以看出,在毛刷未经过镀层表面时,有毛刷作用
的镀层的生长模式与无毛刷时基本相同,都是尖端优先放电沉积,凹点处
镀层的生长主要靠凸点处发生原子流溢,镀层会越来越粗糙。但当毛刷经
过时,会对镀层凸点处的液态的金属原子起到驱赶的作用,使其本应在凸
点处凝固结晶的原子扩散到凹点处,起到削凸填凹的作用,从而使凸点的

优势逐渐削弱,而凹点的劣势逐渐得到补强,最终使凸点和凹点的生长达到一致,镀层变得平整。由于此作用机理影响了扩散原子的结晶(凝固)位置,是物理过程,故称其为物理整平。

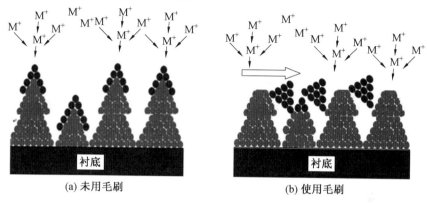

(a) 未用毛刷   (b) 使用毛刷

图 6.34 毛刷物理整平作用的理论模型

(3)机械整平机理。

金属电结晶过程是一个相当复杂的过程,按其复杂性顺序大致可分为:①理想晶面上未完成的晶面(包括二维晶核)的继续生长;②理想平整晶面上晶核的形成和生长;③实际金属沉积层的生长。

在未完成晶面上电结晶过程有可能按照两种不同方式进行:①离子只在晶面的"生长点"上放电,同时结晶(进入晶格);②离子可在晶面任何地点放电,形成晶面上的"吸附原子",然后在晶面上扩散转移到"生长点"上结晶,即离子放电过程与结晶过程是分别进行的。前者称为直接转移机理,后者称为表面扩散机理。"生长点"通常是指晶面上具有最低能量的位置,在实际晶体中总是包含大量的位错,这些位错都是结晶的生长点,如果晶面绕着位错线生长,特别是绕着螺旋位错生长,生长线就永远不会消失。

金属电沉积层的结晶类型取决于沉积金属本身的晶相学特性,但其形态与结构在很大程度上取决于电结晶过程的条件。对于简单金属盐,电结晶的主要形态有晶须(属于线状的单晶,在高电流密度和有机杂质存在时生成)和晶枝(树枝状的结晶,可以是二维或三维的,易从简单盐类镀液中出现)。电沉积枝晶形成的机理如图 6.35 所示。

本节所用镀液是简单的镍盐镀液,虽然电沉积过程中加入了毛刷,但毛刷对镀层表面直接作用的概率仅占整个电沉积过程的 1/10,大部分时间还是接近正常的电沉积过程,即遵循电沉积的基本规律。因此镀层仍会因为尖端放电效应而产生枝晶。特别是在电沉积的起始阶段,由于基体表

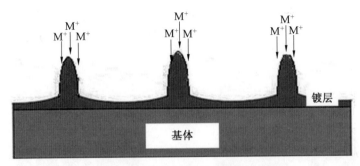

图 6.35　电沉积枝晶形成的机理

面的粗糙和铸铁组织的不均匀性,生成枝晶的趋势会更加明显。枝晶在搅动的镀液中的受力极其复杂,除了自身的重力,还要受到搅拌力、运动阻力和振动惯性力等。可以简单地把受力作用的枝晶看作是由脆性材料制成的悬臂梁;运动过程中受到运动阻力与惯性力共同弯曲作用,当弯曲合力超过临界许用应力极限时,枝晶生长遭到破坏,产生断裂现象。在研究过程中,毛刷紧贴阴极表面运动,它会对枝晶周期性地施加直接的作用力。而且力的大小要比枝晶在搅动镀液中受的合力大出几个数量级,因此枝晶会更加容易折断。

本研究的电刷镀纳米晶试验中,镀笔的毛刷条数 $n=2$,电流密度 $i=10$ A/dm^2,镀笔转速 $v=100$ r/min,刷镀时间 $t=60$ min,制备的镀层厚度(测量值)$D=110$ μm,镀层表面无毛刷作用的概率 $p=0.9$。假设镀层均匀生长,那么一个毛刷作用间隙镀层生长的厚度 d 为

$$d=\frac{D}{pnvt}=\frac{110\times1\,000}{0.9\times2\times100\times60}=8.25(\mathrm{nm}) \tag{6.7}$$

可以推断,毛刷作用间隙枝晶的生长也是纳米级的,所以在电刷镀纳米晶的沉积过程中,枝晶是很难长大的,在生长的初期就会被毛刷破坏。每个折断的枝晶相当于一个纳米级的金属颗粒,被毛刷和液流带到镀层的凹点处,并被继续沉积的金属覆盖。

毛刷对枝晶生长的破坏和阻碍依然起到削凸填凹的作用,最终的效果同样是使镀层的粗糙度降低,得到平整的镀层。

由于此作用的机理是外力折断枝晶,是机械行为,故称其为机械整平。

在毛刷机械整平的同时,还在进行着物理整平和电化学整平。三者协同作用才得到平整的镀层。当然,实际电沉积的过程比以上分析的要复杂得多,但上述 3 个整平机理起着决定性的作用。

3. 细化晶粒作用

自动化电刷镀镀笔毛刷具有细化晶粒的作用,其作用机理可从以下 3

个方面进行分析。

(1)通过破坏和压缩金属离子匮乏层,使镀层的尖端放电生长向均布放电生长转化,结晶点生长点增多,镀层晶粒细化。

(2)通过对凸点处扩散原子(液态)的驱赶作用,抑制凸点晶体的继续长大。同时由于被驱赶的液态原子不是自由扩散,因此其扩散距离更多地取决于其凝固速度(与其熔点有关),结晶点也并不一定是镀层正常的生长点(比如位错)处,增加了原子结晶位置的随机性。被毛刷驱赶随机结晶的原子簇在毛刷经过后会成为镀层新的生长点并继续长大,而当毛刷再次经过时生长点又会被再次破坏,并重新形成新的生长点。这种反复抑制了晶粒的长大,从而起到细化晶粒的作用。

(3)通过对凸点萌芽枝晶的折断作用,抑制晶粒的长大,起到细化镀层组织的作用。

电刷镀纳米晶镀层形成过程中,由于毛刷周期性地摩擦镀层的生长表面,周期性地破坏了柱状枝晶的形成,与此同时增加了晶体的形核中心并抑制了晶粒的生长,因此镀层表现出层状细晶结构。

4. 解吸作用

所谓解吸,就是液相中的溶质组分向与之接触的气(汽)相转移的传质过程,也称为脱附。在这里,特指电沉积过程中阴极反应析出的氢气脱离阴极表面排出的过程。

在电沉积过程中,不可能实现 100% 的电流效率。由于在阴极表面发生着析氢副反应,而且在搅拌不充分,电流密度大时,析氢反应强烈。析出的氢在阴极表面积聚成为气泡,吸附在阴极表面,阻碍电沉积反应的进行,并最终在阴极表面留下麻点(凹坑)和针孔等。在一般电沉积工艺中都需要在镀液中添加湿润剂(如十二烷基硫酸钠),降低镀液的表面张力,使氢气易于排出。但在电刷镀纳米晶镍镀层过程中,并没有添加湿润剂,制备的镀层依然没有麻点和针孔等缺陷,原因就是毛刷对氢气有解吸作用。刷毛不断地对阴极表面进行摩擦,使氢气始终无法积聚成大的气泡,即使有很小的气泡也会靠机械外力的作用使其脱离阴极表面,从而防止针孔和麻点的出现。

5. 清洁作用

图 6.36 所示为无毛刷作用下电沉积镍的表面形貌。由图可见,在镀层表面存在着珊瑚状的镍瘤。这个镍瘤是阳极不规则溶解产生的阳极渣在离心力的作用下贴附在镀层表面,并参与电沉积逐渐长大的结果。如果电沉积继续,它还会逐渐被埋入镀层的内部,并严重影响镀层的质量。

加装了毛刷的电刷镀技术制备的纳米晶镀层就不会出现这种情况,因为这种靠离心力贴附在镀层表面的杂质,它的结合是很脆弱的,毛刷在经过的时候,很容易就将其"扫掉",防止其影响镀层的质量。因此,毛刷还具有清洁镀层表面的作用。

图 6.36　无毛刷作用下电沉积镍的表面形貌

6.6.2　镀层的形成机制

根据电沉积镍镀层的电化学行为、生长形貌和组织结构的演变规律,建立了电镀/电刷镀镍镀层的生长机制模型,如图 6.37 所示。

从动力学角度考虑,金属电结晶过程主要包括离子扩散、离子放电、电子交换步骤或界面反应步骤和结晶步骤。交换电流大小表征电子交换步骤的快慢,结晶步骤速度取决于吸附原子表面浓度、表面扩散系数和生长点的表面密度等。离子扩散步骤的速度取决于浓度梯度、温度、离子种类等。金属电沉积过程纯粹由扩散步骤控制时,晶粒生成数目不多,易形成粗晶。电化学极化增强时,过程受界面反应控制,此时交换电流小,容易取得细结晶。

无毛刷作用下的电沉积(电镀)初期,阴极界面附近的镍离子浓度与主体相同,当基体中通过电流后,镍离子倾向于在阴极表面多处放电形核,此时晶体形核速度远大于生长速度,且沿基体某种取向生长,因而在基体表面形成外延细晶镀层。随着电沉积的进行,靠近阴极界面处的镍离子浓度降低,在电极/溶液界面形成了镍离子的浓度梯度(扩散层),于是金属离子的放电过程不再保持均匀,导致沿电场取向的镍晶粒容易快速长大。由于尖端放电诱导作用,电力线集中在凸起或尖端优势生长的晶粒上,因此金

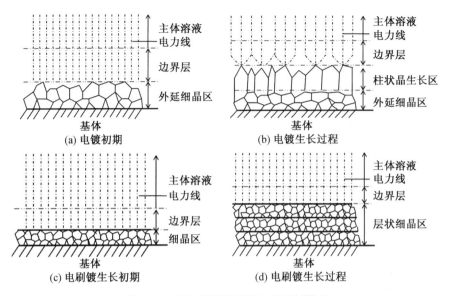

图 6.37 电沉积镍镀层的生长机制模型

属离子在突出部位优先放电生长。进而,凸起的增强放电诱生出热量,进而增强该处阴离子供给和阳离子发射而促进电极反应进程,更多的原子在这些促进点形成沉积,促成了厚度的局域性增长。而凹点处,由于金属离子匮乏,没有明显的放电发生,镀层的生长受到了抑制。其结果是随着沉积的不断进行,晶粒尺寸逐渐长大,表面粗糙度增加,形成柱状晶。

使用毛刷作用下的电沉积(电刷镀)初期,电刷镀镍镀层的形核速度很高,晶体生长速度较慢,同时毛刷摩擦抑制了吸附原子的聚集生长,因而其晶粒尺寸更均匀细小。电沉积生长过程中毛刷可起到以下几方面的作用:①搅拌作用加快了镍离子的扩散过程,降低了浓度梯度,并且极大地减薄了阴极与镀液之间的扩散层厚度,增加镍离子在界面处的浓度,提高了极限电流密度;②驱赶阴极表面的杂质和吸附物,或在镀层表面产生宏观和微观缺陷,从而提高形核中心和形核速度;③抑制尖端放电生长并促进低凹部位放电生长,从而使镀层表面平整光亮;④经毛刷摩擦整平后的镀层改变了电力线的分布,电力线分布变得均匀,有利于均匀形核;⑤抑制了吸附原子向生长点的扩散和聚集生长,从而使晶粒细化至纳米级。综合作用下,毛刷周期性的物理摩擦促进了电力线的均匀分布和金属镍离子的均匀放电生长,阻止了晶粒的选择性长大,并使各个晶面生长速度差异变小,最终得到平整致密的层状纳米晶镍镀层。

6.6.3　镀层的强化机理

1. 结合强度

电刷镀镍镀层经受住了极其苛刻的偏珩磨考验,具有很高的结合强度。图 6.38 所示为电刷镀镍镀层的截面形貌。从图 6.38(a)可以看到,①镀层与基体的结合线比较曲折,这说明电沉积前基体(铸铁)的表面十分粗糙,但镀层与基体结合良好;②铸铁的内部存在很多长条状的缺陷(它们是铸铁内部的铸造气孔或由碳富集而形成),这些缺陷有些贯穿到基体的表面,形成孔洞,而镀层不仅沿孔洞边沿向上生长并逐渐封死,而且还沿着孔洞的边沿向孔洞的内部生长。这种现象在腐蚀后的组织照片中更加明显(图 6.38(b)),铸铁被腐蚀溶解后,不易腐蚀的镍便显露出来。这些向基体内部生长的镀层与向上生长的枝晶的生长方向正好相反,它们像镀层的根一样植入基体金属内部,起到"钉扎"的作用,把镀层牢牢地固定在基体上。因此,我们称之为根晶。

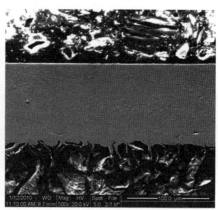

(a) 腐蚀前　　　　　　　　　　　　　　(b) 腐蚀后

图 6.38　电刷镀镍镀层的截面形貌

根晶是镀液覆盖能力(也称深镀能力)的体现。所谓覆盖能力,是指在镀液的特定条件下,在工件的凹处或深孔中沉积金属镀层的能力。在电沉积过程中,只有当阴极上的电位达到一定数值后,溶液中的金属离子才能还原成金属,并沉积在阴极表面上。如果被镀零部件上某些部位的电位达不到欲镀金属的析出电位,则这些部位上将不会有金属离子还原,所以不会形成金属镀层,这表明该镀液的覆盖能力不好。影响镀液覆盖能力的因素:①沉积金属的析出电势。析出电势越正,越容易沉积覆盖。②基体材料的性质。它对金属离子的析出电势有很大影响,进而影响覆盖能力。

③基体的表面状态,主要指粗糙度。平滑的表面覆盖好,粗糙的表面覆盖差。针对上述影响因素,一般采用以下措施来提高镀层的覆盖能力:①施加冲击电流,造成瞬间比较大的阴极极化,使被镀零部件表面瞬间被一薄层镀层完全覆盖。②增加预镀工序,使镀层容易在预镀层上析出。③加强前处理,将零部件表面的油污和各种膜层清除干净,并尽可能地提高零部件表面的光洁度。

就电刷镀技术而言,保证镀层具有高覆盖能力的因素有:①可靠的前处理工艺。毛刷的作用,使得前处理具有时间短、效率高、充分可靠等特点,特别是对基体析出的炭黑去除比较彻底,保证基体露出干净的结晶组织。②大电流密度和毛刷的搅拌作用,在阴极表面浓差极化控制很好的情况下增加了阴极极化,利于金属离子在低处和孔洞处的沉积。③毛刷对液态扩散原子的驱赶作用,把高处放电的沉积原子驱赶到低处或孔洞中,增强了镀层的覆盖能力。

以上原因,再加上铸铁组织多孔的特点,造成镀层的根状组织特别发达,这些发达的根状组织牢牢地把镀层镶嵌在基体上,起到了嵌合强化的作用。当然,镀层与基体的结合强度还主要靠镀层与基体间形成的金属键来保证,而形成这些键的前提是基体前处理必须充分,镀液中沉积的金属原子可以直接与基体原子接触。

2. 细晶强化

根据多晶体的位错塞积模型导出的 Hall—Petch 关系为

$$\sigma_y = \sigma_0 + k \cdot d^{-1/2} \tag{6.8}$$

式中,σ_y 为屈服强度或硬度;σ_0 为移动单个位错时产生的晶格摩擦阻力;k 为斜率,是常数;d 为多晶材料的平均晶粒尺寸。

由式(6.8)可知,材料的强度或硬度会随着晶粒尺寸的降低而提高,因此细化晶粒可以强化多晶材料的性能。然而,当材料的平均晶粒尺寸小于临界晶粒尺寸 10~20 nm 时,通常会出现反 Hall—Petch 关系。

毛刷的搅拌作用和对阴极表面的直接摩擦作用,增大了镀层的电结晶形核率,使得镀层电结晶形核生长方式增强,同时摩擦抑制了晶粒的快速生长,从而获得了更加细化和更加致密、均匀的纳米晶镀层。因此,毛刷可以显著细化电沉积镍镀层的组织。经工艺优化后制备的电刷镀纳米晶镍镀层的晶粒尺寸主要集中在 20~30 nm。电刷镀纳米晶镀层具有大量的晶界原子和很高的晶界体积分数,可以更大程度地阻碍位错移动和微裂纹的产生,并且其内聚结合强度很高,更加有效地抵御了外力的侵袭作用,从而强化了镀层的力学性能。

3. 孪晶强化

孪晶界是一种特殊的低能态共格晶界，与普通大角度晶界相似，孪晶界也可有效地阻碍位错运动，从而使材料强化。但是微米或亚微米尺度孪晶片层的强化效果并不明显，当孪晶片层细化至纳米量级时，其强化效果开始显现。纳米孪晶的强化作用来源于位错，不同于多晶材料中位错的强化应用。当孪晶为纳米尺度时，孪晶内部可塞积位错数量逐渐减少，位错穿越孪晶界所需的外加应力提高。当孪晶片层变薄以至于位错塞积无法实现时，将需要非常高的外加应力促使单个位错穿过孪晶界。因此，当孪晶片层厚度小至纳米尺度时，位错和孪晶的交互作用能够实现材料的强化。

电刷镀纳米晶镍镀层在镀态就含有较高密度的纳米孪晶，且随着电流密度的增大和镀液温度的升高，纳米孪晶密度增大。电刷镀纳米晶镍镀层的硬度值比理论预测值高 $1.1\sim2.4$ GPa，可用纳米孪晶界与位错的交互作用来解释，纳米晶镍镀层中的纳米孪晶界可有效阻碍位错运动，同时提高位错穿过孪晶界的外加应力，因此强化了镀层。此外，热稳定性研究也表明，当电刷镀纳米晶镍镀层在 450 ℃的温度下退火 1 h 后，尽管其平均晶粒尺寸接近 100 nm，但仍然保持很高的硬度，甚至大于平均晶粒尺寸小于 100 nm 的镍镀层的硬度。这是因为退火过程中出现了大量的生长孪晶，而孪晶片层厚度仍为数十纳米，这不仅降低了晶粒生长的驱动力，提高了纳米晶镍的热稳定性，同时还强化了镀层的硬度等力学性能。

6.7　自动化纳米颗粒复合电刷镀技术的发展趋势

自动化纳米颗粒复合电刷镀技术是在再制造生产需求推动下，基于手工操作的纳米颗粒复合电刷镀技术发展起来的，它克服了人工操作劳动强度大、生产效率低、镀层质量不稳定等人为因素制约，具有生产效率高、镀层质量稳定、镀层性能更优异等技术优势，满足大批量零部件再制造时的规模化生产需要，是适应装备再制造产业化发展的一项先进再制造技术。同时，与手工操作的纳米颗粒复合电刷镀技术相比，自动化纳米颗粒复合电刷镀技术也具有需要配套自动化刷镀机、配套专用电刷镀镀笔、操作设备系统复杂、初期设备投入成本高等问题。但是，再制造产业发展需求的增大和纳米颗粒复合电刷镀技术应用的推广，必将推动自动化纳米颗粒复合电刷镀技术不断发展，其市场需求和应用领域越来越大。自动化纳米颗粒复合电刷镀技术将在如下几方面进一步发展。

（1）专用化。

适应工业化生产需要，针对某一典型零部件大批量再制造生产需求，研发具有独特功能的自动化纳米颗粒复合电刷镀专机。现阶段，用于发动机缸体内孔表面、发动机连杆大头孔等内孔类零部件内孔圆柱面再制造修复的立式自动化纳米电刷镀专机已应用于工业生产，用于轴类零部件外圆柱面和板类零部件大平面部位再制造修复的卧式自动化纳米电刷镀专机已经成功应用。这些专用化自动化纳米颗粒复合电刷镀专机主要实现了板类零部件平面、旋转类零部件外圆柱面、内孔类零部件内孔圆柱面等不同零部件典型部位的自动化纳米颗粒复合电刷镀修复。今后，需要根据工业生产需求，针对不同类型零部件，研制不同类型的自动化纳米颗粒复合电刷镀专机、专用电刷镀镀液和专用电刷镀镀笔。

（2）稳定化。

自动化纳米颗粒复合电刷镀专机系统包含多个子系统，如溶液供给与循环子系统、电源子系统、刷镀笔装置子系统、电气子系统、监检测子系统和控制软件系统等。各子系统的可靠性及其集成融合性直接影响专机系统工作的稳定性。同时，纳米颗粒复合电刷镀过程需要使用电净液、活化液和镀层溶液等具有一定腐蚀性的溶液，长时间作业条件下，这些溶液及其气氛环境对专机系统的机械零部件具有腐蚀作用，给专机系统长期稳定工作造成威胁。为此，需要从多方面综合优化和升级，进一步提升自动化专机系统的工作稳定性。

（3）柔性化。

由于自动化纳米颗粒复合电刷镀设备系统较复杂、成本较高，自动化纳米颗粒复合电刷镀专机具有专用性，难以适应多种型号零部件小批量再制造生产和新工艺研发，为此，需要研发适应不同规格、不同结构、不同材质零部件自动化纳米颗粒复合电刷镀再制造修复需要的柔性化作业设备系统。为此，可以通过模块化设计，采用工业机器人操作等技术途径提升其柔性化程度，降低新产品自动化纳米颗粒复合电刷镀新工艺研发成本，提高自动化纳米颗粒复合电刷镀系统的利用率。

（4）智能化。

由于纳米颗粒复合电刷镀技术包含多个工序，各工序的工艺参数和质量要求存在差异，各工序工艺参数和工艺质量均直接影响所制备纳米颗粒复合电刷镀镀层的质量和性能。因此，为了实现自动化纳米颗粒复合电刷镀作业过程的连续、稳定、高质量进行，确保其再制造修复镀层的质量，需要对其工艺过程进行监测和实时调控。为此，需要在自动化纳米颗粒复合电刷镀设备系统中嵌入具有监检测和实时调控功能的模块或子系统,不断提升设备系统和作业过程的自主化和智能化水平。可以说,在我国智能制造政策导向驱动下,随着我国制造领域智能技术发展,自动化纳米颗粒复合电刷镀技术的智能化发展是技术发展的必然。

第7章 纳米颗粒复合电刷镀技术应用

纳米颗粒复合电刷镀技术所制备的复合电刷镀镀层具有优异的性能且技术工艺灵活性,得到广泛应用。纳米颗粒复合电刷镀镀液主要用来进行机械装备零部件表面损伤的修复及新品零部件表面的强化和防护。其主要应用领域包括飞机、舰船、坦克装甲车辆、汽车、摩托车、枪炮军械等军用装备及民用工业机械设备的耐磨件和密封件。

7.1 镍基纳米颗粒复合电刷镀再制造装备关键零部件

针对装备零部件表面损伤形式,采用纳米颗粒复合电刷镀镀液可以对表面划伤、表面防护层脱落、表面锈蚀、表面磨损超差等零部件进行修复或强化。在装备维修和再制造应用方面,采用纳米颗粒复合电刷镀镀液可以应用的典型零部件有:①杆、轴、轴承、轴瓦类零部件的密封或配合表面;②壳体、箱体、衬套类零部件密封或配合表面;③板类零部件表面;④零部件孔、槽类部位的内圆表面;⑤齿轮(尤其是大齿轮)的齿面。

7.1.1 纳米颗粒复合电刷镀镀液修复关键零部件的实例

纳米颗粒复合电刷镀镀液在 59 式坦克部分零部件修复中得到了应用。装甲兵工程学院采用纳米颗粒复合电刷镀镀液对 59 式坦克的一些重要难修零部件进行了修复,包括:大制动鼓密封盖 $\phi230$ mm 密封环配合表面、带衬套主动轴 $\phi74$ mm 滚柱配合表面、侧减速器被动轴 $\phi160$ mm 外圆自压油挡配合表面、负重轮 $\phi180$ mm 轴承配合内圆表面、变速箱上下箱体 $\phi155$ mm 中间轴承孔和主轴轴承孔、内垂直轴 $\phi24$ mm 衬套配合表面等。

1. 修复侧减速器主动轴

侧减速器主动轴(图 7.1)是动力传输的关键部件,该主动齿轮轴材料为 18CrNiWA 钢,化学成分见表 7.1。经渗碳和热处理后,渗碳层厚度为 1.2～1.6 mm,表面硬度大于 HRC58,心部硬度为 HRC35～49。其失效原因为:59 式坦克侧减速器主动轴齿轮齿数少,传动比大,接触应力高,润滑条件差;轴头($\phi74$ mm 外圆)是向心滚子轴承的内配合表面,承受交变载荷,是坦克零部件工况最恶劣的零部件之一;表面失效形式是接触疲劳和摩擦磨损,当其外径小于免修极限 $\phi 73.86$ mm 时,就必须更换。若对其修复,要求其修复层不仅具有较好的结合强度,还要具有足够高的硬度(大于 HRC58)和优异的抗接触疲劳性能,长期以来无法修复,只能报废。

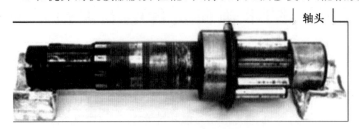

图 7.1　59 式坦克侧减速器主动轴

表 7.1　18CrNiWA 钢的化学成分

元素	C	Cr	Ni	W	Si	Al	Mn	P	S
质量分数/%	0.16	1.39	3.98	0.86	0.34	0.04	0.42	0.025	0.08

采用镍基纳米颗粒复合电刷镀镀液制备的复合电刷镀镀层具有较高的硬度、较好耐磨性能和优异的抗接触疲劳性能,其中 $n-Al_2O_3/Ni$ 复合电刷镀镀层具有更加优异的综合性能,其显微硬度可达到 HV660~700,达到了侧减速器主动轴原轴头表面硬度要求(大于 HRC58)。因此,有可能实现对该零部件的修复。

采用硬度和抗接触疲劳性都非常优异的 $n-Al_2O_3/Ni$ 复合电刷镀镀液修复因磨损尺寸超差而报废的主动轴,具体修复工艺如下:

(1)表面准备。

将待修零部件用磨床磨去待镀表面的疲劳层,用外径千分尺测量镀前尺寸,并用丙酮清洗整个零部件表面。然后将零部件固定在车床上。刷镀过程中,车床转速控制在 15~20 r/min。

(2)电净。

用 1 号电净液电净。镀笔接电源正极,零部件接负极,电压为 10~12 V,时间为 30~60 s。

(3)清水冲洗。

用自来水冲洗零部件待镀表面,去除残留的电净液。清洗后的表面不挂水珠,水膜均匀铺展。

(4)强活化。

用 2 号活化液活化。镀笔接负极,电压为 10~14 V,表面出现均匀的黑灰色为正常。活化之后,用清水冲洗。

（5）弱活化。

用 3 号活化液活化。镀笔接负极，电压为 18～20 V，只有表面呈现均匀银灰色。活化之后，用清水冲洗。

（6）镀底层。

用特殊镍作为打底层。先不通电，用镀笔蘸取特殊镍镀液擦拭零部件待镀表面 5 s，然后通电，镀笔接正极，18 V 起镀，5～10 s 后电压降至 12～14 V，刷镀时间为 1～2 min。然后，用清水冲洗。

（7）镀纳米颗粒复合电刷镀镀层。

选用 $n-Al_2O_3/Ni$ 纳米颗粒复合电刷镀镀液。先不通电，用镀笔蘸取 $n-Al_2O_3/Ni$ 纳米颗粒复合电刷镀镀液擦拭待镀表面 5 s，然后通电，镀笔接正极，电压为 12～14 V，镀至零部件所需尺寸。然后，用清水冲洗。

（8）镀后处理。

①用工具修理镀层两边的过渡区，使其呈自然过渡小圆弧。②修边后，最后刷镀铟（In）镀层，镀笔接正极，电压为 6～14 V，覆盖为止。然后，用清水冲洗，彻底冲洗掉残留液。

（9）用暖风吹干零部件表面，然后涂上防护油。

2. 修复 59 式坦克其他零部件

侧减速器被动轴的材料为 20Cr2Ni4A，调质处理后，表面硬度达 HB444～321。其 ϕ160 mm 外圆是自压油挡配合表面，使用一段时间后，在上面磨出两条深达 0.1～0.3 mm 的沟槽，无法继续使用。以前采用焊修的方法进行修复，由于焊修变形质量无法保证，且需要后续加工。采用纳米电刷镀技术对其进行修复，镀液选用 $n-Al_2O_3/Ni$ 复合电刷镀镀液，工艺同修复侧减速器主动轴，仅用 3 h 便完成了两根轴的修复，而且不用后续加工。采用纳米颗粒复合电刷镀技术修复 59 式坦克侧减速器被动轴 ϕ160 mm 外圆自压油挡配合表面，如图 7.2 所示。

大制动鼓密封盖的材料为 45 钢，调质处理，硬度为 HB285～229。其 ϕ230 mm 内孔为密封环配合面，在使用一个中修期后，配合表面上磨出了 3 条与密封环宽度相当的沟槽，无法继续使用。采用纳米复合电刷镀技术进行修复，镀液选用耐磨性能好的 $n-Al_2O_3/Ni$ 复合电刷镀镀液，工艺依然同侧减速器主动轴的修复工艺，但由于大制动鼓密封盖的磨损量比较大，单一纳米复合电刷镀镀层无法满足尺寸要求，采用碱铜镀夹芯层的方法先恢复其尺寸，再镀纳米颗粒复合电刷镀镀层。采用纳米颗粒复合电刷镀技术修复 59 式坦克大制动鼓密封盖 ϕ230 mm 内孔密封环配合面，如图 7.3 所示。

图 7.2 修复 59 式坦克侧减速器被动轴

图 7.3 修复 59 式坦克大制动鼓密封盖

将修复件分别安装到两辆车上与新品对比,进行实车考核试验。试车后,拆下试验零部件检测,图 7.4 所示为实车考核后的 59 坦克零部件及其局部放大图,图中箭头所指表面为采用纳米颗粒复合电刷镀镀液修复的表面。结果表明纳米复合电刷镀镀层结合可靠、无脱落现象,主动轴的 n－Al_2O_3/Ni 刷镀修复层的显微硬度可达到 HV660～700,达到了其原表面硬度要求(大于 HRC58),磨损量与新品相当;被动轴修复层磨痕深度约是新品件磨痕深度的 1/3;大制动鼓密封盖修复层磨痕深度约是新品件磨痕深度的 1/5,且解决了大制动鼓密封盖密封不严(漏油)的问题。总之,纳米复合电刷镀技术修复件的耐磨性优于新品,解决了坦克零部件维修中的重大技术难题。

7.1.2 纳米颗粒复合电刷镀再制造舰船和飞机关键零部件

某舰船修理厂(表面修复中心)采用纳米颗粒复合电刷镀镀液对一些

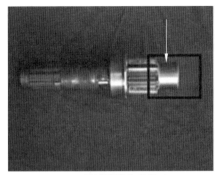

(a) 侧减速器主动轴

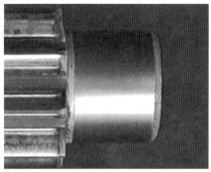

(d) 左侧图方框区的局部放大图

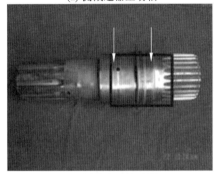

(b) 侧减速器被动轴

(e) 左侧图方框区的局部放大图

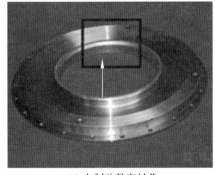

(c) 大制动鼓密封盖

(f) 左侧图方框区的局部放大图

图 7.4　实车考核后的 59 坦克零部件及其局部放大图

舰船重要零部件进行了修复,所修复或强化的零部件主要包括:052 型舰左右艉轴系统中间轴(ϕ470 mm)密封运动部位表面、隔舱 ND 型密封装置(瑞典制造)滑环内表面、某 052 型舰空调油泵轴、某核潜艇配油器轴及活塞套等。采用纳米颗粒复合电刷镀镀液首次实现了对大型舰艇关键零部件磨损表面的修复。其应用效果表明,纳米颗粒复合电刷镀镀液制备的纳米复合电刷镀镀层耐磨损性和抗疲劳性好,提高了密封运动部位的综合性能,大大延长了修理间隔期,持久保持舰艇的战术技术性能,同时创造了良好的经济效益。

某工厂采用纳米颗粒复合电刷镀镀液修复了某引进型飞机发动机的高压压气机整流叶片(图 7.5)。该飞机发动机的高压压气机整流叶片服役中产生微动磨损。由于外方未提供叶片的修复工艺,按外方工艺只能换件。但叶片价格昂贵,单件 5 000 元,每机装配 936 件。第一次大修维修率大于 5%,年修复量约 300 件(按维修 6 台/年计算),经过对纳米颗粒复合电刷镀镀层的性能试验,分别选用了两种性能优异的纳米颗粒复合电刷镀镀层对叶片的磨损处进行了局部修复。修复后的叶片通过了 300 h 发动机台架试验考核。考核结果表明修复的叶片达到了规定的叶片性能指标,能够满足使用性能要求,通过了专家委员会技术鉴定。并且经主管部门批复,允许纳米颗粒复合电刷镀技术在该型航空发动机叶片修复中应

(a) 高压压气机整流叶片   (b) 修复叶片榫片榫头侧面

(c) 修复叶片底面

图 7.5　应用纳米颗粒复合电刷镀镀液修复的某型航空发动机压气机叶片

用。

另外,纳米颗粒复合电刷镀镀液在汽车重要零部件及废旧机床导轨的再制造中也获得了大量应用。

纳米颗粒复合电刷镀镀液已在很多领域得到了应用,解决了先进武器装备的进口零部件无法维修的难题。纳米颗粒复合电刷镀技术在装备再制造和维修保障领域具有广阔的应用前景和巨大的潜在经济效益。

7.2 立式刷镀中心电刷镀再制造发动机缸体

7.2.1 立式刷镀中心的工艺实现及效果

(1)前期准备。

①将从旧发动机拆卸下来的缸体清洗后进行测量,对尺寸超差的缸体内壁进行标记并登记,而后对超差缸体内壁进行珩磨,去除疲劳层。

②清除缸体内腔各部位,包括 $\phi130$ mm 孔处及周围连接相关孔,用压缩空气吹净,不能有油污及垃圾等。

③用隔板涂玻璃胶将相关连接孔全部堵住,并放置 $10\sim15$ min 以上。

④清理孔内多余玻璃胶,再用压缩空气吹净 $\phi130$ mm 孔。缸体吊装前抹净底面(与机床绝缘台面的接触面),防止有残余琉璃胶而产生液体泄漏。

(2)缸体安装。

①在绝缘台面固定块处垫一层 $0.05\sim0.1$ mm 薄纸片轻轻将缸体推上靠牢,然后抽出纸条证实是否定位准确。

②注入清水检验缸体六孔底面是否有泄漏现象。在不泄漏的前提下,首件缸体必须先校正第一个孔的中心(0.1 mm 左右),并达到上下基本一致。

③将镀笔装入主轴接柄,显示屏上出现绿灯为准。

④启动机床,使机床主轴旋转,同时用热水清洗 $\phi130$ mm 孔,以检验机床运转是否正常。

⑤按刷镀程序设置机床自动进入刷镀流程直至完成,也可手动进行刷镀流程。

(3)缸体的刷镀。

连杆装夹密封完成后,就可进行刷镀,其工艺流程如下:

①设定程序。由于每个缸体的损伤情况不一样,有的缸体内壁并不需要修复,因此在开始刷镀之前,要对程序进行设置,对不需要刷镀的缸体内壁在主程序上设置跳步。并根据缸体内壁的修复尺寸设定刷镀工序的时间。

②启动机床。按下启动按钮,机床将按照程序设定自动进行以下工序(可根据需要修改):

a.定位。机床根据预定的坐标将第一个需要刷镀的缸体内壁移动到主轴的正下方,该缸孔的指示灯点亮,镀笔以设定的转速(100 r/min)旋转进入缸孔至设定的深度。

b.预冲洗。热水电磁阀打开,注入热水(50～60 ℃)进行冲洗;冲洗完成(20 s)后排液,电磁阀打开,废水经旋转分流盘排入废水池。

c.电净。电净液泵启动(约 60 s),注满电净液,刷镀电源开启(正向,80 A),进行电净处理(30 s);刷镀电源关闭,排液电磁阀打开,排出电净液(30 s),经旋转分流盘回收到电净液箱,电磁阀关闭。

冲洗:同 b 工序。

d.强活化。强活化泵启动(约 60 s),注满强活化液,刷镀电源开启(反向,100 A),进行强活化处理(30 s);刷镀电源关闭,排液电磁阀打开,排出强活化液(30 s),经旋转分流盘回收到强活化液箱,电磁阀关闭。

冲洗:同 b 工序。

e.弱活化。弱活化泵启动(约 60 s)注满弱活化液,刷镀电源开启(反向,60 A),进行强活化处理(30 s);刷镀电源关闭,排液电磁阀打开排出弱活化液(30 s),经旋转分流盘回收到弱活化液箱,电磁阀关闭。

冲洗:同 b 工序,并再重复一次。

f.刷镀。刷镀液泵启动(约 60 s)注满刷镀液,刷镀电源开启(正向,120 A),进行电刷镀(30 min);刷镀电源关闭,排液电磁阀打开排出刷镀液(30 s),经旋转分流盘回收到刷镀液箱,电磁阀关闭。

冲洗:同 b 工序。

g.更换缸体内壁。主轴停转,升起,x 方向移动到第二个需要修复的缸体内壁位置。该缸体内壁的指示灯点亮,镀笔以设定的转速(100 r/min)旋转进入缸体内壁至设定的深度。

重复 b～f 工序。

h.结束:刷镀完最后一个缸体内壁后,主轴升起,平台移动到缸体吊装位置,停止。操作人员将机床门打开吊下缸体,检验合格后转入机加工序。

刷镀的工艺参数见表 7.2。

表 7.2 刷镀的工艺参数

工艺过程	电流/A	电压极性	主轴运转速度 /(r·min⁻¹)	时间/s
电净	80~100	正	50~100	30
强活化	100~120	反	50~100	30
弱活化	70~90	反	50~100	30
刷镀	120~140	正	50~100	600~1 800
清洗	/		50~100	30~60

刷镀后的缸体内壁如图 7.6(a) 所示,珩磨加工后的缸体内壁如图 7.6(b) 所示,经检验完全满足质量要求。

(a) 刷镀后的缸体内壁　　　　　　(b) 珩磨加工后的缸体内壁

图 7.6　采用立式刷镀中心再制造的缸体内壁

7.2.2　再制造缸体效益分析

将该设备在济南复强动力有限公司的发动机再制造生产线上用于斯太尔发动机缸体内壁的再制造(修复),再制造 1 台斯太尔缸体平均耗时 2.5 h,消耗 200~300 g 金属,耗电 8.5 kW,再制造综合成本 450 元/台(详见表 7.3)。这不仅解决了缸体类零部件一直无法再制造的难题,而且创造了显著的经济效益和社会效益。

表7.3 采用设备再制造斯太尔发动机缸体与生产新缸体情况对比

对比项目	生产新缸体	再制造旧缸体	对比	备注
材料消耗/kg	350（毛坯质量）	0.3	节约99.9%	由于仅需要恢复缸体内壁表面尺寸，材料消耗大幅降低
制造工序/道	24	5	减少了19道工序	新缸体需要铸造、复杂的机加与检测等24道工序；而再制造旧缸体仅需要拆解、清洗、电刷镀、机加和检测5道工序
成品率	97%	100%	提高了3%	由于沙眼等铸造缺陷，生产新缸体有一定的报废率；而再制造选用的都是经过实车考核的合格缸体，成品率完全可达到100%
生产成本/元	4 500	450	降低了90%	由于材料的极大节约和工序的大幅减少，生产成本也大大降低
销售价格/元	9 000	4 500	降低了50%	再制造产品在享有与新品同样质保的前提下，销售价格仅是新品的50%
利润率	100%	1000%	提高了10倍	虽然销售价格减少了一半，但由于生产成本的极大降低，利润率依然提高了10倍

7.3 卧式刷镀中心再制造行星轮架

轴类件在工程中应用范围很广且数量众多，如曲轴、传动箱齿轮轴、活塞杆及行星轮架等。这些工件在服役过程中，受摩擦副作用或外来腐蚀介质的侵蚀作用造成其表面摩擦或腐蚀失效，这种现象极为普遍。采用卧式刷镀中心有望实现磨损或腐蚀等导致失效的轴类件的高效、优质、低成本和批量化再制造。这种技术无须大型电解槽和整体遮蔽工件，且不需频繁更换摩擦介质，因此应用和发展潜力巨大。

在此以典型附加值较高的采煤机行星轮架为再制造实例进行说明。

7.3.1 失效分析

由于行星机构的传动比大，结构紧凑且体积小，故在采煤机的传动系统中得到了广泛应用。随着高产高效矿井的建设,对采煤机稳定性的要求也越来越高。但采煤机的工作环境恶劣加之工作空间的限制,在实际生产使用过程中,其性能的优劣对采煤机的开采性能影响很大。采煤机行星架磨损或腐蚀现象发生非常普遍(图 7.7),因此对行星架进行再制造很有必要。

图 7.7 失效的采煤机行星架

采煤机行星架的基体材料为 42CrMo,表面经渗碳处理,硬度为HRC45~50,磨损或腐蚀损伤深度大都在 0.3 mm 以内,常采用激光熔覆或喷涂技术进行修复。激光熔覆层存在热影响区,且设备昂贵,修复成本很高;而喷涂层结合强度不高,且涂层存在一定孔隙,很难保证耐蚀性和耐久性。电刷镀纳米晶镍镀层不仅无热影响区,且耐蚀性和耐磨性均很好,镀层硬度约为 HV500,与基体材料的硬度匹配性好。此外,毛刷(柔性介质摩擦)也有助于去除基材表面的渗碳层,因而可以改善镀层的界面结合。为此,采用研发的卧式刷镀中心,用自动化电刷镀技术在行星架的轴承部位制备纳米晶镍镀层,从而达到防腐耐磨的再制造目的。

7.3.2 再制造工艺

再制造工艺流程为:镀前准备→工艺实施→镀后处理。其中,镀前准备包括工件磨削加工、喷砂及预除油等处理,去除工件表面锈蚀层、疲劳层、渗碳层及严重油污等。镀后处理主要是根据实际工件需要进行涂油或其他防护处理。工艺实施是再制造工艺最重要的一环,主要包括程序设定和自动运行。

（1）程序设定。

设置镀液的工作温度范围,输入待修复工件直径、工艺参数、时间及主轴转速等信息。先行加热镀液,待镀液温度达 50 ℃左右后,刷镀中心开始自动运行操作。电沉积时间根据尺寸修复要求和电流密度大小设定,电沉积工艺的一般参数见表 7.4,其中供电延时和断液延时设为 0.5～3 min,水洗时间设为 3～5 min。

表 7.4　电沉积工艺的一般参数

工艺过程	电流密度 /(A · dm^{-2})	电压极性	主轴运转 速度/(r · min^{-1})	时间/min
电净	8～15	正	20～40	0.5～1.5
强活化	5～15	反	20～40	0.5～1.5
弱活化	5～10	反	20～40	0.5～1.5
工作层	7～13	正	20～40	30～90
水洗			20～40	3～5

（2）自动运行。

镀液加热到设定温度范围后,启动自动运行程序,可依次完成臂架摆臂→镀笔与工件紧密接触→强活化→水洗→弱活化→水洗→电刷镀纳米晶镍镀层→水洗→臂架归位等工序。图 7.8 所示为失效行星轮架电沉积再制造过程。

图 7.8　失效行星轮架电沉积再制造过程

7.3.3 再制造效果

通常而言,卧式刷镀中心电沉积纳米晶镍镀层后一般不需要镀后加工,但对于尺寸精度要求高的工件再制造,可留出适当加工余量。图 7.9 所示为行星轮架的再制造效果。由图可见,镍镀层质量完整,较为光亮,无起皮、脱落等不良现象。该镀层经尺寸测量和结合力检验后,完全满足使用要求。

图 7.9 行星轮架的再制造效果

7.4 纳米颗粒复合电刷镀再制造镀硬铬损伤件

作者团队采用自动化电刷镀 Ni－Co 合金镀层和 n－Al_2O_3/Ni－Co 纳米复合电刷镀镀层技术解决了工程机械镀硬铬损伤件的再制造难题。以工程机械附加值较高的液压油缸缸体内壁和活塞杆为主要研究对象,开展了应用研究。

7.4.1 自动化电刷镀再制造大面积损伤的活塞杆

腐蚀主要包括零部件的表面锈蚀、大气环境对零部件表面的侵蚀、材料发生化学或电化学反应引起的腐蚀等。损伤的面积一般都较大,且呈片状分布。采用传统电刷镀再制造时工作量大、成品率低,已经失去了经济意义。

自动化电刷镀 Ni－Co 合金具有独特的工艺优点,能很好地解决大面积损伤镀铬件的再制造难题。由于实验室条件有限,本节选择的镀硬铬件为摆动油缸活塞杆。

（1）可行性分析。

根据设计要求，工程机械的摆动油缸活塞杆的硬铬镀层只有0.05 mm厚，往复运动使用率较高。在使用一段时间后，摆动油缸活塞杆的镀层表面容易受到损伤，腐蚀一般会造成镀层出现大面损伤，另外，由划伤造成的镀层损伤也有可能是大面积的。针对大面积的损伤，如果还是采用传统的电刷镀工艺，劳动强度较大，修复成功率低，成本高。因此采用自动化电刷镀工艺，针对摆动油缸，先用磨削或者电化学退铬的方式把表面已经损伤的硬铬镀层全部去掉，再采用自动化电刷镀Ni－Co合金制备新的代硬铬镀层。在新品加工过程中，也可以利用自动化电刷镀Ni－Co合金工艺进行表面强化。

（2）修复工艺。

实验室是小批量生产，从节约成本方面考虑，设备制作相对简单，自动化程度偏低，但基本原理不变。如果大批量生产，通过一系列升级改造即可实现高度自动化。

电刷镀制备纳米晶Ni－Co工艺装置有其独特之处，而且在工艺操作及参数选择方面也与普通电镀和传统的电刷镀工艺有所不同。

①前期准备。将从旧的工程机械拆卸下来的摆动油缸清洗后进行检测，对损伤部位的深浅、大小进行分类，对于腐蚀（划伤）深度在0.25 mm以内、分布较散、面积较大的腐蚀损伤位置进行标记并登记，首先对活塞杆杆部进行珩磨，去除全部镀层和腐蚀产物。清除活塞杆各部位，用压缩空气吹净，不能有油污及垃圾等。

②活塞杆安装。利用摆动油缸根端的螺纹把摆动油缸活塞杆固定到电机的夹头上，由于螺纹较长，中间可以加一个尼龙套。安装牢固后，打开电机检查活塞杆的旋转运动，以活塞杆端部旋转摆动不超过0.5 mm为准检验安装是否正确。安装正确后把摆动活塞杆降下，插入仿形镀槽中，注入自来水检验是否漏水。

③活塞杆刷镀。活塞杆装夹密封完成后，可进行刷镀，首先打开电机开关，调节旋转按钮，调节到工艺要求的合适转速，整个刷镀过程中保持旋转速度稳定。其工艺流程如下：

a.预冲洗。加注加热的自来水进行冲洗。冲洗完成后打开阀门排出废水。

b.电净。加注电净液，正向开启电源，进行电净处理；完全去除油污，电净结束完成后，关闭电源，打开阀门排出电净液。

c.冲洗。加注加热的自来水进行冲洗，把残留的电净液彻底清除。冲洗完成后打开阀门排出废水。

d.强活化。加注强活化液,反向开启电源,进行强活化处理;表面氧化层和疲劳层去除掉,露出基体及析出的炭黑后关闭刷镀电源,打开阀门排出强活化液。

e.冲洗。加注加热的自来水进行冲洗,把残留的强活化液彻底清除。冲洗完成后打开阀门排出废水。

f.弱活化。加注弱活化液,反向开启电源,进行弱活化处理去除表面强活化后析出的炭黑等合金元素,提高镀层的结合力,完成后打开阀门排出弱活化液。

g.冲洗。加注加热的自来水进行冲洗,把残留的弱活化液彻底清除。冲洗完成后打开阀门排出废水。

h.刷镀。注满自动化电刷镀专用 Ni－Co 合金镀液,开启电源,进行电刷镀;根据镀层厚度设定刷镀时间,待镀层沉积到指定厚度时,在刷镀结束后关闭电源,打开阀门,排出镀液。

i.冲洗。加注加热的自来水进行冲洗,把残留的刷镀液彻底清除。冲洗完成后打开阀门排出废水。

完成刷镀后,卸下活塞杆,检验合格后转入后续机械加工工序。

刷镀的工艺参数见表 7.5。

表 7.5　刷镀的工艺参数

工艺过程	电流/A	电源极性	旋转速度/$(r \cdot m^{-1})$	时间/s
电净	6～8	正	50～100	30
强活化	6～8	反	50～100	30
弱活化	8～10	反	50～100	30
刷镀	6～8	正	50～100	600～1 800
冲洗	—	—	50～100	30～60

自动化电刷镀后的活塞杆如图 7.10 所示,经检验完全满足质量要求。

(3)经济性分析。

自动化电刷镀工艺具有一定的实用性与较好的经济效果,它不仅适用于工程机械摆动油缸活塞杆大面积损伤的修复,还可以作为代硬铬工艺广泛地应用到新装备的表面强化中。

镀层厚度一般应将镀后加工损失的镀层包括在内。镀件经加工后要磨掉 20%～50% 的镀层,即相当于 20%～50% 的原材料被浪费掉,且相对

图 7.10 自动化电刷镀后的活塞杆

于硬度较高、性能较好的镀层,镀层加工费用也较高。而采用自动化电刷镀工艺可以获得细晶结构镀 Ni—Co 合金镀层,结晶组织细密,节瘤、气孔、疏松大为减少,表面光滑细致,光洁度高,镀层不加工或者加工较少,可以少留或者不留镀后加工余量,镀层厚度需要多少就镀多少,既可减少加工损失,又可节约原材料,相应缩短了电沉积时间,可以减少电力消耗,节约劳动力。另外,多道工序可以利用一个刷镀设备完成,占地面积小,便于组织流水作业及自动化生产。

7.4.2 合金纳米复合电刷镀再制造局部损伤的活塞杆

工程机械中液压油缸缸体内壁和活塞杆常见局部损伤形式主要为拉伤、电击伤、磕伤等,损伤面积一般较小。传统的修复方法不对损伤大小进行分类就把硬铬镀层全部退掉,然后采用堆焊补齐尺寸后再电镀硬铬进行修复,这样对于损伤面积较小的镀硬铬件就造成了很大的资源浪费。①铬镀层的加工成本较高。铬镀层具有很高的硬度、较好的耐腐蚀性和优异的耐磨性能,无论采用磨削的机加工还是电解退铬成本都比较高。②造成未损伤部位铬镀层的浪费。由于损伤部位的面积较小,其他部位的镀层还是完好的,可以继续使用。因此采用重新镀铬的方法进行修复,大部分完好的铬镀层就会被磨掉,势必造成巨大的浪费。③镀铬技术污染严重。在电镀硬铬过程中,废水和废气中的六价铬会对环境造成严重的污染。④有时镀硬铬件拆解较为困难,运输成本较高,完全退掉重新电镀根本无法实施。

根据电刷镀工艺制备的 $n-Al_2O_3/Ni-Co$ 合金纳米复合电刷镀镀层的性能研究结果,利用电刷镀工艺制备 $n-Al_2O_3/Ni-Co$ 合金纳米复合电刷镀工艺,采用局部再制造的方法可以很好地解决以上问题。

(1)可行性分析。

作者团队与企业合作,利用合金纳米复合电刷镀技术对工程机械的液压件局部损伤的泵送油缸活塞杆进行再制造。

工程机械泵送油缸活塞杆是动力传输的关键部件。其基础材料为 45

钢,表面强化工艺采用电镀硬铬,镀层厚度为 0.05 mm。工程机械活塞杆是工况最恶劣的零部件之一。使用过程中,活塞杆暴露在外边,接触灰尘较多,在往复运动过程中,夹杂硬质颗粒会划伤硬铬镀层;暴露在外的活塞杆容易受到磕伤或电击伤;这些损伤大部分都是局部损伤,应用纳米复合电刷镀技术修复此类损伤较为合适。

图 7.11 所示为局部磕伤的泵送油缸活塞杆。在使用过程中由于某种异常行为,活塞杆表面出现一个"坑"状损伤坑,最深处达 3.40 mm,必须要更换。若对其修复,要求其修复层不仅具有较好的结合强度,还要具有足够高的耐磨性和耐腐蚀性。

图 7.11 局部磕伤的泵送油缸活塞杆

采用 n−Al_2O_3/Ni−Co 合金纳米复合电刷镀技术制备的镀层具有较高的硬度、耐磨性能、耐腐蚀性能和优异的结合强度,作为最终的工作层,达到了活塞杆镀硬铬层表面性能要求,可以实现对该零部件的修复。

(2)修复工艺。

①表面准备。利用外径千分尺测试损伤部位,磕伤部位深度最深为 3.40 mm,已超过电刷镀修复的最佳深度范围,为了提高效率,先采用氩弧焊填补深坑。填补材料使用 ϕ2.0 mm 304 不锈钢丝材,成分见表 7.6,电机电流为 80 A,氩气保护。

表 7.6 304 不锈钢丝材成分

元素	C	Si	Mn	P	S	Ni	Cr
质量分数/%	<0.08	<1.0	<2.0	<0.035	<0.03	8~10	17~19

填坑后利用设计的外圆机加工装置研磨抛光活塞杆。图 7.12 所示为焊接填坑处理后的活塞杆表面。抛光后利用设计的测试装置测试修复部

位,经过测试,焊接边缘尺寸差为 0.20～0.35 mm,焊接位置尺寸差为
0.1～0.15 mm。

图 7.12　焊接填坑处理后的活塞杆表面

②铜打底。由于电刷镀铜的硬度较低,易于抛光,可以用于填平焊接
不均匀区域。由表 7.6 可知,填补不锈钢材料中 Ni 和 Cr 元素质量分数较
高,因此,在填补不锈钢堆焊层表面电刷镀铜时,镀层的活化采用铬活化
液。电刷镀铜镀层的制备工艺见表 7.7。

表 7.7　电刷镀铜镀层的制备工艺

序号	工序	工艺规范和要求
1	电净	电净液,正接,8～12 V,时间 5～15 s,以工件表面水膜均匀摊开、不呈球状为准
2	水冲洗	彻底去除工件表面残留的电净液
3	活化	铬活化液,先反接,12～14 V,时间 10～30 s;再正接,10～12 V,时间 10～20 s,工件表面呈银灰色为准
4	不用水洗	—
5	打底层	特殊镍,无电擦试 3～5 s,通电正接,18～20 V 闪镀,时间 10～20 s,工件表面呈银灰色
6	水冲洗	彻底去除工件表面残留特殊镍
7	镀铜层	碱铜,正接 10～14 V,视镀层厚度确定施镀时间

图 7.13 所示为电刷镀铜之后的活塞杆,铜镀层的尺寸以超过硬铬镀
层为佳,镀后采用手持式电动砂带机抛光。铜镀层作为打底层,在其表面

尚需电刷镀工作层。因此,铜镀层厚度应控制到修复部位尺寸距离要求标准尺寸差 0.10 mm 左右。

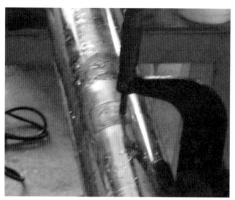

图 7.13 电刷镀铜之后的活塞杆

③镀工作层。$n-Al_2O_3/Ni-Co$ 纳米复合电刷镀镀层作为工作层,代替硬铬镀层使用。镀铜后抛光处理的活塞杆待修复部位表面由铜、硬铬和不锈钢组成,并且铜离子在铬镀层和不锈钢表面不会发生置换反应,因此,在其表面电刷镀工作层相当于在复合基体表面刷镀,其表面活化处理可以按照硬铬镀层基体活化。具体工艺参照表 7.7,其中工序 6 不用水冲洗,工序 7 镀工作层采用 $n-Al_2O_3/Ni-Co$ 纳米复合电刷镀镀液,刷镀时正接,电压为 10～14 V,视镀层厚度确定施镀时间。镀后使用抛光毡抛光,修复效果如图 7.14 所示。

图 7.14 活塞杆局部修复效果

（3）经济性分析。

利用传统电刷镀工艺制备 $n-Al_2O_3/Ni-Co$ 合金纳米复合电刷镀镀层再制造局部损伤的镀硬铬件，具有一定的实用性与较好的经济效果。它不仅适用于工程机械泵送油缸活塞杆局部损伤的再制造，还可以替代镀硬铬工艺广泛地应用到装备的维修中。相对于先将所有的镀铬层全部磨掉，而后采用重新镀硬铬的传统方法，利用电刷镀 $n-Al_2O_3/Ni-Co$ 合金纳米复合电刷镀工艺具有明显的经济性。

7.5　纳米颗粒复合电刷镀技术应用展望

纳米颗粒复合电刷镀技术在装备再制造中已获得大量成功应用，创造了重大的军事效益、显著的经济效益和社会效益。纳米复合电刷镀技术适应再制造工程需求而获得了快速发展，同时，纳米颗粒复合电刷镀技术在再制造生产中得到成功应用，有力地推动了再制造产业化发展。

随着纳米颗粒复合电刷镀技术尤其是自动化纳米电刷镀技术的发展，其在装备制造和再制造工程中将获得更广泛、更高效的应用，在循环经济发展中将发挥更大作用。

参 考 文 献

［1］徐滨士. 纳米表面工程［M］. 北京：化学工业出版社，2004.

［2］徐滨士，朱绍华，刘世参，等. 表面工程的理论与技术［M］. 北京：国防工业出版社，1999.

［3］XU Binshi，CHEN Chu. The application and progress of brush-plating in machinery maintenance of our country［C］. The 8th European Maintenance Congress，Spanish，1986：1-13.

［4］XU Binshi，DONG Shiyun，MA Shining，et al. Microstructure and wear characteristics of brush plated n-Al_2O_3/Ni composite coating［C］. Proceeding of the 3th International Conference on Surface Engineering. Chengdu，China，2002：273-275.

［5］BELL T，MAO K，SUN Y. Surface engineering design：modelling surface engineering systems for improved tribological performance［J］. Surface and Coatings Technology，1998，108-109(1)：360-368.

［6］MUSIANI M. Electrodeposition of composites：An expanding subject in electrochemical materials science［J］. Electrochimica Acta，2000，45(20)：3397-3402.

［7］欧忠文，徐滨士，马世宁，等. 纳米材料在表面工程中应用的研究进展［J］. 中国表面工程，2000，13(2)：5-9.

［8］翟庆洲，裘式纶，肖丰收，等. 纳米材料研究进展Ⅰ［J］. 化学研究与应用，1998，10(3)：226-235.

［9］裘式纶，翟庆洲，肖丰收，等. 纳米材料研究进展Ⅱ［J］. 化学研究与应用，1998，10(4)：331-341.

［10］DEREK V. An update on brush plating［J］. Metal Finishing，2002，100(7)：18-20.

［11］CLARKE R D. Dalic selective brush plating andanodising［J］. International Journal of Adhesion and Adhesives，1999，19(2)：205-207.

［12］DINI J W. Brush plating：Recent property data［J］. Metal Finishing, 1997, 95(6):88-93.

[13] ADAIR J H. Recent development in the preparation and properties of nanometer-size spherical and platelet-shaped particles and composite particles[J]. Mater. Sci. Eng. ,1998, 23(8): 139-242.

[14] STRAFFORD K N, SUBRAMANIAN C. Surface engineering: An enabling technology for manufacturing industry[J]. Journal of Materials Processing Technology, 1995, 53(1):393-403.

[15] 马亚军, 朱张校. 电刷镀技术研究的最新进展[J]. 表面技术, 2001, 30(6):5-7.

[16] 吕钊钦, 聂成芳, 王乃钊, 等. 电刷镀新技术研究与应用[J]. 机械工程材料, 1999(3):22-25.

[17] 徐江, 揭晓华. 电刷镀技术的研究进展[J]. 湖北汽车工业学院学报, 1998(3):78-83.

[18] 徐滨士, 刘世参. 刷镀技术[M]. 天津:天津科学技术出版社, 1983.

[19] 徐滨士, 徐龙堂, 周美玲, 等. 含纳米粉镀液的电刷镀复合镀层试验研究[J]. 中国表面工程, 1999, 3: 7-11.

[20] GRIGORESCU C. Tribological behaviour of electrochemically deposited coatings for shaft restoration[J]. Surface and Coatings Technology, 1995(76-77): 604-608.

[21] HUI W H. Corrosion resistance of new chromium substituting Ni-Fe-W-P brush plating layer[J]. Surface Engineering, 1994, 10(4): 275-278.

[22] HUI W H, LIU J J, CHAUG Y S, et al. A study of wear resistance of a new brush-plated alloy Ni-Fe-W-S[J]. Wear, 1996, 192 (1-2):165-169.

[23] ZAHAVI J, HAZAN J. Electrodeposited Nickel composites containing Diamond particles[J]. Plating and Surface Finishing, 1983, 70: 57-61.

[24] CATTARIN S, GUERRIERO P, MUSIANI M. Preparation of anodes for oxygen evolution byelectrodeposition of composite Pb and Co oxides[J]. Electrochimica Acta, 2001, 46(26-27):4229-4234.

[25] BLOSIEWICZ, GIERLOTKA D, BUDNIOK A. Composite layers in Ni-P system containing TiO_2 and PTFE[J]. Thin Solid Films, 1999, 349(1-2):43-50.

[26] 张天顺，张放. 低磷镍合金电刷镀[J]. 表面技术，1995(4)：33-37.

[27] WAKSMAN，GABRIEL. Brush plating apparatus：U. S. Patent 5 571 389 Nov. 5,1996 P. K. Kerampran, assignor to palic, Vitre, France[M]//Proteomic and protein-protein interactions.

[28] 马世宁. 电刷镀技术的新进展[J]. 中国表面工程，1997(1)：1-3.

[29] 梁志杰，谢凤宽. 电刷镀技术的应用与发展[J]. 工程机械与维修，2000(11)：73-74.

[30] 梁志杰，臧永华. 刷镀技术实用指南[M]. 北京：中国建筑工业出版社，1988.

[31] MURALI K R. Brush plated CdSe films and their photoelectro-chemical characteristics[J]. Journal of Electroanalytical Chemistry, 1994, 368(4)：95-100.

[32] GERING J, BELL T, FARR J P G, et al. Structure andwear resistance of brush plated Nickel[J]. Transactions of the Imf. , 1995, 73(3)：82-84.

[33] 张天顺，孙永秋. 电刷镀镍及镍磷非晶态合金镀层性能研究[J]. 电镀与环保，1999(1)：13-16.

[34] GRIGORESCU I C, GONZALEZ Y, RODRIGUES O, et al. Tribological behaviour of electrochemically deposited coatings for shaft restoration[J]. Surface and Coatings Technology, 1995, s 76-77：604-608.

[35] HUI W H. Corrosion resistance of new chromium substituting Ni-Fe-W-P brush plating layer[J]. Surface Engineering, 1994, 10(4)：275-278.

[36] HUI W H, LIU J J, CHAUG Y S. A study of the corrosion resistance of brush-plated Ni-Fe-W-P films[J]. Surface and Coatings Technology, 1994, s 68 – 69(12)：546-551.

[37] HUI W H, LIU J J, ZHU B L, et al. A study on friction and wear characteristics of substitute chromium brush plating layers under lubrication[J]. Wear, 1993, 167(2)：127-131.

[38] LiU J J, ZHU B L, ZHANG X H. A study of the wear resistance and microstructure of Pb-Sn and Pb-Sn-Ni brush-plating layers[J]. Wear, 1992, 155(1)：63-72.

[39] LIU X, XU B, MA S, et al. Study of thetribological behavior of an

Ni electron brush plating layer on a base of an Arc sprayed coating [J]. Wear, 1997, 211(2):151-155.

[40] 李云东,江辉,李根生,等. 稀土添加剂对快速镍刷镀层的影响[J]. 中国表面工程, 2002, 15(2):24-26.

[41] HUANG Jinbin. Effect of rare earth elements on depositing rate of nickel alloy brush plating coatings[J]. Journal of Rare Earths, 2000, 18(3): 215-218.

[42] 王玉林,沈德久,于金库,等. 稀土对电刷镀 Ni－P 合金组织结构的影响[J]. 北京科技大学学报, 1996(s2):91-94.

[43] 邵光杰,王玉林,沈德久,等. 镀液中的稀土元素对 Ni－P 合金镀层耐蚀性能的影响[J]. 中国腐蚀与防护学报, 1996, 16(1):73-76.

[44] 马臣,李慕勤,尹柯,等. 稀土添加剂对镍、铜刷镀层质量的影响[J]. 中国稀土学报, 1996(4):330-335.

[45] 张忠铧,孙扬善,刘桂君. 电刷镀技术对 Fe_3Al 基合金室温环境脆性的改善作用[J]. 金属学报, 1996, 32(9):955-958.

[46] HU S B, TU J P, MEI Z, et al. Adhesion strength and high temperature wearbehaviour of ion plating TiN composite coating with electric brush plating Ni-W interlayer[J]. Surface and Coatings Technology, 2001, 141(2):174-181.

[47] 张继红. 电刷镀技术在旧件修复中的应用分析[J]. 有色设备, 1999(2):29-31.

[48] 袁庆龙,苑爱英. 刷镀修复大尺寸内孔的新方法[J]. 新技术新工艺, 1995(4):36-37.

[49] 戴洪斌,文建波. 电刷镀修复 WG－1800 型离心机机座轴承孔[J]. 当代化工, 1994(2):50-53.

[50] 祝耀坤. 电刷镀技术及在我省电力生产中的应用[J]. 浙江电力, 1994(1):55-58.

[51] 董大军. 电刷镀在交通运输业中的应用研究[J]. 西安公路交通大学学报, 1997(3):98-100.

[52] 祖立新,葛秀云. 应用电刷镀技术修复单体支柱油缸内部腐蚀坑工艺[J]. 工矿自动化, 1996(2):62-64.

[53] 杜则裕,喻群,陈延青. 三价铬镀层强化机理及结合机理[J]. 天津大学学, 1994, 27(3): 272-276.

[54] 徐滨士,马世宁,黄燕滨. 致密快 Ni 刷镀层的微观组织结构及强化

机制[J]. 中国表面工程，1989(z1):62-65.

[55] 黄燕滨. 刷镀层抗接触疲劳性能研究[D]. 北京:装甲兵工程学院，
1987.

[56] 徐江,揭晓华,段桂生. Ni－W(D)刷镀层再强化机理的研究[J]. 电
镀与精饰，1999，21(3):30-32.

[57] 傅建华,于岗，江枫，等. 电刷镀镍磷合金应用[J]. 电镀与环保，
1995(5):5-7.

[58] 徐滨士,马世宁，黄燕滨. 刷镀层中 N、H、O 气体元素含量的测定及
其作用的探讨[J]. 中国表面工程，1989(z1):74-78.

[59] 黄婉娟，顾卓明. 复合镀层的摩擦磨损特性和机理[J]. 上海海事大
学学报，2002，23(1):66-68.

[60] 于金库，赵玉成. 复合电刷镀 Ni－金刚石的工艺研究[J]. 金刚石与
磨料磨具工程，2001(2):7-9.

[61] 解培民，吴以波. 复合电刷镀镀层耐磨性能研究[J].专用汽车，1994
(2):35-35.

[62] 张天顺，李耀红. 复合镀层电刷镀工艺的研究[J]. 表面技术，1999，
20(6):13-15.

[63] 顾卓明，黄婉娟. 耐磨复合镀层工艺的研究[J]. 表面技术，2002，31
(2):14-17.

[64] 刘晓方，牛士俊，王汉功，等. Ni－PTFE 复合刷镀层的研究[J]. 中
国表面工程，1995(1):23-25.

[65] ZHANG X H, LIU J J, ZHU B L. The tribological performance of
Ni/MoS$_2$, composite brush plating layer in vacuum[J]. Wear,
1992,157(2):381-387.

[66] 匡建新，汪新衡. Ni－P－B4C 复合电刷镀工艺研究[J]. 湖南文理
学院学报(自然科学版)，2001，13(2):58-61.

[67] 史亦农，杨晶. 电刷镀 Ni－P－SiC 复合镀层腐蚀磨损行为的研究
[J]. 沈阳理工大学学报，1997(2):25-30.

[68] 华希俊，陈嘉真. 金属基－陶瓷电刷镀复合镀层高温摩擦磨损性能
研究[J]. 中国机械工程，1995(2):51-53.

[69] 陈靖芯，李崇豪，陈嘉真. 耐磨复合镀层的研究及其工程应用[J].
机械工程材料，1994(3):19-22.

[70] 董允，林晓娉. 电沉积 SiC 颗粒增强抗磨复合材料研究[J]. 河北工
业大学学报，1998(1):88-93.

[71] 刘元义. 复合刷镀技术在模具表面强化中的应用[J]. 电加工与模具，1996(1):34-36.

[72] 张玉峰. Ni－W－P/PTFE 电刷镀多元复合材料工艺及性能研究[J]. 机械工程材料，2002，26(5):15-17.

[73] 李屏，刘锦辉，付华萌. 电刷镀 Ni－Co－P－X 复合镀层力学性能[J]. 辽宁工程技术大学学报，2001，20(3):355-357.

[74] 黄锦滨，朱宝亮，刘家浚，等. 新型 Ni－Cu－P/MoS₂ 固体润滑镀层优化试验研究[J]. 清华大学学报(自然科学版)，1996(8):18-22.

[75] FRANSER J. Mechanism of composite electroplating[J]. Metal Finishing，1993，43(6):97-102.

[76] GUGLIEMI N. Kinetics of the deposition of inert particles from electrolytic baths[J]. Journal of the Electrochemical Society，1972，119:1009-1012.

[77] CELIS J P，ROOS J R，BUELENS C. Analysis of the electrolytic codeposition of non-brownina particles with a metals[J]. J. Electrochem. Soc.，1987，134(6):1402-1408.

[78] BUELENS C，CELIS J P，ROOS J R. Electrochemical aspects of the codeposition of gold and copper with inert particles[J]. Journal of Applied Electrochemistry，1983,13(4):541-548.

[79] HOVESTAD A，JANSSEN L J J. Electrochemical codeposition of inert particles in a metallic matrix[J]. Journal of Applied Electrochemistry，1995，25(6):519-527.

[80] FRANSAER J，CELIS J P，ROOS J R. A mathematical model for the electrolytic codeposition of particles with a metallic matrix[J]. J. Electrochem. Soc.，1992,139(2):413-425.

[81] VALDES J L. Electrodeposition of colloidal particles[J]. J. Electrochem. Soc.，1987,134(4):223C-225C.

[82] HWANG B J，HWANG C S. Mechanism of codeposition of silicon carbide with electrolytic cobalt[J]. J. Electrochem. Soc.，1993，140(4):979-984.

[83] YEH S H，WAN C C. A study of SiC/Ni composite plating in the watts bath[J]. Plating and Surface Finishing，1997，84(3):54-57.

[84] 郭会清，顾行方. 刷镀 Ni－SiC－WC－MoS₂ 复合镀层钢领的纺纱性能[J]. 西北纺织工学院学报，1996(3):233-237.

[85] WANG D L, LI J, DAI C S, et al. An adsorption strength model for the electrochemical codeposition of α-Al$_2$O$_3$ particles and a Fe-Palloy[J]. Journal of Applied Electrochemistry, 1999, 29(4):437-444.

[86] 张玉峰, 谭美元, 李敏睿, 等. 铝—镁合金材料磨损后刷镀 Ni—P 合金工艺[J]. 电镀与精饰, 2003, 25(6):5-7.

[87] 张玉峰.(Ni—P)—纳米 Si$_3$N$_4$ 微粒复合刷镀工艺研究[J]. 电镀与精饰, 2001, 23(6):5-7.

[88] 蒋太祥, 胡信国, 戴长松, 等. 非晶态镍磷合金电刷镀溶液性能研究[J]. 材料保护, 1999, 32(2):9-11.

[89] MA Yansheng, LIU Jiajun, ZHU Baoliang, et al. The wear resistance of an Ni-Cu-P brush plating layer on different substrates[J]. Wear, 1993, 165(1):63-68.

[90] MARSHALL G W, LEWIS D B, CLAYTON D, et al. The electrodeposition of Ni-P-Al$_2$O$_3$ deposits [J]. Surface and Coatings Technology, 1997, 96: 353-358.

[91] 黄锦滨, 李学敏, 丁连珍, 等. 电刷镀 Ni—P(Ce)及 Ni—Cu—P(Ce) 镀层的冲击磨损行为[J]. 清华大学学报(自然科学版), 1998(2):25-27.

[92] SADOWSKA J, WARWICK M E. A preliminary study of the electrodeposition of tin and non-metallic particles[J]. Plating and Surface Finishing, 1985, 72(5):120-125.

[93] 吴文岳. 摩擦与磨损[M]. 北京:煤炭工业出版社, 1992.

[94] 黄新民, 吴玉程, 郑玉春, 等. 分散方法对纳米颗粒化学复合镀层组织及性能的影响[J]. 电镀与精饰, 1999, 21(5):12-15.

[95] MÜLLER B, FERKEL H. Al$_2$O$_3$-nanoparticle distribution in plated nickel composite films[J]. Nanostructured Materials, 1998, 10(8):1285-1288.

[96] FERKEL H, MÜLLER B, RIEHEMANN W. Electrodeposition of particle-strengthened nickel films[J]. Materials Science and Engineering A (Structural Materials: Properties, Microstructure and Processing), 1997, 234-236:474-476.

[97] LEE W H, TANG S C, CHUNG K C. Effects of direct current and pulse-plating on the co-deposition of nickel and nanometer dia-

mond powder[J]. Surface and Coatings Technology, 1999, s 120-121(1):607-611.

[98] 阎逢元,张绪寿,薛群基. 一种新型的减摩耐磨复合电镀层[J]. 材料研究学报,1994,8(6):573-576.

[99] 吴元康. 金刚石纳米晶在材料保护中的应用[J]. 材料保护,1995(4):15-17.

[100] 恽寿榕,黄凤雷,马峰,等. 超微金刚石——二十一世纪新材料[J]. 世界科技研究与发展,2000,22(1):39-46.

[101] 朱立群,李卫平. 电沉积 Ni-W 非晶态合金复合镀层研究[J]. 功能材料,1999(1):85-87.

[102] MÖLLER A,HAHN H. Synthesis and characterization of nano-crystalline Ni/ZrO$_2$ composite coatings[J]. Nanostructured Materials,1999,12(1-4):260-262.

[103] 黄新民,吴玉程,郑玉春. 纳米 ZrO$_2$ 功能涂层的制备与组织结构[J]. 新技术新工艺,2000(2):31-32.

[104] 李丽华,吴继勋,张海冬,等. Zn−SiO$_2$ 复合镀工艺研究[J]. 电镀与涂饰,1995(3):31-33.

[105] 刘景春,韩建成. 跨世纪高科技材料纳米 SiO$_2$ 的应用领域[J]. 化工新型材料,1998(7):3-6.

[106] 李文铸. 金属表面上的碳纳米管高耐磨复合镀层及其制备方法:中国,CN1204699A[P]. 1999-01-13.

[107] BENEA L,BONORA P L,BORELLO A,et al. Wear corrosion properties of nano-structured SiC-nickel composite coatings obtained by electroplating[J]. Wear,2001,249(10-11):995-1003.

[108] MANNA I,CHATTOPADHYAY PP,CHATTERJEE B,et al. Codeposition of nanocrystalline aluminides on a copper substrate[J]. Journal of Materials Science,2001,36(6):1419-1424.

[109] XU J,ZHUO C,TAO J,et al. The effect of second-phase on the corrosion and wear behaviors of composite alloying layer[J]. Applied Surface Science,2008,255(5):2688-2696.

[110] SUBRAMANIAN B,MOHAN S,JAYAKRISHNAN S,et al. Structural and electrochemical characterization of Ni nanostructure films on steels with brush plating and sputter deposition[J]. Current Applied Physics,2007,7(3):305-313.

[111] DU L, XU B, DONG S, et al. Study of tribological characteristics and wear mechanism of nano-particle strengthened nickel-based composite coatings under abrasive contaminant lubrication[J]. Wear, 2004, 257(9):1058-1063.

[112] 蒋斌. 纳米颗粒复合电刷镀镍基镀层的强化机理及其性能研究[D]. 重庆:重庆大学, 2003.

[113] 张海军, 贾晓林, 刘战杰, 等. 纳米 $Al_2O_3-SiO_2$ 的分散及颗粒间力的相互作用[J]. 硅酸盐学报, 2003, 31(10):12-15.

[114] 王妍军, 王双元, 王为. 复合镀铜溶液中微粒与镀液间的相互作用[J]. 电镀与精饰, 2007, 29(4):42-44.

[115] 荆学东, 徐滨士, 王成焘, 等. 纳米电刷镀液温度的虚拟检测[J]. 材料保护, 2005, 38(12):4-7.

[116] WU B, XU B S, JING X D, et al. Automatic brush-plating technology for component remanufacturing[J]. Journal of Central South University of Technology(English Edition), 2005, 12(2):199-202.

[117] 洪迈生, 梁学军. 虚拟基准、虚拟量仪、虚拟仪器和误差分离技术[J]. 振动、测试与诊断, 2000, 20(2):77-81.

[118] 曾忠信, 钱汉兴. 表面技术及电刷镀[J]. 冶金设备, 1994(1):49-54.

[119] 杜峰, 刘先黎, 王萍. 复合电刷镀技术修复气缸套的应用研究[J]. 电刷镀技术, 2005(2):4-7.

[120] 徐滨士. 纳米表面工程基本问题及其进展[J]. 中国表面工程, 2001, 14(3):6-12.

[121] 刘晓红, 余宪海. 应用复合电刷镀提高活塞环使用寿命[J]. 航海技术, 2003(5):41-42.

[122] 尹健, 朱建培. 注塑模电刷镀纳米复合涂层的耐磨性研究[J]. 电加工与模具, 2002(3):25-27.

[123] 宋来洲, 丁健. $Ni-P-PTFE$ 复合镀层在制药设备上的应用研究[J]. 天津理工大学学报, 2000, 16(3):58-60.

[124] ZHOU M, LIN W Y, TACCONI N R D, et al. Metal/semiconductorelectrocomposite photoelectrodes: behavior of $NiTiO_2$ photoanodes and comparison of photoactivity of anatase and rutile modifications[J]. Journal of Electroanalytical Chemistry, 1996,

402(402):221-224.

[125] ZHOU M, DE TACCONI N R, RAJESHWAR K. Preparation and characterization of nanocrystalline composite films of titanium dioxide and nickel by occlutio Electrodeposition[J]. Journal of Electroanalytical Chemistry, 1997, 421:111-120.

[126] DEGUCHI T, IMAI K, IWASAKI M, et al. Photocatalytically highly active nanocomposite films consisting of TiO_2 particles[J]. Journal of the Electrochmical Society, 2000, 147(6):2263-2267.

[127] DEGUCHI T, IMAI K, MATSUI H, et al. Rapid electroplating of photocatalytically highly active TiO_2-Zn nanocomposite films on steel[J]. Journal of Materials Science, 2001, 36(19):4723-4729.

[128] WEI Y, LIU H, WEI Z. Preparation of anti-corrosion superhydrophobic coatings by an Fe-based micro/nano composite electro-brush plating and blackening process[J]. Rsc Advances, 2015, 5(125):103000-103012.

[129] LIU H, WANG X, HONGMIN J I. Fabrication of lotus-leaf-like-superhydrophobic surfaces via Ni-based nano-composite electro-brush plating[J]. Applied Surface Science, 2014, 288(288):341-348.

[130] JIANG Z B, ZHANG Y F, DUAN S L, et al. Influence on rare earth Re^{3+} by the performance of composite brush plating of Ni-P[J]. Advanced Materials Research, 2014, 940:7-10.

[131] QIAN Y C, TAN J, YANG H J, et al. Brushplated multilayered Cu/Ni coating from a single electrolyte and its fretting wear behaviors[J]. Advanced Materials Research, 2010, 97-101:1467-1470.

[132] HU J J, CHAI L J, XU H B, et al. Microstructural modification of brush-plated nanocrystalline Cr by high current pulsed electron beam irradiation[J]. Journal of Nano Research, 2016, 41:87-95.

[133] QIAN Y, TAN J, LIU Q, et al. Preparation, microstructure and sliding-wear characteristics of brush plated copper-nickel multilayer films [J]. Surface and Coatings Technology, 2011, 205(15):3909-3915.

[134] SASIKUMAR Y, KUMAR A M, GASEM Z M, et al. Hybrid-nanocomposite from aniline and CeO_2 nanoparticles: Surface pro-

tective performance on mild steel in acidic environment[J]. Applied Surface Science, 2015, 330:207-215.

[135] TAN J, QIAN Y C, XING R X, et al. Corrosion resistance of brush plated Pb/Ni multilayer coatings in a simulated environment of PEMFC[J]. Advanced Materials Research, 2010, 139-141:378-381.

[136] LI G S, DING J. Brushplating surface strengthen of the Cr12MoV stamping die[J]. Applied Mechanics and Materials, 2014, 538:44-47.

[137] HUI F. Electroplating of compound Ni-SiC coatings and improvement of wear resistance[J]. Key Engineering Materials, 2010, 426-427.

[138] ZHANG L, SUN B L, WANG L, et al. Study of properties of Ni-Base nano-ZrO$_2$ composite plating coatings[J]. Advanced Materials Research, 2011, 239-242:1452-1456.

[139] FRIIS J E, BRÖNS K, SALMI Z, et al. Hydrophilic polymer brush layers on stainless steel using multilayered ATRP Initiator Layer[J]. ACS Applied Materials and Interfaces, 2016, 8(44): 30616-30627.

[140] WEI D, DU Q, SHU G, et al. Structures, bonding strength and in vitro bioactivity and cytotoxicity of electrochemically deposited bioactive nano-brushite coating/TiO$_2$ nanotubes composited films on titanium[J]. Surface and Coatings Technology, 2018,340:93-102.

[141] SHARIFNABI A, FATHI M H, YEKTA B E, et al. The structural and bio-corrosion barrier performance of Mg-substitutedflu-orapatite coating on 316L stainless steel human body implant[J]. Applied Surface Science, 2014, 288(1):331-340.

[142] JIANG X U, LIU W. The wear behavior of brush-plated Ni-W-Co/SiC composite layer with oil lubrication[J]. Surface Review and Letters, 2008, 12(04):573-578.

[143] WANG J R, ZHANG Y F, GAO Z J. The study of brush plating process on polyamide engineering plastics surface[J]. Advanced Materials Research, 2014, 998-999:132-135.

[144] ORIA L, PÉREZMURANO F. Block co-polymer multiple patterning directed self-assembly on PS-OH brush layer and AFM based nanolithography[J]. ProcSpie, 2013, 8680(1):22.

[145] TU W Y, XU B S, DONG S Y, et al. Chemical and electrocatalytical interaction: Influence of non-electroactive ceramic nanoparticles on nickel electrodeposition and composite coating[J]. Journal of Materials Science, 2008, 43(3):1102-1108.

[146] TU W Y, XU B S, DONG S Y, et al. Electrocatalytic action of nano-SiO_2 with electrodeposited nickel matrix[J]. Materials Letters, 2006, 60(9-10):1247-1250.

[147] XU B S, WANG H D, DONG S Y, et al. Electrodepositing nickel silicanano-composites coatings[J]. Electrochemistry Communications, 2005, 7(6):572-575.

[148] 涂伟毅, 徐滨士, 董世运, 等. 纳米陶瓷颗粒的电催化效应及其在复合刷镀层中的化学状态[J]. 无机化学学报, 2005, 21(8):1137-1142.

[149] 涂伟毅, 徐滨士, 董世运, 等. 纳米二氧化硅对镍电沉积影响及在复合镀层中的化学键合状态[J]. 化学学报, 2004, 62(20):2010-2014.

[150] 杜令忠, 徐滨士, 董世运, 等. $n-Al_2O_3/Ni$ 复合电刷镀层滑动磨损性能[J]. 材料热处理学报, 2004, 25(3):81-84.

[151] 许艺, 张旭东, 涂伟毅. 微纳米复合电沉积影响因素及在电刷镀中的应用[J]. 机械工程师, 2004(8):50-52.

[152] 涂伟毅, 徐滨士, 蒋斌, 等. $n-SiO_2/Ni$ 电刷镀复合镀层的组织结构和沉积机理[J]. 材料研究学报, 2003, 17(5):531-536.

[153] 涂伟毅, 徐滨士, 董世运. 复合电沉积机理现状及对纳米复合电刷镀机理研究的启示[J]. 中国表面工程, 2003, 16(4):1-6.

[154] 涂伟毅, 徐滨士, 蒋斌, 等. $n-Al_2O_3/Ni$ 电刷镀复合镀层组织与沉积机理[J]. 材料工程, 2003(7):31-35.

[155] DU Lingzhong, XU Binshi, DONG Shiyun, et al. Friction and wear characteristics of brush plating ni/nano-al_2o_3 composite coating under sand-containing oil[J]. 材料科学技术学报(英文版), 2005, 21(1):100-104.

[156] DU Lingzhong, XU Binshi, DONG Shiyun, et al. Study of tribo-

logical characteristics and wear mechanism of nano-particle strengthened nickel-based composite coatings under abrasive contaminant lubrication[J]. Wear, 2004, 257(9):1058-1063.

[157] 李小兵,童贤靓,杨仁贤,等. 电刷镀 Ni-CNTs/PTFE 纳米复合镀层的摩擦磨损与耐腐蚀性能[J]. 材料导报,2017,31(6):66-71.

[158] 周宏明,胡雪仪,李荐. 纳米 Al_2O_3 对电刷镀 Ni-P 复合镀层耐蚀性能的影响[J]. 表面技术,2017,46(7):32-38.

[159] 赵春生,朱新河. 纳米 Al_2O_3 复合镀铁层的结构与性能[J]. 船舶工程,2017(9):54-57.

[160] 王红云,陈森昌,李全德,等. Al_2O_3/Ni 纳米复合电刷镀技术应用于失效凸轮轴再制造的实验研究[J]. 表面技术,2017,46(7):139-143.

[161] 陈元迪. 基于纳米 MoS_2 的复合电刷镀层的抗黏着磨损性能[J]. 材料保护,2016,49(4):26-28.

[162] 汪笑鹤,吕镖,胡振峰,等. 纳米 Al_2O_3 颗粒含量对 Ni-Co 基纳米复合电刷镀层组织和性能的影响[J]. 稀有金属材料与工程,2016(1):36-41.

[163] 胡明华. 纳米 Al_2O_3 对不锈钢镍基电刷镀层结构和性能的影响[J]. 船舶工程,2016(12):49-51.

[164] 刘侠,冶银平,安宇龙,等. 退火处理对 Ni-Cr 纳米电刷镀层的结构、硬度和摩擦学性能的影响[J]. 摩擦学学报,2015,35(5):606-611.

[165] 徐立鹏,包春江. 镍基及镍合金纳米复合电刷镀的研究进展[J]. 表面技术,2015,44(4):6-14.

[166] 李小兵,刘燚栋,马豪,等. 纳米 WC/PTFE 镍基复合电刷镀层的摩擦磨损与耐腐蚀性能[J]. 中国表面工程,2015,28(5):9-15.

[167] 袁庆龙,王西涛,梁宁宁,等. Cu/纳米 ZrO_2 复合电刷镀层的耐磨与耐蚀性[J]. 材料保护,2015,48(2):15-18.

[168] 黄选民,赵云强,杜宇,等. 纳米电刷镀技术在发动机叶片再制造中的应用[J]. 航空制造技术,2011(6):78-80.

[169] 胡振峰,董世运,汪笑鹤,等. 面向装备再制造的纳米复合电刷镀技术的新发展[J]. 中国表面工程,2010,23(1):87-91.

[170] 徐滨士,胡振峰. 绿色纳米电刷镀技术及其在再制造工程中的应用[J]. 新技术新工艺,2008(11):7-11.

[171] 徐滨士. 发展再制造工程,实现节能减排[J]. 装甲兵工程学院学报,2007(5):1-5.

[172] 张斌,徐滨士,吴斌,等. 自动化纳米电刷镀复合镀层的组织和性能[J]. 金属热处理,2007(1):43-45.

[173] 徐滨士. 再制造工程与纳米表面工程[J]. 金属热处理,2006(S1):1-8.

[174] 吴斌,徐滨士,张斌,等. 自动化纳米电刷镀技术及其在发动机连杆再制造中的应用[J]. 中国表面工程,2006(S1):260-262.

名 词 索 引